70억

서계를

만나다

70억 세계를 만나다

이남기 지음

북치는마을

누구에게나 여행은 가슴 설레는 일이다. 더구나 해외여행이라면 더욱 그렇다. 새로운 풍물을 익히고 문화와 전통이 서로 다른 사람들을 만난다는 것은 내일의 풍요로운 삶을 위한 또 다른 양식이 되기 때문이다.

이 책은 세계 각국의 명승지나 관광지를 소개하는 관광안내 책자가 아니다. 그동안 필자가 세계 각국을 여행하면서 보고 느낀 숨은 이야기와 일화 등 누구도 이야기하지 않은 숨은 이야기들을 모아본 것이다. 따라서 이 책을 읽으시는 독자 제현은 사전에 몇 가지 이해가 필요할 것 같다.

첫째로 이 내용은 필자가 직접 방문한 지역에 한해 숨은 이야기들을 모았기 때문에 특정 국가, 특정 지역에 한정되어 있으며, 모든 국가나 모든 지역을 대상으로 하고 있지 않다는 점이다.

둘째로 이러한 이야기들은 관련책자는 물론 주로 현지에 오래 살면서 필자를 안내해준 사람이나 전문 관광 가이드의 이야기를 많이 참고하였고 이들에 대한 과학적인 고증이나 점검을 일일이 거친 것이 아니기 때문에 때로는 사실과 다를 수도 있을 것이다. 그럴 경우 그저 그런 문화적인 트렌드가 있다는 정도로 가볍게 이해하면서 읽어주시기 바란다.

그리고 가장 중요한 것은 많은 나라와 수많은 민족, 때로는 종교문제까지도 이야기하다 보니 서로 다른 풍토와 다른 시각으로 살아온 사람들에게는 자칫 오해나 편견이 있을까 조심스럽다. 누구나 자기의 잣대를 상대방에게 강요치 말고 그 자체의 독특한 문화를 존경하는 자세가 필요하며 어느 경우에도 특정 국가나 민족 그리고 종교에 대해 상처를 주려는 의도는 추호도 없음을 다시 한 번 명백히 밝혀두며, 만일 조금이라도 상처받는 분이 계신다면 미리 사과의 말씀을 드린다.

끝으로 이 책을 출판하는 과정에서 바쁜 회사 일에도 불구하고 항시 웃으면서 필자의 구술내용을 정성껏 타이핑해준 (주)엘드건설 김현옥 대리에게 심심한 감사를 드린다.

그리고 원고내용을 전문가의 시각에서 다듬어주시고 구성을 다시해 준 뒤 출판까지 기꺼이 응해주신 북치는 마을 정구형 대표에게 감사의 말씀을 드린다.

귀엽게 잘 자라주는 손자 정현, 종률, 정욱이가 아무 탈 없이 잘 자라주길 바라며, 손자 보는 재미로 살아가는 할머니 이정희에게 오래오래 건강해 달라고 부탁하면서 마음속으로부터 깊은 고마움을 전한다.

2016년 10월 1일 청담동 우거에서
필자   이남기

목차

제 3 부 중동, 아프리카, 아메리카와 그 밖의 대륙들

제1부 유럽의 나라들

세계 3대 사기 관광
로렐라이 언덕, 오줌싸개 소년,
인어공주 상

독일을 관통하는 젖줄은 라인Rhein강이다. 라인 강은 그 폭도 넓고 깊이도 깊거니와 유속이 무척 빨라 라인 강을 이용한 수송이 육로 못지않게 잘 발달한 나라이다. 이러한 퀼른 시내를 흐르는 라인강 기슭에 〈로렐라이 언덕〉이라는 가곡으로 잘 알려진 세계적인 관광 명소 로렐라이Lorelei가 있다. '로렐라이'는 '요정의 언덕'이라는 뜻인데 세이렌과 관련된 전설로 수많은 문학 작품의 주요 소재가 되었던 곳이기도 하다. 그도 그럴 것이 로렐라이 바위 근처는 강이 심하게 굽어 있고 암초가 많은데다 강폭도 좁아 예로부터 사고가 잦았기 때문이다.

로렐라이를 찾아가는 경우에 전문 관광 안내자의 안내를 받거나 정기 버스를 이용하면 별 문제가 없으나, 친지나 현지를 잘 모르는 안내자를 따라가는 길은 그리 쉽지만은 않다. 200미터의 낮은 바위 언덕인데다 성이 있는 것이 아니어서 지나가다 곧바로 눈에 띄는 것도 아니고, 멀리서는 표지판조차 보이지 않기 때문이다.

나도 로렐라이에 찾아갈 때 한참을 헤맸다. 퀼른Cologne에서 2년 이상 유학한 내 후배의 승용차에 우리 일행을 싣고 같은 길을 수십 번 왔다 갔다 했을 정도였다. 나는 벌써 2년이나 살면서 그 유명한 로렐라이가 어디 있는지도 모르느냐며 후배에게 핀잔을 주었는데, 어렵사리 로렐라이에 도착하고서야 그 이유를 알게 되었다. 아무런 표시도 없이 조그만 돌 하나가 세워져 있고 〈로렐라이〉 시구가 간단히 적혀 있는 게 전부였으니 산 밑의 도로를 지나가면서는 쉽게 찾을 수 없는 것이 당연했다.

로렐라이 언덕을 직접 보기 전까지는 매우 유명한 노래의 배경이 되는 곳이니 틀림없이 볼거리가 많으리라고 기대를 많이 했는데, 기대가 컸던 만큼 실망도 컸다. 그래서 나는 어느 기회에 신문에 투고하면서 세계 3대 사기 관광이라는 제목 하에 로렐라이, 벨기에의 오줌싸개 소년Manneken Pis, 덴마크의 인어공주 상A statue of the Little Mermaid을 들어 설명했다. 이 세 곳은 우리나라 사람들뿐만 아니라 세계 모든 나라의 사람에게 매우 널리 알려진 관광지임에 비해 현지에 찾아가서 실물을 보면 누구나 실망할 수밖에 없기 때문이다.

두번째로는 벨기에의 수도 브뤼셀Brussels에 왕궁이 자리한 그랑플라스 광장La Grand-Place이 있다. 여기에는 늘 많은 관광객이 모여드는데, 여기에 바로 그 유명한 오줌싸개 소년 상이 있다. 관광객들은 당연히 이 동상이 광장 주변 가장 번화한 곳에 있으리라고 생각하지만, 동상은 그런 기대를 한참 벗어난 한적한 골목 모퉁이 어느 작은 건물의 울타리 안에 있으며 크기도 정말 너무나 작다. 그래서 관광 안내자의 친절한 안내가 없이는 도저히 찾기 어려울 정도이다. 덴마크의 수도 코펜하겐Copenhagen에 있는 인어공주 상 역시 바닷가를 달려 묻고 물어서 찾아가 보면 작은 바위로 만든 인어 상이 바닷가에 놓여 있다. 막상 현지인들은 아무도 그 인어 상을 찾아오지 않는데 관광객들만 기를 쓰고 그 먼 곳을 물어물어 찾아가 실망하게 된다. 그래서 라인 강을 볼 때마다 쓴웃음을 지으면서 '세계 3대 사기 관광'이라고 되뇌는 버릇이 생겼다.

독일편

베를린 장벽의 뼈아픈 기억

독 일이 통일되기 전 승용차로 베를린Berlin을 여행하려면 동독 지역을 지나 베를린 성벽을 통과하여 베를린으로 들어가야 했다. 당시 내가 근무하던 제네바에서 여름휴가를 이용해 베를린에 가려고 했을 때, 동독 지역에 들어가는 절차가 까다롭고 입국 허가를 받기 위해 끝없이 늘어서 있는 여행객들로 긴 줄이 타원을 이루고 있었다.

물론 나는 외교관 번호가 부착된 승용차를 탔기 때문에 일반 관광객 통로가 아닌 특별 통로를 이용하여 도착 즉시 동독 경비병들의 거수경례를 받으며 통과할 수 있었다.

베를린 장벽에는 자유를 찾아서 베를린으로 넘어오려다 희생당한 수많은 사람의 이름과 장벽에 막혀 왕래조차 하지 못하는 친척의 이름과 안부를 적어 놓는 등 그 긴 장벽 어느 한 곳도 여백 없이 빽빽하게 낙서가 쓰여 있었다. 장벽이 허물어지던 날, 장벽의 낙서 자체가 하나의 귀중한 기념품으로 불티나게 팔렸고 장벽 아래에서는 한때 5마르크를 내면 관광객이 직접 장벽에 올라가 낙서를 떼어 낼 수 있도록 망치와 끌을 빌려주는 직업이 한때 성업을 이루기도 하였다. 그러다보니 점차 낮은 곳의 낙서가 없어지면서 사다리까지 등장하여 낙서 부분을 떼어 낼 정도였고 시간이 없는 관광객들은 낙서가 적힌 돌조각을 하나에 20~30마르크를 내고 기념품으로 가져가기도 했다. 내가 아직도 보관하고 있는 장벽 조각도 30마르크에 샀는데, 거기에는 동독에 있는 친지 이름과 나는 당신을 사랑한다는 내용이 적혀 있다.

이제 베를린 장벽은 하나의 과거가 되었지만, 독일인들은 이념적 차이 때문에 수많은 사람이 죽거나 고통당했던 기억을 영원히 잊지 못할 것이다.

독일편

신생아의 천국 독일

독일에서 신생아를 출산하여 출생 신고를 하면 며칠 내에 보건 당국의 공무원들이 직접 신생아의 집을 방문한다. 그들이 하는 일은 주거 환경이나 집의 구조 등 제반 시설이 신생아가 살기에 적합한지를 살펴보고 만일 신생아가 살기에 부적합하다고 판정하면 다른 곳으로 이사하기를 권고하는 것이다. 물론 이때 소요되는 이사 비용은 전액 보건당국이 지불하게 된다.

로렐라이를 안내하면서 내게 구박을 받았던 후배가 쾨른 현지에서 아이를 출산하였는데, 출생 신고를 하자마자 보건당국 공무원이 집으로 찾아왔다고 한다. 유학생 신분이라서 비좁은 단칸방에 살림도구가 어지럽게 흩어져 있는 것을 본 공무원이 이 집은 도저히 아이를 제대로 키울 수 있는 환경이 아니니 최소한 방이 두 개 이상인 곳으로 빨리 이사하라고 권유했다고 한다. 후배는 유학생 신분으로 본국에서 지급되는 유학 경비가 너무 적어 더 큰 집으로 이사할 수 없다고 하자, 걱정하지 말고 새로운 집을 구해 계약하고 그 계약서를 보내 주면 모자란 돈을 보조해 주겠다고 했단다.

후배는 내게 아들 덕분에 유학 생활 후반기를 넓은 집에서 편하게 지냈다고 자랑스럽게 말했다. 뿐만 아니라 신생아가 우유를 먹는 1년 동안 매달 우유 값이 300달러씩 지급되었다고 하니 독일의 신생아 정책이 더할 나위 없이 부러웠다. 그 후배는 이사하자마자 부인과 아기를 본국으로 보내어 친정집에서 지내게 하고 혼자 독일에 남아 있었는데, 매달 우유 값이 지불되어 그 돈을 모아 그 당시 자기가 가장 갖고 싶었던 소형 비디오카메라를 구입하여 지금도 이곳저곳 관광 다니면서 잘 쓰고 있다는 어처구니없는 자랑까지 펼쳐 놓았다.

독일편

울음소리가 끊이지 않는 유대인 가스 처형실

아돌프 히틀러는 유대인들을 지구상에서 쓸어 버려야 한다는 광적인 생각으로 독일은 물론 독일이 점령했던 폴란드나 인근 국가 여러 곳의 유대인들을 학살하고 만행을 저질렀던 수용소를 운영했다.

가장 널리 알려진 유대인 수용소는 폴란드에 있는 아우슈비츠 수용소Auschwitz Concentration Camp이며, 이외에도 독일 전역에는 여러 곳의 수용소가 운영되었다. 곳곳에 위치한 유대인 수용소는 지금도 그 원래 모습을 그대로 보존하여 잘못된 역사를 깨우치는 현장으로 이용되고 있다.

뮌헨Munich에서 남쪽으로 두 시간 거리의 뉘른베르크Nuremberg에는 이러한 학살자들을 재판하는 전범 재판소가 있으며 그곳에서 조금 내려가면 카카오라는 작은 도시가 나타난다. 이곳의 유대인 수용소는 입구에 임신한 유대인 여인이 한 손으로는 갓난아기를 안고 한손으로는 이제 막 아장아장 걷기 시작한 어린아이의 손을 붙잡고 수용소에 들어가는 모습의 조각상이 서 있어, 보는 이들의 가슴을 뭉클하게 한다.

수용소 담벼락은 단단한 벽돌로 되어 있으며 담벼락 위에는 전류가 흐르는 철조망으로 둘러싸여 있어 누구도 탈출할 수 없는 철옹성 같은 모습이다. 유대인들이 거의 몸을 움직일 수 없을 정도로 다리를 포개어 가면서 생활했던 막사가 있던 자리는 형태만 남아 있지만, 본관 1층에 전시되어 있는 당시의 사진으로 그 비참했던 생활 모습이 관광객들에게 적나라하게 전달되고 있다. 역사의 현장을 따라 당시의 사진을 둘러보는 동안 곁에서 조용히 흐느끼는 소리가 나서 돌아보면 참혹한 사진 위에 손을 얹고 있는 이스라엘 사람들이 눈에 많이 띄었다. 아마 그들은 숨죽여 울음을 쏟아 내며 억울하게 희생되었던 선조들의 역사를 다시는 되풀이하지 않겠다고 맹세하리라.

전시실을 모두 지나면 당시 유대인들을 학살하는 데 사용되었던 가스실에 도착하게 된다. 입구만 있고 출구는 없는 약 30여 평 규모의 가스실의 캄캄한 내부에 잠시 익숙해지면 천정에 환기통 모양의 작은 구멍을 볼 수 있다. 안내자는 그 천정에 있는 구멍이 가스가 주입되는 곳이라고 설명해 주었다. 영문도 모르고 차례대로 줄지어 기다리던 유대인들이 그 방에 들어서면 입구를 잠근 뒤 천정의 가스 구멍을 열어 독가스를 주입했다고 한다. 독가스는 천정으로부터 방 전체에 퍼지면 순식간에 그들 모두는 죽어 갔다고 한다. 이들의 비참함을 담았던 영화 〈쉰들러 리스트〉의 장면과 똑같았다.

가스실에서 나오면 특히 말썽을 피웠던 지도자급 유대인들을 고문으로 죽였던 현장과 마주하게 된다. 마치 빵을 굽는 화덕 같은 모양의 고문 기구는 처형하고자 하는 사람을 널따란 철판 위에 눕힌 뒤 손발을 꽁꽁 묶고 스위치를 누르면 그 철판이 천천히 움직이면서 앞으로 나아간다. 그러면 가스 구멍이 수없이 뚫린 그 철판 밑으로 불꽃이 점화되고, 순식간에 철판이 달아올라 위에 묶여 있는 사람은 산 채로 비명을 지르다가 고통 속에서 죽어 갔다고 한다.

유대인 수용소를 모두 돌아보고 밖으로 나오면서 왠지 모르게 기분이 개운치 않음은 비단 나만의 생각이었을까 반문해 본다.

독일의 독특한 목욕 문화, 혼탕

프 랑크푸르트Frankfurt는 독일에서 가장 크고, 경제와 금융의 중심지
로 비즈니스가 가장 발달한 도시이다. 또한 항공과 철도 등 교통
의 요지로서 프랑크푸르트 공항에 내리는 순간부터 체계적으로 연결
된 편리한 교통수단에 감탄을 금할 수가 없을 것이다. 프랑크푸르트
를 방문한 관광객들은 대부분 프랑크푸르트의 독특한 목욕 문화를 접
하고 신기해한다. 우선, 목욕탕 자체가 거대한 시설을 갖추었을 뿐만
아니라 내부의 증기 목욕탕과 휴게실, 외부의 커다란 수영장과 잘 가
꾸어진 잔디밭 등 휴식 공간으로서 손색이 없음은 물론 남탕과 여탕의
구분 없이 운영되고 있다. 그래서 독일인들은 부부 사이는 물론 부녀
그리고 가까운 친척까지 남녀 구분 없이 자유롭게 목욕을 즐기고 있는

반면 혼탕에 익숙하지 않은 동양계 관광객들은 당황하여 혹시라도 알몸의 이성이 근처라도 올라치면 자신들이 먼저 고개를 돌리는 등 어색한 행동이 눈에 띈다.

나를 안내했던 한 상사 주재원은 자신이 처음 독일에 부임하여 바이어들과 인사를 나눈 뒤 돌아오는 토요일에 목욕이나 같이 가자는 제의에 주저 없이 승낙했다고 한다. 그런데 약속했던 그날, 다른 바이어들은 모두 부부 동반으로 나왔는데 자기만 혼자 나와 어색하기 짝이 없었으며 목욕하는 내내 시간이 빨리 가기만을 기다렸다고 한다. 목욕이 끝난 뒤 바이어가 다음 주에는 꼭 부인과 함께 나오라는 이야기에 알았노라고 얼버무린 뒤 다시는 바이어들이 목욕을 하러 가자는 요청에 따르지 않았다고 한다.

그러나 독일 생활에 익숙해지면 평일 오후 4시경에 목욕을 하러 가는 것이 가장 좋다고 한다. 그 시간에는 많은 직장인 여성들이 일을 끝내고 집에 들어가기 전에 샤워를 즐기는 시간이라 특히 젊고 아름다운 여성들이 많기 때문이라고 한다. 그 반면 토요일이나 일요일 그리고 평일의 늦은 밤은 피하려고 하는데, 나이 많은 사람이 주로 이용하기 때문이라고 한다.

한 가지 생소했던 점은, 혼탕에서 때를 밀어 주는 등 서비스를 하는 사람들은 자신들의 직업에 자부심을 느끼고 있으며 손님들로부터 받은 팁은 1개월마다 정리해 총액을 세무서에 정확히 신고하고 소득세를 납부한다는 것이었다. 이들이 이렇게 자진해서 세금을 내는 이유는 소득이 있으면 세금을 내야 한다는 투철한 준법정신 때문이기도 하지만, 이들이 55세가 되어 더 이상 일을 못하게 될 경우 세금을 납부한 실적이 있어야만 노후 연금을 받을 수 있기 때문이라고 한다.

절약과 검소함이 몸에 배어 있는 나라

독일은 일상생활에서도 절약과 검소함이 몸에 배어 있는 나라로 유명하다. 내가 잘 아는 독일 사업가 중 독일 전역에 백화점 체인을 가지고 있는 재벌 회장 크루츠바와의 일화는 이를 단적으로 보여 주는 예라 하겠다. 크루츠바 회장의 초청으로 쾰른에 있는 그의 사무실을 방문했을 때였다. 사무실에 들어선 순간 우선 작은 규모와 단출한 집기에 무척 놀랐다. 게다가 손님을 소파에 앉혀 놓고 크루츠바 회장이 직접 커피포트에 물을 끓여 커피를 가져오는 것을 보고 무심결에 비서가 어디 갔느냐고 물었더니, 그는 웃으면서 자신에게는 비서가 없으며 전화는 물론 모든 문서 전달이나 손님 접대까지 손수 한다는 답변에 순간적으로 얼굴이 화끈거렸다. 조그마한 중소기업은 말할 것도 없고 두세 명이 있는 작은 기업체도 사장에게는 전화받아 주고 차를 타 주는 비서가 있는 우리나라의 현실과 너무나 동떨어진 세계라는 생각 때문이었다.

그가 나를 놀라게 한 것은 비단 사무실뿐만이 아니었다. 독일인들은 좀처럼 자신의 집에 초대하지 않는데, 오랜 친구로서 그의 집에 초대받아 갔을 때 또 한 번 충격을 받을 수밖에 없었다. 그의 집에 들어서는 순간 너무나도 단출한 분위기에 나는 그 집이 과연 대재벌 회장의 집인지 의심스러울 정도였다. 우리나라의 대기업 회장을 보좌하는 비서관이나 일반 사원들이 사는 곳처럼 보였기 때문이다. 놀라움을 가슴속으로 삭이고 테이블에 앉자, 그는 한국에서 오랜 친구가 왔으니 귀중한 술을 대접하겠다며 선반 위의 술병을 꺼내 왔다. 나는 수백 년 된 와인이나 몸에 좋은 약술 혹은 최소한 발렌타인 30년산 정도의

양주가 나올 것으로 기대했으나 그는 놀랍게도 로얄 살루트를 들고
오더니 그 작은 뚜껑에 한 뚜껑을 따라 내 앞의 글라스에 붓더니 다시
술병을 꼭꼭 막아 선반 위에 올려놓고 돌아왔다. 그런 모습을 보며 그
회장이 단순히 돈을 지극히 아끼는 수전노라는 생각보다는 독일인들
의 몸에 밴 순수함과 절약 정신의 현장을 보는 것 같아 내심 느낀 바
가 많았다.

독일인들의 쇼핑 방법

함부르크Hamburg는 독일 제2의 도시이자, 독일에서 가장 큰 항구이며 유럽은 물론 세계 각국의 물류 중심지이기도 하다. 내가 함부르크 항만을 견학하기 위해 함부르크를 방문하였을 때의 일이다. 항구 앞에 있는 호텔에 투숙하였는데, 다음 날 길을 나서려고 하니 카운터에 앉아 우리 일행을 맞이했던 종업원이 냉장고를 사러 나가야 하는데 동승할 수 있느냐고 물어왔다. 그녀는 후에 알고 보니 그 호텔 사장의 딸이었다.

우리 일행은 그녀가 원하는 가전제품 전문 매장에 내려 주고 업무를 보러 갔다가 저녁에 돌아오자마자 어떤 냉장고를 구입했느냐고 물어보았다. 그런데 그녀는 오늘 가게마다 다니면서 냉장고 모양, 색깔, 기능, 가격 등을 알아보고만 왔다면서 메모에 적은 빽빽한 자료를 보여 주었다. 그 자료에는 점포별 냉장고의 각종 정보가 빼곡하게 적혀 있었다. 왜 오늘 구입하지 않고 그냥 돌아왔느냐고 그녀에게 묻자, 오히려 그녀가 이상한 질문을 다 한다는 표정을 지으면서 우리에게 되물었다. 자신은 호텔 카운터에서 일을 하고 아버지로부터 받는 월급이 2,000마르크 정도로, 예금과 할부 금액 등을 공제하고 나면 자기가 한 달에 자유롭게 쓸 수 있는 돈이 100마르크 내외밖에 안 되지만 냉장고는 고가품으로 한 번 사면 10년 이상 오랫동안 써야 하는데 어떻게 한 번에 보고 결정할 수 있느냐는 것이었다.

우리 일행은 더 이상 논쟁하지 않고 사흘 동안 그 호텔에 묵으면서 그녀가 냉장고를 구입하는지 유심히 지켜보았다. 하지만 그녀는 우리 일행이 호텔을 떠나는 순간까지도 냉장고를 구입하지 않아 언제쯤 냉장고를 살 것이냐고 물었더니 이제 겨우 사흘 보았으니 앞으로도 한 일주일 이상 더 돌아다니다가 가장 좋은 냉장고를 가장 합리적인 가격으로 사겠노라고 대답했다. 어떤 물건을 구입하겠다고 생각하면 백화점이나 상점에 들어서자마자 대충 물건을 훑어 본 뒤 즉시에서 구입하는 우리나라의 쇼핑 습관과는 너무나도 큰 차이가 나는 신중한 독일인들의 구매 습관에 다시 한 번 놀랄 수밖에 없었다.

성공한 터키인이 많은 독일

독일을 여행하다 보면 유난히 터키인들이 많이 활동하고 있는 모습이 눈에 띈다. 대략 독일에는 약 800만 명가량의 터키인들이 독일에서 일하고 있다고 한다.

독일의 터키 근로자들의 가장 큰 꿈은 독일에 와서 돈을 벌어 벤츠를 구입하고 여름휴가 때 벤츠에 자기 식구를 모두 싣고 고속도로를 이용하여 터키에 있는 자기 고향을 방문해서 일가친척들에게 자기가 독일에 가서 성공했음을 자랑하는 일이라고 한다. 실제로 여름휴가철에 독일에서 유고, 헝가리, 불가리아를 지나 터키의 이스탄불로 가는 고속도로에는 최고급 벤츠에 가족들을 모두 싣고 금의환향하는 기분으로 신나게 달리는 터키 사람들을 많이 만날 수 있다. 특히 고속도로 휴게소에서 그들과 대화를 해 보면 그들이 독일에 와서 고생은 했지만 이제 벤츠를 탈 수 있을 정도로 경제적인 여유가 생겼음을 큰 자랑거리로 삼고 있었다. 아마 1970년대 우리나라의 근로자들이 중동의 건설 현장에 가서 일한 뒤 목돈을 마련하여 한국으로 돌아올 때와 비슷한 기분이 아닐까.

유럽의 징검다리 인스브루크

　　오스트리아를 제대로 보려면 국경 근처 도시를 주로 살펴보아야 하는데 그 중에서도 이탈리아와 독일의 중간지점에 징검다리 역할을 하는 도시, 그곳이 인스브루크Innsbruck이다. 도시 중앙에는 인Inn강이 흐르고 있어, '인강에 걸려 있는 다리'라는 뜻으로 '인스브루크'라는 도시 이름이 붙여졌다고 한다. 인스브루크는 1964년과 1976년 두 차례에 거쳐 동계 올림픽이 개최되었으며, 우리나라에서도 여성들에게 수정이지만 보석같이 인기 있는 스와로브스키 공장이 있다. 1895년에 설립하여 100년 이상의 전통을 가진 수정 전문 업체인 스와로브스키는 특히 동계 올림픽 기간 중 고양이나 개 등 작은 동물 모양의 수정을 제조하여 판매하면서 폭발적인 인기를 누렸던 상품 제조업체이기도 하다.

　　인스브루크 시내에는 800년의 황실 역사를 가지고 있는 유서 깊은 곳으로, 바벤베르크와 합스부르크 왕가의 문화적인 유산이 남아있다. 해발 574미터에 위치한 작은 황금 지붕Golden Roof을 가진 이 성은 1420년 티롤 군주의 성으로 처음 지어졌다. 일설에 의하면 길을 지나가던 사람들이 금화를 던져서 만들어졌다고도 하고, 가난한 장사꾼이 부자로 보이기 위해서 금칠을 했다고도 한다. 그러나 1497년 합스부르크 왕가의 막시밀리안 황제가 건물 바로 앞 광장에서 행해지는 행사를 관람하기 위해 여기에 무려 2,738장의 황금 지붕을 얹은 발코니를 만들도록 지시했다는 것이 정설인 듯하다. 이 성에는 마리아 테레지아 여왕 자녀들의 초상화와 빈의 쇤브룬 궁전에서 살다가 프랑스의 루이 16세와 결혼한 마리 앙투아네트 초상화가 걸려 있다.

역사와 예술의 숨결이 살아 있는 빈
슈테판 대성당, 쇤브룬 궁전

알프스 카르파티아Carpathian산맥을 관류하는 도나우Donau 강변에 자리한 오스트리아 수도 빈Wien은 1세기 로마 제국의 군영지가 축조된 뒤에 2,000년 역사를 지닌 유서 깊은 도시로, 1440년 합스부르크 왕가부터 약 650년간 지속된 영광의 도읍지이다. 제2차 세계대전 후 미국, 영국, 프랑스, 소련의 신탁 통치를 받으면서 수도를 베를린Berlin으로 잠시 빼앗겼다가 1954년에 다시 회복하여 현재에 이르고 있다.

빈은 모차르트, 베토벤, 슈베르트, 브람스, 요한 슈트라우스 등 세계적인 악성樂聖들이 활동한 곳이자 빈 필하모니 관현악단Wien Philharmonic Orchestra의 본거지이기도 하다. 그래서 세계적인 음악가가 되겠다는 포부를 가진 유학생 음악 학도들이 약 1,200여 명 정도 살고 있으며, 빈에 거주하는 우리나라 교민은 약 700여 명 정도이다.

빈의 명동이라고 불리는 옛 구시가지 중심가 그중에서도 오래된 건물이 많이 남아있는 가장 번화한 거리인 케른트너 거리Kerntner Strasse의 끝자락에 빈의 상징인 137미터 높이의 철탑으로 건설된 슈테판 대성당Stephansdom이 있다. 슈테판 대성당은 1147년 처음 로마네스크양식으로 건설된 후 전소하였다가 재건하였으며, 합스부르크 왕가에서 이전의 성당을 헐어 버리고 고딕 양식으로 65년의 공사 기간을 거쳐 1359년에 완공하여 현재와 같은 모습을 갖추게 되었다.

건물 내부에는 역사적 흔적들이 많이 남아 있다. 그중 1450년에 만든 성당 밑의 지하 묘지에는 당시 세계적으로 유행했던 페스트로 죽은 약 2,000구의 유골과 합스부르크 왕가의 유해 중 별도로 꺼낸 심장 등의 내장이 담긴 항아리와 백골이 보관되어 있어 강한 인상을 남긴다.

그러나 무엇보다도 슈테판 대성당은 오스트리아의 악성 모차르트가
결혼식과 장례식을 치른 장소로 유명해졌다.

　빈의 남서쪽 교외 도나우 강변으로 가다 보면 합스부르크 왕가의
여름 궁전인 쇤브룬 궁전Palace of Schonbrunn이 있다. 이 궁전은 '아름다운
샘Schonner Brunnen'이라는 뜻을 가지고 있는데, 1619년 마티아스 황제가
사냥 중에 우연히 이곳에서 샘물을 발견했기 때문에 붙여진 이름이라
고 한다. 쇤브룬 궁전은 1696년에 설계하기 시작하여 1750년에 완공
되었는데, 그 사이 마리아 테레지아 시대에 개축하여 처음 설계했던
모습을 대다수 잃었다. 마리아 테레지아 여제는 프랑스의 베르사유
궁전보다 더 아름답게 짓고 싶어 했으며, 실제로 베르사유 궁전보다
더 아름답게 지으려고 엄청난 노력을 기울였다고 한다. 규모 또한 바
로크 양식으로 지어진 궁전 중 가장 대표적인 궁전답게 대규모를 자
랑하는데, 궁전에는 모두 1,441개의 방이 있으나 일반 관광객들에게
는 그중 45개의 방만 개방하고 있다. 마리아 테레지아 여제의 열여섯
명의 왕자와 공주 중 열다섯 번째인 마리 앙투아네트는 이 궁전에서
살다가 프랑스의 루이 16세와 결혼하여 프랑스로 떠났으며, 나폴레옹
1세 또한 4년여를 머물렀다.

빈의 문화, 관습 그리고 상식

포도밭에 둘러싸인 빈의 외곽에 위치한 그린칭Grinzing의 호이리게Heurige는 유럽권에서 특히 유명하다. '호이리게Heurige'란 '올해 담근 새 와인'라는 뜻이지만 '햇와인을 마시는 가게'라는 뜻으로 의미가 확대되어, 이 주변은 생솔가지를 걸어 놓아 햇와인이 있다는 표시를 한 음식점으로 즐비하다. 그중에서도 베토벤이 교향곡 제6번 〈전원〉을 작곡할 때 지냈던 노란색 집과 붙어 있는 '바흐 헹글Bach-Hengl'은 특히 백 년에 걸친 오스트리아 전통 음식을 맛볼 수 있는 음식점으로 유명한 가게이다. 미국의 부시, 클린턴 대통령은 물론 로마 교황 바오로 6세와 역대 유엔 사무총장 등 세계 각국의 지도자들이 빈에 들를 경우 반드시 이곳에 들렀을 정도이며, 1937년에 개점한 이래 현재까지 그곳을 방문한 각국의 유명 인사들의 사진들이 수없이 걸려 있다.

다음으로 살펴본 빈의 모습은 바로 주차대란이다. 잘츠부르크를 자동차로 여행하는 관광객들이라면 모차르트 생가와 호헨 잘츠부르크 성을 관광하는 동안 타고 온 자동차를 주차하는 것이 가장 어려운 문제 중의 하나이다. 유료 주차장을 쉽게 찾을 수 없을 뿐만 아니라 길가에 주차된 자동차가 너무나도 많아 빈 공간을 찾기란 하늘의 별 따기와 마찬가지이기 때문이다. 할 수 없이 약간의 위험을 무릅쓰고 길가 주차금지 구간에 주차한 뒤 호헨 잘츠부르크 성을 황급히 관광하고 되돌아와도 벌써 현지 경찰이 견인차를 불러 승용차를 끌어가려고 하는 경우가 많다. 나도 오후 4시까지만 주차가 허용되는 구간에 주차하고 호헨 잘츠부르크 성을 황급히 돌아보고 뛰어가니, 오후 4시 5분으로 겨우 5분 늦었는데 견인차가 내 승용차를 끌어가려고 작업 중이었다. 그래서

현장에 있는 경찰에게 나는 외교관이며 승용차를 끌어가기 전에 본인이 현장에 도착했으니 견인을 하지 말아 달라고 요청했다. 하지만 경찰은 이미 견인차가 왔기 때문에 애초 계획대로 차를 견인해 가든지 아니면 견인해 가는 데 필요한 비용을 지불하라고 했다. 그곳에는 이미 많은 차들이 주차하고 있었고 그날뿐만 아니라 거의 매일 외국 관광객들의 승용차가 주차하고 있어 견인차가 아예 그곳에 상주하는 듯했으나 그곳 경찰은 끝까지 견인차가 먼 곳에서 새로 왔노라고 주장하면서 소요 경비 70달러를 요구하였다. 인상 좋았던 잘츠부르크의 관광 기분이 순식간에 찌뿌려졌다.

숨결의 성 잘츠부르크, 세계의 악성 모차르트

독일과의 국경 근처에 자리한 오스트리아의 잘츠부르크Salzburg는 이름에도 '소금'이라는 의미의 '잘츠Salz'가 들어 있을 정도로 암염巖鹽산지가 여러 곳에 있어 예로부터 오스트리아 소금의 주요 산지로 유명하다.

또한 잘츠부르크 시내 어디에서나 잘 보이는 묀히스베르크 산 Monchsberg Mountain위의 호헨잘츠부르크 성Festung Hohensalzburg에 오르면 잘츠부르크 시내를 한눈에 바라볼 수 있다. 그래서 시내관광에 지친 많은 관광객이 이 성에 올라 탁 트인 전망과 시내 전체를 바라보며 휴식을 취하곤 한다. 호헨잘츠부르크 성은 1077년 남부 독일의 공격에 대비하기 위해 게브하르트 대주교가 세운 잘츠부르크 제1의 성이 눈여겨볼만하고 그 밖에도 볼프강 아마데우스 모차르트Wolfgang Amadeus Mozart의 출생지로 그의 생가가 보존되어 있으며, 볼거리가 많아 많은 관광객이 몰려든다. 또한 영화 〈사운드 오브 뮤직 Sound of Music 〉에서 잘츠부르크 중심부에 위치한 미라벨 정원 Mirabell garten에서 주인공 마리아가 아이들과 같이 뛰면서 '도레미 송'을 불러 더 널리 알려지게 된 곳이기도 하다.

잘츠부르크 시내 게트라이데 거리Getreidegasse 9번지에 있는 모차르트 생가Mozarts Geburtshaus는 언제나 관광객들이 줄지어 있는 곳이다. 4층 건물인 이곳에서 모차르트가 태어나 열일곱 살까지 살았다. 현재는 모차르트 기념관으로서 모차르트가 사용했던 침대부터 바이올린, 악보 등과 오페라 〈마술피리〉를 초연했을 때 사용했던 소품 등까지 다양한 전시품을 통해 모차르트의 가족과 그때 당시의 모습들을 잘 소개하고 있다.

모차르트가 주 활동 무대였던 빈에서 연주 여행을 마치고 돌아오
면 더 넓은 공간이 필요했기 때문에 1773년에 이사해 1780년까지 살
았던 집은 미라벨 정원과 마카르트 광장Makart Plaza 근처에 있다. 모차르
트는 다른 곳에서 연주가 없는 경우 이곳 생가에서 줄곧 거주하였다
고 한다. 이곳 역시 모차르트 기념관으로 사용하고 있다.

　　모차르트의 생가에 전시되어 있는 악보를 비롯한 그의 유품들을
소중히 보관하는 모습에서 오스트리아에서 활동한 수많은 음악가 중
에서도 특히 모차르트가 오스트리아인들의 절대적인 사랑을 받고 있
음을 쉽게 알 수 있었다.

　　오스트리아의 악성 모차르트는 불과 여섯 살 나이에 마리아 테레
지아 여제의 초청을 받아 여제 앞에서 콘서트를 할 정도로 어려서부
터 음악에 천재적인 소질을 보였다고 한다. 모차르트가 콘서트를 가
졌던 곳은 쉰브룬 궁전의 '거울의 방La Galerie des Glaces'으로 쉰브룬 궁전
을 찾는 관광객들이 제일 먼저 보고 싶어 하는 방이기도 하다.

　　여제의 신임을 받으며 어릴 때부터 여제 앞에서 콘서트를 했던 모
차르트는 어느 날 동갑내기인 마리 앙투아네트에게 자기와 결혼해달
라고 정중하게 구혼을 하였다고 한다. 그러나 당시 권력의 맛을 깊이
즐기고 있었던 그녀의 어머니는 앙투아네트의 의사와는 관계없이 프
랑스 루이 16세와 정략결혼을 시켜, 모차르트와 앙투아네트의 아름다
운 사랑은 결실을 이루지 못했다. 루이 16세의 왕비가 된 앙투아네트
는 결국 1789년 프랑스 혁명 당시 루이 16세와 함께 혁명군에게 붙잡
혀 단두대의 이슬로 사라졌으니 만약 앙투아네트가 정략적인 결혼에
희생되지 않고 악성 모차르트와 결혼했더라면 더욱 아름답고 행복한
삶을 누리지 않았을까 하는 생각이 든다.

　　빈 중심가에서 약간 떨어진 곳에 모차르트를 비롯한 베토벤, 슈
베르트, 브람스, 요한 슈트라우스 등 세계적인 악성들이 묻힌 소위
악성들의 공동묘지인 중앙묘지Zentralfriedhof가 있다. 중앙묘지에는 역
대 대통령과 유명 영화배우들의 묘지도 있지만, '음악가 묘지'는 정문
에서 가로수 길을 따라 200미터쯤 가면 왼쪽에 나타난다. 묘지에는

그 악성들의 초상이 조각된 묘비와 비문이 크게 쓰여 있는데, 이른 새벽 6시경에 이 묘지를 찾으면 세계적인 음악가가 되겠다는 청운의 꿈을 품고 빈으로 유학 온 한국 학생들이 자기가 닮고 싶은 음악가의 묘지 앞에서 노래를 부르거나 소리를 지르고 심지어 묘비를 붙잡고 미친 듯이 울부짖는 모습을 쉽게 볼 수 있다.

모차르트를 좋아하는 사람은 모차르트 묘지 앞에서 울고 베토벤을 좋아하는 사람은 베토벤 묘비를 붙잡고 소리치는 모습을 바라보면서 그들의 소원이 모두 이루어져 우리나라에도 모차르트나 슈베르트 같은 세계적인 음악가가 많이 나오기를 진심으로 기원했다.

이탈리아 편

로마식 단군 신화
조상 덕에 먹고사는 나라

유럽의 중남부에 위치한 이탈리아는 로마Roma를 비롯한 베네치아
Venezia, 피렌체Firenze, 밀라노Milono 등 거의 모든 도시가 오래된 유적
과 미켈란젤로나 라파엘 등 유명 작가들의 예술품으로 가득 차 발길 닿
는 곳마다 유적지이다. 그렇기에 전 세계 관광객들이 이탈리아의 풍부
한 문화유산을 보기 위해 몰려들어 일반 관광 안내를 하려면 책 한 권으
로도 모자랄 정도로 조상 덕에 먹고사는 나라라 하겠다.

또한 이탈리아에도 한국의 단군 신화 같은 이야기를 찾을 수 있다.
로마의 건국 신화 중 가장 대표적인 신화가 〈로물루스와 레무스〉인
데, 그 내용은 다음과 같다. 군사와 전쟁을 주관하는 신인 마르스와 인
간인 레아실비아가 동침하여, 그들 사이에서 태어난 쌍둥이 형제 로물
루스와 레무스가 로마를 건국하게 되었다는 것이다. 이들 쌍둥이는 태
어난 직후 테베레Tevere 강에 버려졌다. 그 이유는 레아실비아의 처지에
있었다. 레아실비아는 알바롱가 왕 누미토르의 딸이었는데, 누미토르
의 동생 아물리우스의 반란에 의해 왕위를 빼앗기고 말았던 것이다. 아
물리우스는 누미토르의 대를 이을 아들을 모두 죽이고 레아실비아 또
한 평생 처녀로 살아야 하는 베스타 신전의 사제로 만들었다. 결국 레
아실비아가 낳은 쌍둥이 아들도 아물리우스에 의해 버려진 것이다. 강
가에 버려져 울고 있던 쌍둥이 형제는 늑대의 젖을 먹고 목숨을 구하고
양치기에게 발견되어 그의 집에서 자랐다. 그들이 성인이 된 후 아물리
우스를 죽이고 누미토르의 왕위를 되찾아 주고 자신들이 자랐던 곳에
도시를 건설하였으니, 그곳이 바로 로마였다. 신인 환웅과 사람이 된
곰 사이에서 태어난 단군이 나라를 세웠다는 우리나라의 단군 신화와
아주 비슷한 신화라 하겠다.

전설의 나라, 천사의 예언
산탄젤로 성, 눈의 산타마리아 성당, 트레비 분수

바티칸 성당 근교 빅토르 에마뉘엘 2세의 다리 근처에는 산탄젤로 성Castel di Sant'Angelo이 위치하고 있다. 이 성은 서기 139년에 하드리아누스 황제의 능묘로 만들어진 뒤 계속 증축하며 여러 황제가 여기에 묻혔다. 그 후 로마 제국이 멸망하자 1277년 이곳에 교황이 거주할 수 있는 숙소를 증축하여 로마 교황청의 성곽 겸 요새로 사용했으며, 지금은 군사 박물관으로 이용되고 있다.

이곳이 '산탄젤로'라는 이름을 얻게 된 것은 590년경 당시 세계적인 전염병으로 많은 인명을 빼앗아 갔던 페스트와 연관이 있다. 페스트가 만연했던 당시 이탈리아 사람들이 불안에 떨며 지내고 있었는데, 어느 날 이 성 위에 칼을 칼집에 넣는 미카엘 대천사의 모습이 보였던 것이다. 칼집에 칼을 넣는다는 것은 페스트의 종말이 왔음을 예언하는 것으로, 그 이후 페스트가 사라졌다고 한다. 이때부터 이 성을 '산탄젤로 성'이라고 부르게 되었으며, 이를 기리는 의미에서 1536년 성 꼭대기에 현재와 같은 모양의 천사의 석상을 세웠다고 한다.

이와 비슷한 전설이 하나 더 있는데 서기 325년 8월 5일, 당시 로마 교황이었던 리베리오의 꿈에 성모마리아가 나타나 계시를 하였다고 한다. 이튿날 아침 날이 밝으면 눈이 내린 곳을 찾아 그곳에 성당을 지으라는 것이었다. 꿈에서 깨어난 교황은 일 년 중 가장 무더운 한여름인 지금 어떻게 눈이 내린다는 것인지 의아해했으나 성모 마리아의 계시가 너무나도 뚜렷하였기 때문에 측근을 시켜 눈이 쌓인 곳을 찾아보게 하였다. 그런데 이상하게도 그렇게 더운 한여름임에도 에스퀼리노Esquilino언덕에 눈이 소복하게 쌓인 것을 발견하여, 그곳에 성모 마리아의

계시대로 산타마리아 마조레 대성당Basilica di Santa Maria Maggiore을 지었다고
한다. 이러한 전설로 말미암아 '산타마리아 마조레Santa Maria Maggiore'라는
정식 이름 대신에 통칭 '눈의 산타마리아 성당'이라고 불리고 있으며,
소성당의 제대 위에는 위의 전설과 관련된 내용이 부조로 그려져 있다.

로마를 찾는 관광객들이라면 누구나 트레비 분수Fontana di Trevi를 찾
는다. 트레비 분수는 흰 대리석으로 만든 프랑스의 개선문을 본뜬 벽화
를 배경으로 깔고 있으며 거대한 한 쌍의 반인반수半人半獸의 해신인 트
리톤이 이끄는 전차 위에 또 다른 해신인 넵투누스가 거대한 조개를 밟
고 서 있는 모습이 인상적이다. 트레비 분수는 교황 클레멘스가 13세
기에 이탈리아 전국에 분수설계를 공모하였으며 공모에 당선된 '니콜
라 살비'라는 사람이 1732년부터 1762년까지 30년에 걸쳐 만든 분수이
다. 얼핏 생각하면 분수 하나를 만드는 데 3년도 아니고 어떻게 30년이
나 걸렸겠나 싶지만 실제로 트레비 분수를 가까이에서 관찰하면 왜 그
렇게 오랜 시간이 걸렸는지 알게 될 것이다.

트레비 분수에서 나오는 물은 '처녀의 샘물'이라고 불린다. 그 이유
는 전쟁에서 막 돌아온 목마른 병사가 길가의 한 처녀에게 물이 있는
곳을 알려 달라고 했더니 그 처녀가 병사에게 샘물이 있는 곳을 알려
주었는데, 트레비 분수의 물은 바로 그 처녀가 알려 준 샘의 물을 수원
지로 사용하고 있기 때문이라고 한다.

트레비 분수에 온 대다수의 관광객은 분수를 등진 채 동전을 던진
다. 동전을 던져 물에 빠지지 않고 트리톤이 이끄는 전차 위에 떨어뜨
리면 살아생전 로마에 다시 한 번 오게 되고, 두 번 성공하면 연인과의
사랑이 반드시 이루어지게 되고, 세 번 성공하면 사랑하는 사람과 이별
하지 않는다는 전설 때문이다. 그래서 많은 사람이 로마에 다시 오기
위해서 또는 사랑하는 사람과 사랑을 이루기 위해서 동전을 던진다.

하지만 분수 끝에서 조각상까지는 거리가 꽤 멀어 많은 동전은 조
각상에 이르지 못하고 분수에 빠지는데, 이 동전은 한 달에 한 번 수거
하여 자선단체에 보내 좋은 일에 쓰인다고 한다.

이탈리아 편

이탈리아에서 꼭 보아야 할 명소들
콜로세움, 산마르코 광장, 탄식의 다리

세계 7대 불가사의 중 하나인 로마의 콜로세움Colosseum의 정식 명칭은 '플라비우스 원형 경기장Amphitheatrum Flavium'이다. 하지만 '콜로세움Colosseum'이라고 불리는 데에는 '거대하다'는 뜻의 이탈리아어 콜로살레 Colossale에서 유래했다는 설과, 콜로세움 근처에 거대한 폭군 네로 황제의 상Colossus Neronis이 있었기 때문이라는 설이 있다.

콜로세움은 당초 네로 황제의 궁전 뜰에 있던 인공 연못을 메우고 서기 72년 베스파시아누스 황제가 건설을 시작하여 그의 아들 티투스 황제 때인 80년에 완공된 대형 원형의 투기장 겸 극장으로서, 약 80개 정도의 출구가 있으며 일시에 55,000명 이상의 관람객 입장이 가능하였다고 하니 당시의 위력이 얼마나 강했는가를 쉽게 알 수 있는 대목이라 하겠다. 글라디아토르gladiator, 검투사의 시합과 맹수 연기,

더불어 네로황제의 통치 시대를 영화화한 〈쿠오바디스Quo Vadis〉에서는 기독교인들을 박해하는 장소로서도 널리 알려져 있다. 콜로세움은 고대 로마 시민의 일체감을 높이고 즐길 거리를 마련한 곳으로, 아직도 관중석 계단이나 입구 등이 잘 보존되어 있다.

이탈리아의 또 다른 명소인 물의 도시 베네치아는 시내 전체가 다리와 수로로 거미줄 같이 연결되어 있는 일종의 수상 도시이다. 베네치아 제일의 관광 명소인 산마르코 광장San Marco Piazza은 언제나 세계 각국에서 몰려온 관광객들과 많은 비둘기가 어우러진 곳이다. 바다에 면한 선착장이 있는 피아체타Piazzetta, 소광장에는 콘스탄티노플에서 옮겨 온 흰 대리석으로 된 두 개의 큰 원주가 있으며 그 원주 위에는 베네치아의 수호신인 날개 달린 사자상과 성 테오도르 상이 있다. 광장 서쪽에는 보나파르트 나폴레옹 관이 위치해 있는데, 나폴레옹은 이곳을 점령한 뒤 "산마르코 광장은 유럽에서도 가장 우아한 응접실"이라고 말하면서 대만족을 표시하였다고 한다. 광장 중앙에는 '피사의 사탑Leaning Tower of Pisa'이라는 캄파닐레campanile 종탑이 있는데 특히 이 종탑은 5.5도 기울어진 것으로 유명하다.

또 다른 볼거리로 베네치아 중심부에 가면 '탄식의 다리Pontidei Sospiri'라고 불리는 아름다운 다리가 있는데, 이 다리는 총독부가 있던 두칼레 궁전Palazzo Ducale과 감옥Prigioni을 연결해 놓은 다리이다.

당시 재판소로 사용했던 두칼레 궁전에서 재판을 받고 나온 죄수들은 어김없이 이 다리를 건너게 되었는데, 살아서는 다시 이 세상을 볼 수 없기 때문에 이 다리를 되도록이면 천천히 걸으면서 하늘을 쳐다보며 길게 한숨과 탄식을 하였기 때문에 많은 죄수들의 탄식 소리가 묻은 다리라고 하여 '탄식의 다리'라는 이름이 붙여졌다고 한다. 다리 건너의 감옥은 요새일 뿐만 아니라 경비가 너무나도 철저해서 이 다리를 건너 감옥에 들어간 죄수들 중 살아 돌아온 사람은 아무도 없었는데, 당시 작가이면서 세기의 바람둥이로 소문난 조반니 카사노바가 유일하게 탈옥에 성공하여 이 다리를 건너 다시 세상으로 나온 것으로 유명하다.

도시 전체가 유네스코 지정
세계문화 유산이 된 피렌체

이탈리아를 방문하는 관광객이라면 피렌체는 빼놓을 수 없는 반드시 보아야 하는 관광지라 하겠다. 피렌체는 14~15세기에 걸쳐 당시 이탈리아의 명문가인 메디치 가문의 적극적인 후원으로 르네상스를 꽃피운 도시로, 피렌체에 들어서면 도시 전체가 유서 깊은 건물들로 가득 차 있고 건물마다 유명한 예술가의 작품이나 조각상들이 매우 많아 유네스코에서 아예 역사지구로 지정했을 정도이다.

피렌체 시내에 들어서면 어느 곳에서나 볼 수 있을 정도로 커다란 성당이 있다. 일반적으로 '두오모Duomo 성당'으로 불리는 두오모 광장 중심에 있는 산타마리아 델 피오레 성당Santa Maria del Fiore은 규모뿐만 아니라 미켈란젤로의 〈피에타〉를 비롯한 르네상스 시대의 유명한 화가들의 작품이 그대로 잘 보존되어 있는 곳으로 유명하다.

또한 피렌체 역사지구에는 미켈란젤로 광장Piazelle Michelangelo, 산로렌초 성당San Lorenzo, 산마르크 미술관, 두오모 광장 곁에 있는 『신곡』의 작가 단테의 생가도 관광객들에게는 빼놓을 수 없는 관광지이다.

나폴리, 아직도 세계 3대 미항일까

우리가 잘 알다시피 세계적으로 아름다운 항구를 뽑으라면 미국의 샌프란시스코San Francisco, 오스트레일리아의 시드니Sydney 그리고 이탈리아의 나폴리Naples를 꼽아 이들을 통칭 '세계3대 미항'이라고 한다. 그러나 나폴리를 여행해 본 관광객이라면 '과연 아직도 나폴리가 세계 3대 미항 중의 하나라고 할 수 있을까?' 하는 생각을 가질 수밖에 없다. 물론 그 아름다운 경관이나 맑은 물 그리고 해변을 따라 길게 형성되어 있는 나폴리 시가지가 여전히 아름다운 것만은 틀림없는 사실이다. 그렇지만 아무리 아름다운 천혜의 조건을 갖춘 항구라 할지라도 해변은 물론 그 도로의 관리를 철저하게 하여 관광객들에게 깨끗한 인상을 주는 것도 자연경관 못지않게 중요하다. 그런 점에서 지금의 나폴리는 매연으로 가득 찬 해변 도로의 교통난으로 이방인들에게 좋은 인상을 주지 못하고 있어, 이는 반드시 해결해야 할 숙제라 하겠다.

이탈리아 편

폼페이

로마와 나폴리를 방문한 관광객 중 일정에 여유가 있는 사람이라면 대개 화산으로 폐허가 된 폼페이Pompeii 유적지를 둘러보게 된다. 그러나 우선 폼페이 도착하면 많은 잡상인이 목이 터져라 손님을 부르는 호객 행위를 보게 되는데, 이런 모습이 눈에 거슬리면서도 어쩌면 이탈리아 사람들의 상혼商魂은 한국과 상당히 비슷한 면이 있다는 생각이 든다. 악착같이 달려드는 잡상인들을 뿌리치고 일단 폼페이 유적지에 들어서면 로마 제국 전성기의 호화로운 귀족들의 생활상이 고스란히 남겨진 폼페이 유적에 감탄할 수밖에 없다. 폼페이는 오랜 역사를 품은 도시로, 기원전 89년 로마의 지배를 받기 시작하였다. 농업과 상업의 중심지로서 20,000명 이상이 살고 있던 도시는 79년, 인근의 베수비오Vesuvio 화산이 폭발하여 용암 조각과 화산재가 도시를 덮치면서 2,000명 이상이 그대로 매장되었다고 한다. 그 후 15세기까지 사람들에게 잊혔던 도시 폼페이는 16세기 말부터 발굴되기 시작하여 지금은 옛 시가지 절반 정도 발굴된 상태이다. 목욕탕 사우나의 천정물이 바로 떨어지지 않게 하려고 홈을 파 놓은 호화로운 목욕탕과 5킬로미터에 이르는 성벽, 일곱 개의 성문, 우물, 정자의 도시, 금속 수레바퀴 자리, 상점, 주택, 문패, 원형 극장, 사원, 분수대, 비너스 조각상, 공동 수조에 이르기까지 오늘날의 문명인들이 살아도 전혀 손색이 없을 정도의 호화로운 유적지로서 쾌락적이고 향락적인 도시 생활의 단면을 보여 준다. 화산 폭발 사실을 전혀 모른 채 향락을 즐기다가 갑자기 밀려온 뜨거운 용암에 도시 전체가 뒤덮였던 폼페이 최후의 날을 생각해 보면서 우리는 내일 일을 모르면서 현실에 너무나도 집착하는 것 아닌가 하는 생각을 해 본다.

이탈리아 편

소렌토와 카프리 섬

폼페이 유적지를 관광한 뒤 좀 더 여유가 있는 사람이라면 하루쯤
더 할애하여 〈돌아오라 소렌토로Torna a Surriento〉라는 나폴리 민요
로 우리에게도 잘 알려진 조용한 도시 소렌토Sorrento 를 방문하는 것도
좋다. 소렌토는 나폴리 만Golpo di Napoli을 사이에 두고 나폴리와 마주 보
는 절벽 위에 있는 도시로, 고대 로마 시대에 약 18,000여 명의 인구가
살았던 '수렌툼'이라는 휴양지로 오래전부터 유명한 곳이다.

물론 폼페이에서 소렌토로 가려면 갈지 '之' 자 모양의 산길을 몇 시
간 동안 달려야 하지만, 일단 소렌토에 도착하면 아담하고 조용하며 우
거진 갈대밭과 조용히 흐르는 강물 등 예술가가 아니더라도 저절로 입
에서 노래나 시가 흘러나올 만한 곳이라는 것을 쉽게 느낄 수 있다. 특
히 소렌토의 우거진 갈대는 유명하며, 갈대밭을 따라 길게 흐르는 소렌
토 강은 현지인뿐만 아니라 이방인들에게도 무척 친근감을 갖게 한다.

소렌토까지 온 관광객이라면 소렌토로부터 약 32킬로미터 떨어진
카프리Capri 섬도 빼놓고 갈 수 없을 것이다. 카프리 섬은 이탈리아 남부
캄파니아Campania 주에 있지만 행정구역상으로는 나폴리 주에 속해 있
다. 카프리 섬은 10제곱킬로미터의 작은 섬이지만 해발 589미터인 솔
라로 산이 있는 전형적인 휴양지로, 로마 시대부터 햇빛이 바닷물을 통
해 해식 동굴 내부를 푸르게 비추는 '푸른 동굴Grotta Azzurra'이 유명해 로마
황제들이 휴양지로 애용한 것으로 알려져 있다. 특히 아우구스투스 황
제는 아예 이곳에서 거주하였고, 티베리우스 황제는 이곳에 여러 채의
별장을 가지고 있었는데, 그중 이오비스 별장은 발굴되었다. 또한 세기
의 결혼으로 전 세계인의 주목을 받았던 영국의 찰스 황태자와 비운의
다이애나비가 신혼 여행지로 선택하면서 카프리 섬은 더욱 유명해졌다.

이탈리아의 스페인, 화폐 단위의 감이 잡히지 않았던 나라

우리나라에서도 오드리 헵번과 그레고리 펙 주연의 〈로마의 휴일〉 이라는 영화로 잘 알려진 스페인 광장Piazza di Spagna은 17세기 교황청 주재 스페인 대사가 로마에 부임하면서 이곳을 스페인 대사관 본부로 잡았기 때문에 '스페인 광장'이라고 불리게 되었다. 스페인 광장은 137개의 스페인식 계단과 트리니타 데이 몬티 교회Chiesa della Trinita dei Monti, 오벨리스크 등이 눈에 띈다. 특히 스페인 식 계단 앞의 물에 반쯤 잠긴 듯한 배 모양의 바르카차 분수Fountain of the Old Boat는 많은 관광객이 걸터앉아 아이스크림을 먹는 등 휴식처로 유명한 곳이다.

그리고 특히 스페인 광장 86번지에 위치한 그레코 카페Caffe Greco는 철학자 괴테, 시인 바이런을 비롯한 셸리, 키츠, 보들레르, 리스트 등 세계 각국의 유명 인사들이 애용했던 역사 깊은 카페이다. 지금도 관광객들이 이 그레코 카페에서 커피 한잔을 마시려면 최소한 30분을 기다려야 할 정도로 유명하다.

예전에 스위스나 프랑스 등에서 이탈리아로 관광을 가면 우선 화폐 단위가 너무도 높아 어리둥절한 경우가 많았다. 대개 달러와 비교해서 몇 대일 정도가 되는 화폐를 사용하다 갑자기 백 달러가 수백만 리라가 되는 화폐 단위 때문에 자기들이 사려는 물건 값을 가늠하는 데 상당히 어려움을 겪었다. 관광객들은 달러로 환산하면 몇 십 달러에 불과한 물건조차도 리라로 환산하면 몇 백만 단위가 되니 이탈리아 물가가 엄청나게 높다는 착각을 많이 했다. 다행히 이제는 이탈리아도 EU 회원국으로 가입하였기 때문에 유로를 사용하여 그 문제가 해결되었다.

신용으로 세계 최고가 된 나라

스위스는 지리적으로 보면 알프스 산 건너편에 이탈리아 그리고 대평야지인 프랑스와 독일 사이에 끼어 있는 거의 쓸모없는 자그마한 국가이다. 알프스Alps 산에는 눈만 쌓이고 나머지 땅들도 척박해서 생계수단마저 얻기 힘든 국가였다. 그래서 알프스 산을 관광지로 개발하기 전인 100여 년 전까지 이들의 유일한 생계수단은 자녀들을 독일이나 프랑스에 용병으로 파는 것이었다. 그 때문에 이들은 어떠한 상황에서도 최선을 다해 약속을 지켰다고 한다. 예를 들어 프로이센 · 프랑스 전쟁인 보불전쟁 당시 형은 독일 용병 그리고 동생은 프랑스 용병으로 팔려간 형제가 전쟁터에서 마주칠 경우 이들은 형제라는 사실을 잊고 오직 적으로서 최선을 다해 싸웠을 정도로 용병 계약에 충실했다고 한다. 이러한 역사적인 이유 때문에 지금도 스위스인들은 세계에서 가장 절약하고 검소한 생활을 하는 생활습관과 신용을 제일로 여기는 전통이 오늘날 스위스를 세계 제일 잘사는 나라로 만드는 데 밑거름이 되었다.

스위스 용병들이 목숨을 걸고 약속을 지킨 사례로서 1789년에 시작된 프랑스 혁명 막바지의 일화가 전해지고 있다. 1792년 8월 10일 프랑스 혁명군 약 50,000 여명이 지금의 파리 개선문triumphal arch에서 루이 16세와 마리 앙투아네트 왕비가 살고 있던 콩코르드 광장Place de la Concorde 쪽의 튈르리 궁전Palais des Tuileries으로 물밀듯이 내려오고 있었다. 다급해진 루이 16세는 왕궁의 경호실장과 경호원들을 찾았으나 평소 그에게 충성하던 프랑스 출신의 경호 실장이나 경호원들은 단 한 명도 남지 않고 모두 도망간 후였다. 유일하게 루이 16세 옆에

남아 있던 이들은 스위스에서 용병으로 온 장교 26명과 사병 760명 등 총 786명이 전부였다.

　루이 16세의 다급한 부름 소리를 듣고 용병 대장이 재빨리 루이16세에게 달려와 "폐하 지금 폭도들이 이곳으로 몰려오고 있습니다. 저에게 수단과 방법을 가리지 말고 폭도들로부터 폐하 내외분을 지키라고 명령을 내리신다면 목숨을 걸고 지키겠습니다."라고 말하자 루이 16세는 "저 폭도들도 내가 사랑하는 국민이니 무기를 사용하여 저들이 다치는 일이 절대 없도록 하면서 나를 지켜 다오"라고 말했다고 한다. 할 수 없이 용병 대장은 부하들을 모아 놓고 폐하의 뜻이라면서 무기를 전부 회수하여 무장해제한 뒤 왕비 내외를 둘러싸고 몇 겹으로 진형을 갖춰서 폭도들을 맞이하였다고 한다.

　왕궁에 당도한 혁명군 대장이 용병 대장을 찾아 "너희는 외국인으로 돈을 받고 이곳에 왔으니 목숨도 살려주고 이미 지급한 봉급도 다시 돌려받지 않을 것이니 국왕 내외를 내놓고 안전하게 스위스로 돌아가라"고 타일렀다. 그러나 용병들은 꿈쩍도 하지 않고 "우리가 단 한명이라도 남아 있는 한 우리는 폐하 내외분을 지키는 것이 우리의 의무"라고 대답하면서 조금도 동요하지 않았다고 한다. 혁명군들은 할 수 없이 스위스 용병들을 강제로 해산하려 하였으나 결국 786명 전원을 죽이고서야 루이 16세 내외를 단두대로 끌고 가 처형함으로써 프랑스 혁명의 막을 내릴 수 있었다고 한다. 이런 이유 때문에 지금도 로마 교황이 거주하는 바티칸Vatican의 경비는 가톨릭 신도로서 19~30 세의 스위스 남성 100명으로 구성된 스위스 용병대가 담당하고 있다. 또한 이때 죽은 786명의 신의에 찬 죽음을 기리기 위해 스위스 루체 른Luzern 지역의 호프 교회 북쪽 작은 공원에 화살을 맞고 쓰러져 신음 하는 사자 기념비Lowendenkma를 만들어 놓아 스위스를 찾는 많은 관광 객으로부터 사랑받는 관광명소 중의 하나로 자리매김하고 있다.

그밖에도 스위스는 적은 인구에도 불구하고 제네바에서 로잔까지 남부 지역은 프랑스어를 사용하고 스위스의 수도인 베른을 중심으로 는 독일어를 사용하고 취리히 북부 지방에서는 이탈리아어를 사용하 는 등 프랑스어 · 독일어 · 이탈리아어가 공식 언어로 되어 있다. 그래 서 스위스 사람들은 3개 국어와 영어를 쳐 대개 4~5개의 언어를 구사 하는 사람들이 많다.

제네바에는 국제 적십자 사업 본부, 유엔 무역개발위원회UNCTAD 및 WTO 본부 등이 있고 로잔에는 국제올림픽위원회IOC가 있는 등 작 은 국력에 비해 국제기구를 많이 유치하고 있다. 스위스 정부는 이 러한 국제기구들을 전략적으로 유치함으로써 그에 따른 국제회의 및 관광 수입 등 부수적인 경제적 효과도 만만치 않게 누리고 있다.

그래서 제네바 인구 15,000명 중 절반 이상이 외교관이기 때문에 세계에서 가장 외교관 대우를 못 받는 곳이기도 하다. 또한 제네바 공 원에는 사회계약론으로 유명한 장 자크 루소의 동상을 세워 프랑스 사람이었던 루소가 스위스 제네바 출생임을 널리 알리고 있으며 취리 히에는 어린이들의 아버지로 추앙받는 요한 하인리히 페스탈로치의 동상을 세워 그 역시 스위스 사람임을 과시하는 등 작은 소재 하나하 나를 최대한 활용하는 지혜를 발휘하고 있다.

영세 중립국 스위스의 자주국방 의지

주변의 강대국 사이에 끼어 있는 아주 작은 나라 스위스가 영세 중립국으로 남아 있는 데는 몇 가지 이유가 있다고 한다. 우선 주변 강대국들의 이해타산이 맞아떨어지는 경우를 생각해 볼 수 있겠다.

예를 들어 미국이나 구소련의 지도층들이 안전하게 자기들의 재산을 빼돌려 지켜 줄 수 있는 곳이 필요하다든지 또는 중립적으로 의견을 조정해 줄 수 있는 지역이 필요해서라고도 생각할 수 있겠다. 그러나 내가 보기에는 스위스 국민의 영토를 지키겠다는 확고한 신념과 행동이 오늘날의 스위스를 있게 한 원동력이 아닌가 생각된다.

아파트를 임대하여 입주할 때 아파트 관리인이 아파트 편의 시설 사용법을 알려 주면서 지하 2층으로 우리를 안내했다. 그런데 지하에는 각 아파트 세대별 전용으로 사용할 수 있는 약 10평 남짓한 공간들이 마련되어 있었고 그 출입문의 두께는 50센티미터가 넘는 육중한 철문으로 되어 있어 힘없는 사람은 문을 열고 닫기조차 힘들 정도였다.

   그 관리인의 설명에 의하면 평상시에는 그 장소에 가방이나 스키 등 별로 사용하지 않는 물건들을 보관하는 창고로 사용하고 비상시에는 온 가족이 내려와 대피소로 사용한다는 것이었다.

   실제로 지하의 장소는 전기·수도·가스 시설은 물론 일상생활에 거의 불편이 없을 정도의 시설이 갖춰져 있음을 보고 새삼 스위스 인들의 전쟁에 대한 철저한 대비책에 놀라움을 금할 수 없었다. 그리고 스위스의 모든 국민은 예비군으로 편성되어 각 가정에 무기를 소유하고 있으며 비상시에는 언제라도 지체 없이 출동할 수 있도록 조직 체계가 정비 되어 있다고 한다. 또한 스위스 영공에는 24시간 정찰 비행기가 떠다니면서 감시하는 모습을 쉽게 볼 수 있었다. 반면 우리는 북한과 지척에서 대치하고 있으면서도 비상시에 어떻게 대처할지 아무런 준비조차 없이 무덤덤하고 태평하게 살아가는 우리 국민이 대담한 민족인지, 스위스 사람들이 쓸데없는 걱정을 하면서 살아가는 사람들인지 깊이 생각해 볼만한 일이라 하겠다.

스위스 편

진정한 민주주의 나라

스위스는 전통적으로 검소한 생활 방식과 아주 보수적인 국민성을 가지고 있었고 남성 위주의 사회였다. 일반적으로 '스위스' 하면 직접 민주주의를 하는 세계에서 가장 민주화된 나라라고 생각을 하고 있겠지만 실제로 1970년 이전까지 스위스의 23개 주 '칸톤Canton'이라고 하며 엄밀히 따지면 20개의 주와 6개의 반주半州로 구성되어 있고 대부분이 여성에 대해서는 참정권을 인정하지 않고 있다. 국회의원 선거 때마다 단골 메뉴는 자기가 당선되면 모든 여성에게 참정권을 부여하겠다고 했지만 막상 당선된 뒤에는 누구도 서두르지 않아 여성참정권은 계속 제한됐었다.

1971년에야 스위스 상하 합동 회의에서 스위스 모든 여성에게 참정권을 허용한다는 법안을 만들어 공포함으로써 여성들에게 참정권이 인정되었으나, 아직도 반주 중 한 지역은 그 법률에도 불구하고 사실상 여성에게 참정권을 주지 않고 있다.

스위스는 국민이 직접 투표로 뽑은 200명의 하원의원과 23개의 칸톤canton 주에서 두 명씩 뽑아 46명으로 구성된 상원의원이 실질적인 모든 권한을 가지고 있는 국가이다. 상원의원 46명 중 호선에 의해 행정부처 책임을 맡게 될 일곱 명을 선출하게 되는데 실제로는 제네바Geneva, 취리히Zurich, 로잔Lausanne 등 큰 일곱 주 출신의 상원의원 두 명 중 한 명씩 선출되어 이들 일곱 명으로 내각이 구성된다. 그리고 이들 장관 일곱 명은 1년씩 순서대로 돌아가면서 대통령직을 수행하는 시스템이다. TV를 비롯한 매스컴의 톱뉴스는 알프스 산정에서 벌어지는 산악자전거 경기 대회나 스키 등이며 정치 기사는 거의 없을 뿐만 아니라 대통령의 이름조차 거론하는 경우가 없기 때문에 내각에서 일하는 공무원 몇 명을 제외하고는 대통령에 대해서 관심도 없고 알아볼 필요도 없어 거의 대부분의 국민은 대통령이 누구인지 모른다.

실제로 대통령이 되어도 외국 대사들의 신임장을 받는 일이 거의 대부분이고 모든 행정은 23개의 주에서 자치적으로 처리하고 있기 때문에 별로 할 일도 없다. 그래서 내가 제네바 대표부 경제 협력관으로 근무할 당시 본인의 업무 파트너였던 데라무스 경제상과 크리스마스이브에 만찬을 함께 했는 데 그가 내게 "내년 1월부터 일 년 동안 고생할 일이 걱정이다"라고 하기에 왜 그러냐고 물었더니 그는 "대통령이 되기 때문"이라고 한 말이 지금도 생각난다. 대통령이 되겠다고 너도 나도 애쓰는 우리의 현실과 비교할 때 참 부러운 나라라는 생각이 든다.

아무리 좋은 일도 국민이 싫어하면 하지 않는 것이 진정한 민주주의가 아닐까? 그런 시각에서 스위스는 자타가 공인하는 민주주의의 선봉장이라 하겠다. 왜냐하면 각 주의 인구가 적어 현안이 생길 때마다 모든 주민이 한곳에 모여 토론하고 투표로 결정하는 직접 민주주의를 실행하는 나라이기 때문이다. 스위스의 민주주의를 설명하는 좋은 예가 제네바의 레만Leman 호수에 다리 하나를 추가로 건설하는 문제라 하겠다.

제네바는 레만 호수를 경계로 전통적으로 발전해 온 북쪽과 제네바 공항 등이 있는 새로 발전되어 가는 남쪽으로 나뉘어 있으며 두 곳을 잇고 있는 유일한 다리는 레만 호수의 몽블랑Mont Blanc 다리이다. 그런데 차츰 인구가 늘고 제네바의 외국 관광객과 외교관들이 몰려들면서 제네바의 교통난은 점차 심해졌고, 특히 출퇴근 시간에 몽블랑 다리를 건너려면 30분 이상 걸리는 심한 교통난에 직면 했다.

그래서 제네바 주 정부는 몽블랑 다리의 교통난 해소를 위해 제2의 몽블랑 다리를 건설하려고 20여 년 이상 노력하고 있으나 번번이 주민의 반대에 부딪쳐 아직까지도 건설하지 못하고 있다.

제네바 주 정부는 TV는 물론 신문과 방송 등 다양한 매체를 동원해

제2의 몽블랑 다리 건설의 필요성과 그 경제적 효과 등을 대대적으로 홍보하며 제발 제네바 주민들이 다리 건설에 협조해 달라고 요청한지 10년이 넘었지만 막상 다리 건설 찬반을 묻는 주민 투표를 실시하면 계속 부결되었다. 주민들의 주된 반대 이유는 교통난 완화도 중요하지만 제2의 몽블랑 다리 건설로 레만 호수의 아름다움을 해치는 것은 도저히 용납할 수 없으니 차라리 교통난을 감수하면서 살겠다는 것이다. 국가가 필요하면 문화재든 전통적인 건물이든 일방적으로 없애고 다시 만들어내는 우리 한국의 현실과 비교해 보면 아득 한 꿈같은 이야기라는 생각이 든다.

스위스 편

기다림의 나라, 몽블랑과 융프라우

우리나라는 오전에 전화 신청을 하면 늦어도 그 다음날까지 설치가 되는 세계에서 가장 빠른 통신 서비스의 나라이다. 때문에 세계에서 가장 잘 산다는 스위스에서 전화를 신청하고 6개월이나 기다려야 설치된다고 하면 믿을 사람이 거의 없을 것이다.

1988년 봄, 내가 제네바 대표부 경제 협력관으로 발령을 받아 우루과이라운드 협상 상임 대표로 일하게 되었을 때, 제네바에 도착해 가장 먼저 한 일은 아파트를 계약하고 전화국에 전화 설치를 신청하는 일이었다. 그런데 당연히 2~3일 내에 전화가 개통되리라고 생각했던 나로서는 전화국 직원이 5~6개월 기다려야 한다는 말에 도저히 이해가 가지 않았다. 내가 살던 아파트가 레만 호수 근처에 있는 주택 밀집 지역이었고 신규로 지어진 아파트였는데 무슨 문제가 있어 전화 설치가 그렇게 늦어지느냐고 물었더니 우선 신청자가 많고 별도의 케이블을 아파트까지 끌어가야 한다는 믿기지 않는 대답이었다. 대사관에 돌아와 동료 외교관들에게 물어보아도 답변은 모두 신통치 않았다.

당시 본국과의 연락이 시급하고 우루과이라운드 협상 전략 때문에 근무 시간은 물론 밤중에도 긴급히 연락할 상황이 많았던 나로서는 전화 없이 지낸다는 것이 그렇게 답답할 수가 없었다. 할 수 없이 대사 명의로 공문을 만들어 외교 활동상 긴급하니 조속히 전화를 설치해 달라는 공문을 보냈으나 최대한 노력해 보겠다는 의례적인 답변 뿐이었다. 수차례 독촉과 대사관의 공문을 제출하여 결국 4개월이 지나서야 전화가 설치되었고 그것도 외교관이기 때문에 빨리 해주었다는 전화국 직원의 말을 어떻게 해석해야 할지 몰랐다.

그러나 차츰 스위스 생활에 익숙해지면서 스위스 사람들 중 그 누구도 6개월 걸리는 전화 설치에 대해서 불편을 느끼지 않고 살아가고 있는 이유를 알게 되었다. 그것은 바로 철저한 계획 생활과 예약문화 때문이었다. 스위스 사람들은 다른 곳으로 이사를 하려면 최소한 1년 전에 이사 갈 곳을 정하고 전화 신청을 하기 때문에 전화 신청 후 6개월이 걸린다 하더라도 그들로서는 실제로 이사 가기보다 6개월 먼저 전화가 설치되기 때문에 전혀 불편을 느낄 이유가 없다. 단지 전화뿐 아니라 여름휴가, 병원 진료, 기차나 항공권 예약 등 일상생활 모든 면에서 철저한 예약 문화가 생활화되었기 때문에 그들은 전혀 불편 없이 평화롭게 살아가고 있다.

여유로움을 간직한 스위스를 여행하려면 스위스를 여행하는 사람들은 샤모니 몽블랑Chamonix-Mont-Blanc과 융프라우Jungfrau를 필수적으로 봐야한다. 몽블랑 산은 제네바 국경을 지나 프랑스 영토에 있는 알프스 산맥의 최고봉으로 스위스에서는 남자의 산으로 알려진 반면, 취리히 근처에 있는 산 융프라우는 여자의 산으로 알려져 있다. 독일어인 '융프라우Jungfrau' 단어 자체가 영어로 '영 레이디young lady'라는 뜻을 가진 산이다.

몽블랑 산을 보려면 제네바에서 승용차로 40~50분 달려가 '샤모니 몽블랑'이라는 마을에 도착해 해발 3,842미터를 오르는 에귀뒤미디 산의 로프웨이를 이용해야 한다. 전통적으로 남성을 중시하는 스위스 사람들은 몽블랑 산이 남자의 산이기 때문에 거리를 두고 바라볼 뿐 그 정상에는 직접 올라갈 수는 없게 되어 있다. 산의 정상에 도달하면 휴게실에서 커피나 간단한 스낵을 먹으면서 맞은편 몽블랑 정상을 바라볼 수 있다. 만일 스키를 잘 타는 사람이라면 몽블랑 산에서 스키를 타고 샤모니 몽블랑 마을까지 내려오면 스키를 완전히 마스터했다고 할 수 있겠다. 왜냐하면 정상에서 샤모니 몽블랑까지 내려오는 중간에는 천 길 낭떠러지의 만년설 크랙이 많기 때문에 내려오다가 크랙 앞에서 정지를 제대로 하지 못하고 크랙으로 떨어지게 되면 영원히 냉동 상태로 크랙 속에 묻힐 수 있기 때문이다.

반면, 융프라우를 가려면 취리히에서 가는 경우가 훨씬 쉽다. 하지만 대개의 관광객들이 제네바로 오기 때문에 제네바에서 오전 7시경에 출발하여 부지런히 움직인다면 저녁 9시경에 다시 제네바로 돌아올 수 있는 1일 관광 코스이다. 스위스는 기차 여행이 아주 편리한 국가로 환승 및 운행 시간이 정확하기 때문에 대부분의 여행이 기차로 이루어진다. 제네바에서 로잔Lausanne과 베른Bern을 거쳐 인터라켄Interlaken에 도착할 때까지는 국가가 운영하는 기차를 이용하게 되고 인터라켄부터 융프라우까지는 개인이 운영하는 기차를 이용하게 된다. 그러나 운영 주체가 누구이든 5분 이내에 연결편이 바로바로 있어 전혀 불편함이 없다.

융프라우는 해발 4,158미터로 산기슭에서 융프라우까지는 산으로 올라가는 톱니 기차를 이용하게 된다. 그리고 봄부터 겨울까지 사계절을 두루 구경하게 된다. 융프라우 정상을 못 미쳐 톱니 기차가 잠시 서면 관광용 유리창 너머로 아이거Eiger 빙벽을 볼 수 있는데, 우리나라의 산악인들도 여러 번 조난을 당한 세계적으로 유명한 빙벽이다. 융프라우 정상에 오르면 밖으로 나가 융프라우의 주 포인트인 정상으로 갈 수 있는데, 그곳은 젊은 여성의 양쪽 가슴과 같은 위치기 때문에 '융프라우'라는 이름이 붙여졌다고 한다.

네덜란드 편

악조건에 적응하는 네덜란드인

네덜란드 하면 누구나 풍차와 어릴 때에 동화책에서 읽었던 어린소녀가 댐이 터지는 것을 막았다는 일화를 연상하게 되는데, 네덜란드의 풍차는 지역적인 특색과 관련이 있다. 1년 내내 강한 서풍이 불어오기 때문에 이를 에너지원으로 활용한 것인데, 예전에는 8,000개 정도의 풍차를 돌렸지만 지금은 새로운 에너지원을 개발하여 풍차는 1,000개 정도만 남아 있다. 또한 네덜란드는 전 국토의 65퍼센트 정도가 해면보다 낮은 저지대 국가로서 큰 도시의 이름도 '뚝'이라는 의미로 '담dam'이라는 단어가 붙어 있다. 예를 들어, 암스테르담은 암스텔Amstel 강변에 댐을 만들어 조성된 도시이기 때문에 '암스테르담Amsterdam'이라고 불리는데, 로테르담Rotterdam 역시 마찬가지이다. 이처럼 댐이 많은 국가이다 보니 학교에 가다가 우연히 댐에 작은 구멍이 나 있는 것을 발견하고 자기 어린 주먹으로 그 구멍을 막고 댐을 수리할 사람들이 올 때까지 온몸으로 댐이 터지지 않도록 지켰다는 어린 소녀의 동화가 유명해질 법하다.

네덜란드는 국토가 너무 좁아 네덜란드 국민의 소원은 보다 넓은 땅을 갖는 것이다. 그 유일한 방법은 바닷물을 매립하여 육지로 만드는 방법일 것이다. 그래서 네덜란드 곳곳에 수많은 방조제를 쌓아 바닷물을 퍼내고 육지를 만드는 모습을 곳곳에서 쉽게 볼 수 있다.

그중에서도 가장 야심 찬 제방 공사는 1932년 완공된 자위더르 해 Zuider Zee 제방 공사이다. 자위더르 방조제는 우리나라의 새만금 방조제가 만들어지기 전까지 세계에서 가장 길이가 긴 방조제로서 이름을 날렸다. 북해의 에이설 IJssel 만과 마르크 만을 연결하는 길이 32.5킬로미터의 제방 공사로 1916년에 시작하여 1932년까지 16년 동안 제방을 쌓았으며, 제방 내부까지 완전히 공사를 끝내는 데는 70년이 걸렸다고 한다. 그래서 자위더르 방조제에는 세계 각국의 제방 공사 업체나 정부 관리들이 수없이 찾아와 현지를 견학하고 각종정보와 기술을 얻어 갔으며, 33.9킬로미터에 이르는 우리나라의 새만금 제방 공사 관계자들도 그 준비 단계에서부터 네덜란드의 자위더르 제방을 견학했다.

자위더르 제방이 만들어진 것은 한 사람으로부터 시작되었다. 코르넬리스 렐리라는 국회의원이 어떻게 하면 육지를 넓힐 수 있을까 생각하던 중 제방을 쌓자고 제의했던 것이다. 그가 지목한 곳이 바로 자위더르 해로, 13세기까지 담수호였으나 태풍에 바닷물이 들어와 만이 된 지역으로 여러 번 간척 사업이 계획되었던 곳이었다. 하지만 처음 그의 제의를 받은 모든 국회의원과 네덜란드 국민은 그를 정신병자로 여기며 비난을 퍼부었다. 제방을 만드는 데 드는 천문학적인 공사비는 물론 전체 국토의 2/3가 바다인 네덜란드에는 산이 없어 제방 쌓기에 필요한 돌이나 자갈, 흙을 공급할 만한 지역도 없었기 때문이다. 그러나 그는 당초 자신의 계획을 굽히려 들지 않았고, 꾸준히 동료 국회의원들을 설득해 공사를 시작할 수 있었다고 한다.

문제는 해수면 높이 17~24미터, 너비 90미터에 이르는 제방을 쌓는 재료를 확보하는 것이 가장 큰 걸림돌이었다. 네덜란드 정부는 이 문제를 인도, 아프리카 국가들과 협의하여 병원이나 사회 복지 시설을 지어 주거나 도로를 건설해 주는 대가로 돌과 흙을 전량 수입하는 것으로 해결하여 제방을 완성하였다고 하니, 지금도 잘 믿기지 않는 이야기이다.

공사는 먼저 제방 중간의 휴게소 지역에 바위를 쏟아 부어 작은 섬을 만든 뒤 그곳에 중간 기둥을 세워 공사를 두 단계로 나누어 실행했다고 한다. 또한 제방이 완공된 뒤 바닷물을 일시에 빼 육지를 만들면 땅에 염분이 남아 쓸모없는 땅이 되기 때문에 비가 내리는 양을 측정하여 그만큼 바닷물을 빼내는 과정을 10년 넘게 거친 후에야 완전한 땅이 되었다고 한다. 결국 자위더르 해는 제방 바깥쪽의 와덴wadden해와 안쪽의 에이설Ijssel호로 나뉘어 제방 위를 자동차로 달려가면 바다 한가운데를 가로지르는 느낌이 들 정도이다.

유럽의 지도를 바꾼 대역사인 자위더르 제방을 건설한 이후 네덜란드에는 "신은 세상을 창조했으나 네덜란드인들은 육지를 만든다."는 속담이 널리 퍼져 있다. 국회의원 하나 잘 뽑은 네덜란드가 영토의 40퍼센트를 넓히는 결과를 낳은 걸 보면 우리도 선거 때 한 표 한 표를 신중하게 행사해야 할 것 같다.

앞서 말한 바 대로 네덜란드는 육지가 수면보다 낮기 때문에 집 주변에 많은 수로와 개울들이 있다. 그래서 갑자기 비가 많이 오거나 수량 조절이 안 되면 평소에 다니던 길이 물바다가 되어 도로를 분간하기 어려울 때가 많이 있다고 한다. 그럴 경우 수영을 못하는 사람들은 익사하기 쉽기 때문에 네덜란드의 중·고등학교의 졸업 조건은 옷을 입고 책가방을 메고 신발을 신은 채 평소 등·하교 모습 그대로 최소한 50~100미터를 수영하는 것이다. 수영 자체가 생명을 지키는 수단이기 때문에 이 졸업 조건은 네덜란드인뿐만 아니라 네덜란드에 있는 한국 학생을 포함한 모든 외국인 학생에게도 똑같이 적용되는 규칙이다.

실제로 수영복을 입고 수영장에서 50미터나 100미터를 수영하는 사람은 많겠지만, 평상복에 책가방을 메고 구두를 신은 채 일반 수영장도 아닌 개울에서 100미터를 수영하기란 여간 어려운 일이 아닐 것이다. 현지에서 만난 교민은 자녀들의 수영 실력 때문에 많은 어려움이 있었음을 토로하기도 했다.

네덜란드 편

섹스 박물관이 있는 나라

네덜란드의 수도 암스테르담은 암스텔 강이 에이설 호로 흘러드는 지점에 자리 잡고 있으며 북해 운하와 암스테르담-라인 운하로 연결되어 수로가 잘 발달한 수로의 도시이다. 특히 반원형의 구시가는 크고 작은 운하가 사방으로 뻗어 70여 개의 섬이 500개의 다리로 연결되어 있어 배를 타고 시내 곳곳을 유람할 수 있다.

암스테르담은 시립 암스테르담 대학, 사립 암스테르담 자유 대학이 위치한 곳으로 교육도시이기도 하지만 이미 알려진 대로 마약 사용이 자유화되어 있으며 일정 지역에서는 소위 섹스 관광 역시 합법화되어 있다. 암스테르담 중심지의 섹스 박물관sex museum에 가보면 인류가 시작해서 현재까지의 섹스의 발전사를 일목요연하게 볼 수 있을 뿐만 아니라 각종 기구나 모형들이 현실감 있게 전시되어 있다. 그중에서도 중세 십자군 전쟁 당시 남편들이 전쟁터에 나가면서 아내들의 불륜을 막기 위해 사용했다는 여러 가지의 모양의 정조대를 보면서 그들이 인권을 부르짖는 오늘날의 현실과 너무 괴리가 크지 않나생각이 든다. 정조대는 쇠로 만들어져 있고 소변을 볼 수 있을 정도의 구멍만 뚫려 있을 뿐 남편이 열쇠를 채우고 키를 가지고 떠나 버리면 어떠한 방법으로도 풀 수 없어 심한 경우에는 통풍이 안 되어 살이 썩거나 곪는 경우도 많이 있었다고 한다.

네덜란드 편

우리 민족의 숨결이 담긴 헤이그

나치스의 박해가 한창이던 때 열세 살의 어린 소녀가 깜깜한 지하
방에서의 어려운 생활을 일기로 적은 『안네의 일기』로 유명한
안네 프랑크의 집이 있는 곳인 네덜란드는 우리나라와도 역사적인 관
련이 있다. 1907년 우리나라의 이준 열사 등 비밀 특사 3인이 고종 황
제의 특명을 받고 만국평화회의에 참석하여 일본의 만행을 세계에 알
리고 대한제국이 자주 독립국임을 각국 대표들에게 널리 알리려 했던
헤이그 특사 사건이다. 비밀 특사 3인은 네덜란드의 정부기관 소재지
인 헤이그Hague까지 갔지만 일본의 저지로 회의장에 입장하지 못하고
회의장 밖에서 항의하다 쓰러진 이준 열사는 병을 얻어 그곳에서 사
망하고 말았다. 그동안 그는 헤이그에 묻혀 있었지만 1963년 서울 수
유리 묘지로 이장되었다.

향수의 본고장에서 돋보이는 우리나라 향수 로리타

파리 중심부에서 동남쪽으로 한 시간 정도 거리에 한국의 A 화학이 투자하여 직접 향수를 만들어 판매하고 있는 향수 공장이 있다. 우선 이 지역은 프랑스 정부가 향수나 화장품 등 화학 산업을 발전시키기 위해 특별히 지정한 지역으로 프랑스와 한국뿐만 아니라 세계 각국의 유명 상표들이 많이 진출한 곳이다.

이 향수 공장에는 단 한 명의 한국인 책임자와 200여 명의 프랑스 직원들이 향수의 원료에서부터 포장에 이르기까지 전 과정을 세밀하게 체크하면서 최고급 향수를 생산하고 있다. 프랑스는 우리 모두가 잘 알다시피 향수의 본고장으로 약 400~500개 정도의 향수를 생산·판매하는 회사가 있다고 한다. 또한 향수 협회에서 매월 향수 브랜드별 판매 실적을 집계하여 언론에 그 판매 순위를 공개하는데 우리의 로리타 향수는 세계적인 브랜드인 샤넬에 이어 3위를 차지하고 있다. 현지에 철저히 적응하면서 향수의 본고장을 파고들어 연간 수백 억 원의 이익을 내는 우리 기업의 도전 정신이 이루어 낸 쾌거라 하겠다.

세계에서 가장 관광객이 많은 나라

프랑스는 관광객들이 가장 가보고 싶은 나라로 손꼽히며 실제로 파리의 거리나 건물 하나하나는 모두 그 자체가 아름다운 예술 품과 다를 바 없다. 그중에서도 특히 붐비는 곳은 1889년 프랑스 파리 의 만국박람회장에 세워진 에펠 탑Eiffel Tower이다. 에펠 탑의 앞에는 매 일 아침 에펠 탑Eiffel Tower입장 티켓을 판매하기 시작하는 여덟시보다 훨씬 이전부터 줄을 서서 기다리는 외국 관광객들을 언제나 볼 수 있 다. 실제로 에펠탑에 가자마자 오를 수 있는 경우는 극히 드물 정도로 언제나 관광객이 줄지어 기다린다.

에펠 탑 꼭대기에 올라서 파리 전경을 한 눈으로 볼 수 있는 전망대도 좋지만, 에펠 탑을 제대로 관광하기 위해서는 엘리베이터를 이용하는 것보다는 1층에서 2층까지 300개 남짓한 계단을 걸어 올라가며 에펠 탑 건설 당시의 사진과 탑 내부를 샅샅이 살펴보는 것이 좋다. 우리나라에 에펠 탑 하나만 있어도 지금보다 관광 수입이 몇 십 배 더 늘겠다고 생각해 보면서 미소 지을 때가 한두 번이 아니다. 또 다른 진풍경은 쇼핑을 위해 줄지어 선 아시아인들을 쉽게 볼 수 있다는 것이다.

파리의 개선문凱旋門, Triumphal arch 근처에 가면 소위 명품을 살 수 있는 명품 전문 매장들이 모여 있다. 그중에서도 루이뷔통Louis Vuitton 매장에는 언제나 동양인들이 줄을 서서 차례를 기다리고 있다. 10년 전까지만 해도 일본 사람들이 줄을 이어 기다리고 있었으나 그 뒤 잠깐 한국 사람들이 줄을 서서 기다리더니 4~5년 전부터는 중국 사람들이 5~6대의 관광버스를 타고 일시에 떼 지어 몰려와 긴 줄을 서고 있는 모습을 쉽게 볼 수 있다. 이들은 중국에서 부유층에 속하는 사람들로, 한 번에 여러 개씩 물건을 사고 싶어 하지만 1인당 한 개씩밖에 살 수 없다는 상점의 방침 때문에 매장 곁을 지나가는 다른 관광객들에게 가방 하나만 대신 사 달라고 부탁하는 모습을 쉽게 볼 수 있다. 어느덧 파리의 쇼핑가에도 중국이 큰손으로 자리 잡은 것을 쉽게 알 수 있는 단면이라 하겠다.

프랑스 편

밤의 왕국
몽마르트, 블로뉴 숲

파 리에 있는 OECD 본부 근처의 큰 공원 내에 있는 블로뉴Boulogne 숲은 특히 외국 관광객들에게 유명한 곳이다. 파리에서 젊고 예쁜 알몸의 여성들을 공짜로 보고 싶은 관광객이라면 저녁 식사 후 승용차로 블로뉴 숲을 찾아가면 쉽게 만날 수 있다.

저녁 여덟 시가 넘어 깜깜한 숲 속을 승용차에 헤드라이트를 켠 채 천천히 지나가노라면 긴 밍크코트를 걸치고 있다가 승용차가 가까이 가면 코트를 벗으며 알몸을 보이는 미녀들이 많다. 순간적으로 미녀를 발견한 관광객들이 그 미녀가 마음에 들면 그곳에 내려 미녀와 같이 즐거운 시간을 보낼 수 있고, 그렇지 않으면 그냥 지나친 뒤 다음 사람을 찾으면 된다. 이들은 더운 여름날뿐만 아니라 영하 10도를 오르내리는 추운 한겨울에도 어김없이 그곳에서 관광객들을 기다리고 있는데, 추운 겨울에 알몸으로 숲 속에 서 있는 자체가 큰 고통이라 생각된다.

파리를 다녀온 관광객이라면 거리의 화가들로 붐비는 몽마르트르 Montmartre를 한 번쯤은 올라갔을 것이다. 몽마르트르에는 각국에서 모여든 화가 지망생이나 예술가들이 그 자리에서 20~30분 동안 관광객들의 초상화를 그려 주는데 그 솜씨가 상당히 수준급이다. 특히 동양 사람들의 얼굴은 특징을 잡기가 어려운데도 완성된 초상화를 보면 실물과 상당히 닮아서, 역시 예술가는 다르다는 생각을 해 본다.

파리 시내에서 가장 높은 129미터의 언덕인 몽마르트르를 내려오면 프랑스 파리의 섹스 거리라 할 수 있는 피갈Pigalle에 도착한다. 피갈 거리에는 프랑스 여성들을 비롯한 각국에서 온 거리의 여성들이 제각기

자기의 아름다움을 뽐내면서 관광객을 유인하는 모습을 쉽게 볼 수 있고 상점마다 CD나 비디오, 성인용품들이 가득 차 있다. 물론 이 지역은 파리에서 특별한 지역으로, 섹스 관련 물건들이 집중된 곳이며 언어가 통하지 않아도 관광객들의 외로움을 풀 수 있는 곳이기도 하다. 또한 피갈 거리에는 리도 쇼 Lido Show로 유명한 리도 극장도 자리하고 있다. 리도 극장에 예약하여 들어가 보면 모든 프로그램의 마지막은 반드시 팬티 하나만 남기고 옷을 벗는 것이 특색이다. 이에 비해 크레이지홀스 쇼를 보면 리도 쇼와는 달리 매 프로그램의 마지막은 알몸으로 관객들에게 보이는 것이 리도 쇼와 차이 나는 점이다.

파리의 벼룩시장
퐁네프 다리, 클리냥쿠르

파 리의 중심부에 흐르는 센Seine 강은 시인들의 작품에 주요 모티프가 되는 곳이자 강가를 따라 많은 젊은이가 데이트를 즐기는 곳이다. 센 강에는 여러 개의 다리가 있는데 그중에서도 아홉 번째로 건설한 퐁네프Pont Neuf 다리가 가장 아름답다고 한다. 다리 위의 조각들이 아주 섬세하고 생동감 있기 때문이다.

대개의 관광객은 바쁜 일정을 쪼개어 파리 전체를 돌아보기 위해 센 강의 유람선인 바토무슈Bateaux Mouches를 타게 된다. 이 유람선은 에펠 탑 근처에서 출발하여 노트르담 대성당Notre-Dame de Paris까지 센 강가를 따라 약 한 시간 동안 한 바퀴 도는데, 강가의 아름다운 건물들과 파리의 야경이 강물과 조화되면서 관광객들에게 잊혀지지 않을 만한 아름다운 추억을 선사한다.

파리 시내에서 3~40분 정도 가면 프랑스는 물론 유럽 전역과 아프리카 아시아에서 모아 온 골동품이나 중고 물품을 파는 거대한 벼룩시장 클리냥쿠르Clignancourt가 있는데, 골동품 수집을 좋아하는 사람은 반드시 들러야 할 만한 곳이다. 클리냥쿠르에는 몇 백 년 전 프랑스나 유럽 각국의 황실에서 사용하던 식탁이나 침대, 시계, 그릇은 물론 세계 각국의 각종 장신구와 그림, 전등, 각종 장식품이 많이 진열되어 있다. 이곳은 자기의 점포를 가지고 매일영업을 하는 상인과 점포 없이 길거리에서 토요일과 일요일에만 영업하는 두 종류의 상인들이 있는데, 주말에는 많은 관광객이 모여들어 걸어가기조차 힘들 정도로 붐빈다. 2~3일 동안 파리를 여행하는 관광객이 한번에 좋은 물건을 만나기란 그렇게 쉬운 일이 아니지만, 파리에 거주하는 사람들이라면 주말마다 시간을 내어 자신이 좋아하는 그림이나 시계 등 골동품을 아주 합리적인 가격으로 구할 수 있다. 물론 가짜도 있겠지만 대부분 조상 대대로 사용하던 그림이나 물건들을 가지고 나오기 때문에 운이 좋으면 정말 좋은 유화나 장식품들을 싼 가격에 살 수 있다.

예술의 나라, 영웅의 나라, 미래의 나라

파리에서 서쪽으로 약 12킬로미터 정도 떨어진 뤼에유 말메종Rueil-Malmaison에는 전쟁 중에도 나폴레옹이 열렬히 사랑했던 첫 부인인 조제핀의 생가 말메종Malmaison 성이 남아 있다. 생가 자체는 그렇게 화려하거나 특별한 디자인이 아니지만 조제핀이 나폴레옹과 결혼하여 살기 시작하면서부터 정원과 내부 인테리어 등을 가꾼 흔적들로 가득하다. 지금은 나폴레옹과 조제핀의 유품들을 전시한 나폴레옹 국립 박물관으로 사용하고 있는데, 국가에서 역사적 장소를 잘 관리하고 보존하여 일반 관광객들에게 역사의 한 단면을 보여 주는 프랑스 정부의 관광 정책은 본받을 만하다. 그곳을 떠나 약 두 시간쯤 달리다 보면 〈이삭 줍는 사람〉, 〈만종〉 등으로 유명한 밀레의 생가를 들를 수 있다. 밀레하우스Atelier Jean-Francois Millet는 밀레가 가족들과 함께 살며 작업을 했던 곳으로, 단순하고 아담한 집이지만 그 뒤로 끝없이 이어지는 밀밭들이 마치 추수가 끝난 뒤 해질 무렵 기도를 하고 있는 그의 명작 〈만종〉의 분위기와 흡사해서 더욱 평화로운 곳이다.

그리고 프랑스를 방문하면서 빼놓을 수 없는 곳이 르네상스 3대 화가의 하나인 레오나르도 다빈치의 생가라 하겠다. 프랑스의 앙부아즈 Amboise는 다빈치가 만년을 보낸 곳으로, 우리가 보통 생각하기에 '다빈치' 하면 단순히 르네상스 시대를 빛낸 화가라고 생각하겠지만 그의 생가를 둘러보면 그는 비행기에서부터 측량 기계 그리고 자동차에 이르기까지, 화가이면서 과학자이며 특히 수학에 관심이 많았음을 알 수 있다. 마치 〈오우가五友歌〉라는 시로 유명한 윤선도와 흡사하다. 윤선도 역시 단순한 시인이라 생각하고 해남의 윤선도 생가를 방문해

보면 천문, 지리, 수학 등 여러 가지 방면에서 두각을 나타냈던 사람이었다는 것을 알 수 있다. 이처럼 레오나르도 다빈치와 윤선도는 예술가이면서 과학자, 수학자라는 공통점을 가지고 있다 하겠다.

다음으로는 정치면에서 영웅으로 추앙받는 드골 대통령을 살펴보자. 프랑스 대통령 중에서 샤를 드골 대통령만큼 사후에 국민에게 추앙받는 대통령도 드물 것이다. 드골은 대통령이 되자마자 '위대한 프랑스'를 슬로건으로 내걸고 국민에게 프랑스가 왜 늘 독일 뒤만 따라다녀야 하느냐, 제발 이제 우리도 달콤한 와인과 평화로운 삶만을 추구하지 말고 독일인들처럼 위대한 조국 건설을 위해 단합하자는 호소와 더불어 자신의 그러한 정책을 국민 투표로 프랑스 국민의 의사를 물었다. 그러나 불행히도 국민 투표는 부결되고 말았다.

드골은 국민 투표가 부결되자마자 아무 미련 없이 대통령직을 사임하고 자신의 고향 릴Lille로 돌아갔다. 그는 사망하기 직전에 자기의 부인 이본느 여사에게 세 가지를 꼭 지켜 달라는 유언을 했다. 자신이 죽더라도 국장을 절대로 허락하지 말고 그냥 고향에서 조촐하게 치러 줄 것, 자신의 묘비명에 '프랑스 대통령'이라는 직함을 절대 사용하지 말고 단순히 자기 이름과 생몰년만 표기할 것, 끝으로 자신이 죽더라도 절대로 프랑스 정부에서 지급하는 대통령 연금을 수령하지 말고 자신이 전역할 당시의 중장 계급에 따른 군인 연봉만 받아서 생활하라는 것이었다. 드골 대통령이 죽자, 프랑스 정부는 당연히 그의 장례를 국장으로 거행하고 묘비에도 '프랑스 공화국 대통령'이라고 표시하고 대통령 연금도 지급하려 했지만 그의 부인 이본느 여사는 남편의 유언에 따라 이 모두를 거절하였다. 그리고 대통령 궁을 나와 파리 교외의 허름한 아파트 2층을 전세 내어 매달 국방부로부터 지급되는

남편의 군인 연금으로 어려운 생활을 하면서 지냈다. 드골 대통령 뒤를 이어 대통령에 당선된 조르주 퐁피두 대통령은 여러 차례 그녀를 찾아가 제발 묘비에도 대통령이라는 글씨를 써넣고, 대통령 연금도 받아 편안히 지내시라고 간곡하게 요청하였다. 그러나 그녀는 끝내 퐁피두 대통령의 요청을 거부했다.

1년이 지난 뒤 퐁피두 대통령이 신년 인사차 이본느 여사를 찾아와 안부를 물은 뒤 제발 좀 도와 드릴 수 있는 일이 있으면 영광스럽겠다면서 부탁 좀 하라고 간청하였다. 이때 그녀는 웃으며 그에게 한 가지 부탁을 하였다. 자신이 매달 두 번씩 남편의 묘지에 다녀오는데 이제 나이를 먹어 전차나 버스를 갈아타며 묘지에 다녀오기가 너무 힘드니 묘지에 다녀올 때 승용차를 좀 태워 줄 수 없겠냐는 것이었다. 퐁피두 대통령으로서는 자신이 기대했던 것과 너무도 다른 부탁에 제발 다른 부탁 좀 하시라고 간청했으나 그녀는 더 이상 부탁할 일이 없노라고 대답하였다. 결국 그녀가 죽은 뒤에야 프랑스 정부는 온 국민의 성원 속에서 드골 대통령의 묘비를 새로 만들어 '프랑스 공화국 대통령'이라는 글귀를 넣을 수 있었다. 드골 대통령이 온 국민의 정신적인 지도자로서 영원히 존경받는 인물로 남은 것을 보면 우리나라 전직 대통령들의 말로가 떠올라 정말 배울 바가 많다고 하겠다.

　다음은 프랑스의 사회, 경제 면이다. 유럽 사람들은 여름휴가를 특히 중요하게 여기며, 이때에는 가족들과 최대한 즐겁게 보낸다. 하지만 어느 자본주의 국가가 그렇듯, 프랑스 역시 휴가를 즐길 수 있는 부자들만 사는 것이 아니라 휴가를 가고 싶어도 가지 못하는 저소득층이 많고, 특히 우리나라의 유학생들 중에는 휴가는 고사하고 하루 끼니를 걱정하며 학비 마련조차 어려운 경우도 많다. 그래서 휴가를 적당히 때우고 넘어가려는 사람들도 많이 있다.

　그러나 6~7세에서 18세까지 어린아이들은 반드시 1년에 2주 이상의 여름휴가를 즐겨야 한다는 프랑스의 규정에 따라, 여름 방학이 오기 전에 연평균 소득이 일정 금액 이하인 사람들은 프랑스 관광청으로부터 안내 엽서를 받는다. 물론 외국 유학생도 예외는 아니어서 유학생 중 아이들이 있는 집은 당연히 그 엽서를 받게 된다. 엽서에는 아이들이 몇 살이며 몇 명 있으니, 올해 여름휴가 기간 동안 좋은 여행지를 찾아 적어도 2주 정도 아이들을 데리고 휴가를 다녀오라는 내용이 적혀 있다. 물론 휴가 중 숙박비와 식사비를 포함한 일체의 소요 비용은 현지에서 사인만 하면 정부가 부담한다. 아이들에게 꿈과 희망을 심어 주며 건전한 휴가를 보낼 수 있게 지원해 주는 프랑스의 청소년들에 대한 정책이 부럽기만 하다.

프랑스 편

지중해 연안의 남프랑스와 와인 강국 프랑스의 풍경

프랑스 남쪽 마르세유Marseille 항구에서 지중해 해변을 따라가노라면 휴양지로 이름난 니스Nice, 칸Cannes 그리고 세계에서 두 번째로 작은 나라 모나코Monaco 를 지나게 된다. 니스나 칸은 이제 휴양지로서만이 아니라 세계적인 국제 영화제가 열리는 곳으로 더욱 유명해졌으며, 우리나라에서 제작한 영화도 매년 빠짐없이 이곳에 출품하고 있다.

그리고 남프랑스에서 빼놓을 수 없는 것이 니스와 칸의 북쪽에 있는 미국의 그랜드캐니언Grand Canyon에 해당되는 베르동Verdon 강의 베르동 고르주Verdon Gorge라는 협곡이다. 이 웅장한 협곡은 이탈리아에서 프랑스로 돌아 들어올 때 고속도로를 이용하지 않고 꼬불꼬불한 산길을 따라 올라가야 볼 수 있는데, 석회암질 협곡으로 길이는 20킬로미터, 깊이는 300미터가 넘는다. 깊은 계곡 속의 가지가지 형상의 바위 모습들이 그랜드캐니언과 비슷해서 이름도 그랜드캐니언의 프랑스어 발음인 '그랑까뇽'이라고도 부른다고 한다.

남프랑스의 또 다른 볼거리는 바로 와인이다. 프랑스는 세계에서 가장 유명한 와인 생산국이다. 이탈리아와 더불어 와인을 많이 생산하기로 유명하며 룩셈부르크Luxembourg 다음으로 와인을 많이 마시는 나라이기도 하다. 프랑스에서 생산되는 와인은 종류가 다양한데, 전체 와인 중에서도 레드 와인이 많이 생산되는 편이다.

와인 강국 프랑스는 레스토랑에 들어서면 가장 먼저 와인 주문부터 하게 된다. 와인 한 병의 가격은 몇 십 불에서 몇 천 불에 이르기까지 다양한데, 일반적으로 오랜 기간 저장된 와인일수록 가격이 오르는 것이 특징이라면 특징이다. 오랫동안 저장된 와인을 제대로 서브하는 것을 처음 본 것은 내가 카운터 파트인 프랑스 장관의 저녁 초청을 받아 프랑스의 지도층이나 부유층이 자주 가는 100년이 넘는 전통을 자랑하는 고급 레스토랑 '라세르Lassere'에 갔을 때였다.

라세르는 언제나 1~2주일 전에 좌석을 예약하지 않으면 자리를 차지할 수 없을 정도로 많은 사람이 찾는데, 레스토랑에 들어서면 고급스러운 벽화나 품위 있는 분위기가 손님을 압도하며 테이블에 앉자마자 갑자기 천장이 활짝 열리면서 하늘의 별이 직접 보이도록 돔 식으로 설계되어 있었다. 그와 내가 천장이 열리고 별이 보이는 가운데 와인을 주문하자 30분 정도 지나고 나서야 웨이터가 먼지가 수북이 쌓인 와인한 병을 조심스럽게 들고 오더니 먼지가 수북한 와인 병을 내밀면서 라벨의 아래쪽을 손으로 문지르라고 했다. 손가락으로 그가 가리킨 라벨 부분의 수북이 쌓인 먼지를 밀어내자, '1951년'이라는 생산연도가 선명하게 나타났다. 그제야 왜 먼지를 털고 깨끗한 상태로 손님 앞에 가져오지 않았는지 이해할 수 있었다.

내가 생산 년도를 확인한 뒤에야 웨이터는 그 와인을 주방으로 가지고 가 깨끗하게 먼지를 털어낸 뒤 다시 테이블로 가지고 왔다. 그리고 내가 보는 앞에서 코르크 마개를 딴 뒤 옆에 준비하고 있던 베이커 같은 디캔터에 와인을 모두 따라 놓고 2~3분 동안 기다린 뒤에야 손님들에게 서브를 했다. 이상하게 여긴 내가 그 이유를 묻자 이 와인은 오랫동안 지하실 보관 창고에 보관되어 있었기 때문에 그간의 발효로 가스가 차 있어 가스를 날려 보낸 뒤 손님에게 서브한다는 대답이었다. 그 와인의 값을 정확히 알 수는 없지만 아마 천 달러 이상은 되었으리라 생각한다. 실제로 우리나라 VIP들이 유럽을 방문할 경우 공관에서는 특색 있는 선물을 하려고 VIP들이 좋아하는 자신이 태어난 해에 생산된 와인을 선물하는 것이다. 문제는 VIP들의 연령대가 높아 구하기 쉽지 않다는 것이다. 그래서 때로는 인접 국가의 와인을 구하기도 한다.

스페인 편

투우, 핏빛 넘치는 정열적인 경기

프랑스 남쪽의 쭉 뻗은 고속도로를 달리다 보면 어느 순간 기름지고 비옥한 땅이 사라지고 메마른 사막이 보이기 시작하는데 그곳부터 스페인 땅이다. 프랑스 국경에서부터 스페인 수도인 마드리드 Madrid까지는 사우디아라비아의 사막을 달리는 듯한 느낌으로 승용차를 타고 거의 온종일 달려야 도착할 수 있다.

마드리드에 도착하면 으레 관광객들은 투우장에서 세계적으로 유명한 스페인의 투우 경기를 본다. 투우 경기는 보통 매년 봄 부활제의 일요일부터 11월까지 일요일마다 열린다. 17세기 말까지 궁정 오락으로 귀족들 사이에서 성행하던 투우는 18세기 초에 이르러서야 지금처럼 일반인들이 즐길 수 있게 되었다고 한다. 동대문 야구장만한 크기의 투우장에는 운동장을 중심으로 빙 둘러 관람석이 마련되어 있다. 스페인 사람들은 투우 관람을 매우 좋아하기 때문에 투우장은 언제나 대만원이다.

투우는 오래전부터 행해진 전통 행사이자 경기로, 규칙이 매우 엄격하다. 대개 일곱 마리의 소가 한 마리씩 나와 투우사와 결투를 하다가 소가 죽으면 끝나는데 소요 시간은 대략 한 시간 반 정도이다. 투우장에 들어오는 소는 전날 24시간 동안 빛이 완전히 차단된 방에 갇혀 있다 나오는데, 일단 이 소는 빨간 천을 휘두르는 말을 타고 긴 창을 가진 두 명의 피카도르picador와 작살을 든 반데릴레로banderillero의 공격을 받으며 점차 흥분이 고조된다. 이때 창으로 찌르는 사람들의 힘 조절과 타이밍이 아주 중요하다고 한다. 왜냐하면 소를 너무 많이 찔러 힘이 빠져 투우가 시작하기도 전에 소가 쓰러져 버리고, 너무 약하게 찔러 소가 너무 강하게 날뛰면 투우사가 위험해지기 때문이다.

그 후 어느 정도 기운이 빠진 뒤에야 투우사의 주역인 마타도르_{matador}가 검을 들고 나타난다. 이 마지막 20분이 가장 중요한 시간인데, 마타도르는 막대기에 걸치듯이 감은 붉은 천을 들고 소를 유인하면서 싸우는데, 빨간색이 소를 흥분시킨다는 설도 있으나 소는 색맹이라는 이야기도 있어 소보다는 오히려 빨간색이 관중을 흥분시키는지도 모를 일이다. 마타도르가 5분 내지 15분 정도 소를 유인하여 장내 열기를 가장 고조된 시기에 정면에서 돌진해 오는 소를 목에서 심장을 향해 검을 찔러 죽인다. 이때 가장 완벽한 투우사는 약 1미터 길이의 검을 소의 심장에 정확히 그리고 깊숙하게 꽂는 것이라고 한다. 소의 심장에 마타도르의 검이 꽂히면 소는 목에서 붉은 피를 쏟으며 미친 듯이 날뛰다가 어느 순간 서쪽 하늘을 바라보며 슬픈 울음소리를 내면서 쓰러진다. 이렇게 죽은 소들은 바로 마차가 들어와 끌고 나가는데 그 고기는 사람이 먹기보다는 공업용으로 쓰이고 가죽은 관광 상품으로 개발된다고 한다.

투우장에서 소들이 죽는 장면을 본 나는 처음에는 대수롭지 않게 여겼으나, 다음에 나오는 소들도 자기가 쓰러지기 직전에 서쪽 하늘을 바라보면서 아주 슬프고 길게 우는 모습에서 소들도 자기가 죽는 순간을 분명하게 알고 있다는 생각이 들었다. 한 가지 이해되지 않는 것은 소가 투우사의 검을 맞고 피를 흘리는 순간 한국인을 포함하여 일본이나 중국 관광객들은 고개를 돌리는 경우가 많은 데 비해, 스페인 사람들은 소리를 지르거나 손뼉을 치면서 열광하는 모습에서 투우에 대한 동서양의 인식이 대조적이라는 것이다.

스페인 편

오후 두 시면 문을 닫아요!

내가 처음 스페인을 여행할 때, 자동차 고장으로 고생한 일이 있었다. 자동차 수리 공장을 찾아 이곳저곳 한참을 헤맸으나 어느한 곳도 영업을 하는 공장이 없었다. 할 수 없이 길가의 아이스크림가게에 문의해 본 결과 스페인의 가게들은 아침 10시에 문을 열어 오후 2시에 문을 닫는다고 한다. 날씨가 너무 더워 일에 능률이 오르지 않기 때문에 그 시간이면 집에 돌아가 잠을 잔다는 것이다. 이들이 언제 돈을 벌어 어떻게 먹고 사는지 이해하기 어려웠지만, 어쨌든 오후 2시가 지나면 모든 상점이 문을 닫은 것으로 보아 그 이야기가 맞는것은 확실했다.

스페인에서 물건을 사거나 중요한 약속이 있을 경우 항상 한낮에 잠을 자는 시에스타 siesta 시간을 염두에 두어야 한다. 대신 오후 6시가 지나면 날씨가 상대적으로 서늘해지고 사람들도 활동을 다시시작하게 되지만 그 시간부터는 다시 일터로 돌아가 일하는 시간이 아니라 음식을 먹거나 술을 마시면서 스페인의 전통 춤 플라밍고에 취하는 등 주로 즐기는 시간이다. 하지만 이러한 시에스타는 게으름의 상징으로 여겨져 2005년 스페인 정부에서는 관공서의 시에스타를 폐지하였다.

스페인 편
세계에서 세 번째로 큰 성당, 즐길거리 풍부한 바르셀로나

마드리드를 떠나 스페인 남쪽의 그라나다Granada에 도착하면 바티칸의 성 베드로 성당San Pietro Basilica과 독일의 쾰른 대성당Cologne Cathedral에 이어 세계에서 세 번째로 규모가 큰 그라나다 대성당Granada Cathedral을 볼 수 있다. 거대한 성당의 내부는 물론 외벽까지 손으로 만들어서 붙인 화려한 스테인드글라스가 눈에 띄며 화려한 색깔과 특이한 모양이 중동에서 일반적으로 볼 수 있는 모스크와는 판이하다.

그라나다 대성당은 원래 이슬람 성당이 있던 자리에 1523년 착공하여 약 180여 년에 거쳐 완공되었으나 아직도 꼭대기의 탑은 미완성으로 남아 있다. 스페인에서는 처음으로 고딕 건축 양식에 르네상스 양식이 가미되었으며, 이슬람교의 영향을 많이 받아 내부는 무데하르 양식으로 장식되어 있다. 그리고 아름다운 14개의 스테인드글라스로 된 창에는 신약성서의 내용이 그려져 있고 특히 황금빛의 내부 장식이 특이한 성당이다.

스페인의 바르셀로나Barcelona는 스페인 동부와 프랑스 남부가 맞닿는 카탈루냐Catalonia 지방의 중심 도시로 스페인에서 두 번째로 큰 도시로 지중해를 끼고 있는 아름답기로 유명한 휴양도시이자 산업도시이다. 대개의 유럽인은 바르셀로나에 휴양차 도착하면 지중해변의 콘도나 통나무집을 예약하여 2주 내지 3주간 머물다 가는 것이 보통이라 하니 이들의 여유롭고 값진 여가 보내는 모습이 부럽기까지 하다.

바르셀로나는 10년 이상 국제 올림픽 위원장을 지내면서 세계 체육계에 막강한 영향력을 행사해 온 후안 안토니오 사마란치 전 IOC International Olympic Committee, 국제 올림픽 위원회 위원장의 고향이기도 하다.

현재 사마란치는 IOC 본부가 있는 스위스의 로잔Lausanne에 거주하고 있으나 그의 고향 사랑은 세계적으로 널리 알려져 있다. 그는 IOC 위원장 시절 바르셀로나에 많은 투자를 끌어들여 생활수준을 한 단계 높인 장본인으로서 바르셀로나에서 대통령 이상으로 존경받고 있다.

바르셀로나에는 세계적으로 유명한 건축가 안토니오 가우디가 설계·감독을 맡아 1882년에 착공한 뒤, 무려 130여 년이 지난 현재까지도 완성되지 않아 계속해서 보수·신축 공사를 병행하고 있는 '성 가족 교회Sagrada Familia'가 있다. 성 가족 교회의 건축 양식은 입체기하학에 바탕을 두고 있는데, 그 설계가 매우 섬세하고 아름다워 건축학을 공부하는 사람이라면 꼭 한 번은 가 보아야 하는 곳으로 알려져 있다.

차우셰스쿠 대통령의 독재

국민 소득이 몇 백 달러도 안 되는 가난한 나라였던 루마니아의 니콜라에 차우셰스쿠 대통령은 1967년부터 1989년까지 4선 대통령을 지내며 모든 국민이 굶어 죽는 상황에서도 프랑스의 베르사유 궁전과 그 앞의 거대한 정원을 모방한 거리를 조성하고 북한의 김일성 궁전보다도 더 화려하고 큰 국민 궁전을 지어 호화판 생활을 해 왔다. 국민 궁전은 그 내부가 웅장하고 호화로울 뿐만 아니라, 그 궁전에서 우리나라의 세종로에 해당하는 중앙 도로를 내려다보면 마치 베르사유 궁전에서 그 아름다운 정원을 바라다보는 것과 똑같이 조성해 놓았다.

차우셰스쿠는 1989년 루마니아 국민의 반정부시위를 무자비하게 유혈진압하고 궁전에서 호화판 파티를 열었으며, 끝내 임시정부가 궁전으로 밀고 들어왔을 때에도 옥상의 헬기를 타고 피신을 하라는 측근의 요청을 뿌리치다 붙잡혔다. 그 후 긴급 재판에 회부되었을 때, 그는 혁명 재판관들에게 "내가 대통령인데 누가 나를 재판하겠냐"며 큰소리치다 왕비와 함께 혁명 뒤 7일 만에 총살형을 당해 비운의 최후를 맞고 말았다. 그러나 아직도 그가 남겨 놓은 국민 궁전은 카펫이나 가전제품들도 완비되지 않은 데다, 아직도 내부 공사가 진행 중으로 그 유지비 자체가 루마니아 경제에 큰 부담으로 남아 있다.

루마니아 편

지금 루마니아는?

루 마니아는 2007년 유럽연합EU에 가입하였지만 아직까지 유로를
쓰지 않고 있다. 대신 '레이leu'를 쓰는데, 보통 환율은 1레이당
400원 안팎이다. 1990년 민주화된 이래 10여 년간 경제 상황이 불안
정하였으나, 유럽연합 가입 전후로 경제 개혁이 가속화되고 있다.

루마니아의 시골길을 달리다 보면 양쪽 길옆에 과일이나 꿀 등 농
가에서 자기들이 직접 생산한 농산물을 진열하여 파는 모습을 자주 볼
수 있다. 물론 그 꿀은 당연히 천연산 꿀로 품질이 아주 좋은 것은 물
론이다. 1달러를 내면 과일 한 바구니나 천연 꿀을 두세 병 주기 때문
에 1달러의 위력이 매우 크다. 그 꿀을 가지고 다니면서 여행 도중 계
속 먹고 얼굴에 발라 마사지도 하고 아침에 식빵에 발라 먹기도 하는
등 아무리 써도 루마니아에 사나흘 머무는 동안 1달러를 주고 산 꿀
을 다 쓸 수가 없으니 얼마나 물가가 싼지를 실감할 수 있을 것이다.

루마니아에는 일정한 규격을 갖춘 세계적인 호텔이나 정규 골프 클럽이 없다. 그래서 루마니아에서 외교관이나 지도층들이 만찬을 하려면 수도인 부쿠레슈티Bucharest 시내에 있는 루마니아 유일의 외국인 클럽으로 가게 된다. 이곳에는 음식도 비교적 수준급으로 제공될 뿐만 아니라 그 분위기가 고풍스럽고 은은해서 사교 장소로서는 매우 적합하다.

사교장의 정원은 나무가 비교적 적어 골프를 치고자 하는 해외 골퍼들이 그곳에서 간이 그린을 만들어 골프를 치기 시작해서 지금은 많은 사람이 9홀 규모의 골프를 즐기고 있다. 물론 페어웨이나 그린도 없이 맨땅에 홀을 만들고 깃발을 꽂아 놓았지만 그래도 롱홀 2개, 쇼트홀 2개 등 정규적인 9홀의 흉내를 낼 수 있는 유일한 곳이다. 현재는 경제 발전 이후 골프장, 골프 클럽들이 증가 추세를 보이고 있다.

또 다른 볼거리는 루마니아 거리를 다니다 보면 우리나라 대우 자동차의 '씨에로'나 '티코'를 많이 볼 수 있고, 가끔 '누비라'도 보인다. 그런데 이 누비라 자동차는 외국의 중요한 손님이 오거나 각국의 외교관들이 즐겨 타는 자동차이자 루마니아의 부유층이 타고 다니는 고급 승용차이다. 내가 루마니아 공정관리위원장 겸 올림픽 위원장의 초대를 받아 부쿠레슈티 공항에 내렸을 때 1호 차로 누비라 승용차, 그 뒤에 나를 수행한 수행원들을 태울 벤츠가 기다리고 있었다. 대우 자동차는 이제 GM대우로 바뀌었지만, 누비라가 차의 명칭 그대로 루마니아 거리를 누비고 다니는 것이 기분 좋은 일임이 틀림없다.

루마니아 편

드라큘라 성의 진실

'**루**마니아' 하면 드라큘라가 연상될 정도로 많은 사람이 루마니아
에 드라큘라가 산다고 생각하는 것 같다. 실제로 부쿠레슈티
Bucharest에서 약 두 시간 정도 가면 일명 '드라큘라 성'으로 알려진 '브란
성Bran Castle'이 있다. 이 성은 부체지Bucegi 산기슭의 브란 마을에 위치한
성으로 1212년 독일 기사단들의 요새로 만들었는데 1379년 독일 상
인들이 왈라키아Walachia 평원에서 브라쇼브Braso로 들어오는 오스만 투
르크 적군들을 빨리 발견하기 위해서 언덕 위에 크게 확장한 성이다.

이 성이 세계적으로 널리 알려진 데에는 1460년 이 성에서 잠시
살았던 트란실바니아 지방의 성주였던 블라드 3세 바사라브 왕 때문
이라고 할 수 있다. 그는 터키와 헝가리 제국의 침략으로부터 나라를
지켜낸 루마니아의 영웅임과 동시에 '블라드 체페쉬' 또는 '블라드 드
라큘라'라는 별명으로 악명 높았다. 그 이유는 그가 왕위에 있는 동안

포로로 잡은 적군이나 각종 범죄자에게 인간으로서 상상할 수 없을 정도의 가혹한 형벌을 가했기 때문이다. 예를 들면 펄펄 끓는 물에 사람을 처넣거나 죄인들 머리 위에 모자를 씌우고 모자가 바람에 날리지 않게 고정시키기 위해 대못으로 머리에 못을 박아 고정시키는 등 그 잔혹한 형벌은 이루 말할 수가 없었다. 드라큘라는 루마니아어로 '용의 아들'이라는 뜻인데, 그는 권력 다툼의 와중에 부친과 형이 암살되었고, 자기도 세 번씩이나 권좌에서 밀려났다가 다시 복귀하는 등 피비린내 나는 정치 환경 속에서 권좌를 지키느라 이렇게 폭군이 되었다고 한다.

그는 노예와 시민에게 생산적인 노동 활동을 특히 강조하였으며 가난한 사람과 거지를 모두 범죄자로 취급하였다. 어느 날 궁궐로 모든 가난한 사람과 거지, 환자를 불러 놓고 대향연을 베풀고 배부르게 먹인 후 연회장을 봉쇄한 채 불을 질러 모두를 태워 죽였다고 한다. 또한 그는 정직함과 질서를 특히 강조하였는데, 특히 강압과 폭정으로 시민을 정직하게 만들 수 있다는 신념이 강했다고 한다. 실제로 그는 경범죄는 물론 가벼운 명령을 위반한 자가 있으면 모두 처형할 정도로 공포의 대상이었으며 시민의 정직함을 시험하기 위해 티르고비스테Tirgoviste 광장에 순금으로 된 컵을 진열해 두고 누구나 지나가면서 물을 마실 수 있도록 했는데 블라드 왕의 재임 시에는 아무도 순금 컵을 가져가거나 실수로 손상시키는 일이 없었다고 한다. 그 뒤 1897년 아일랜드의 작가 브람 스토커가 흡혈귀 소설 『드라큘라』를 쓰면서 이 블라드 3세를 가상 모델로 삼았고, 이 소설이 영화로 만들어지면서 브란 성이 드라큘라 성으로 불리게 되었다. 그러나 실제로 이 성에 올라가 보면 전체의 분위기나 탁 트인 전망 등으로 보아 드라큘라와는 거리가 먼 조용한 성이다. 최근 루마니아 관광 당국은 널리 알려진 드라큘라를 이용해서 실제로 산 밑에 드라큘라 호텔을 지어 놓고 관광객을 투숙시킨 뒤 밤 열두 시가 지나면 투숙객들 앞에 드라큘라 복장을 한 직원들을 출현시켜 놀라게 하는 등의 방법으로 관광 수입을 톡톡하게 올리고 있다고 한다.

영국 편

민주주의 산실, 영국 국회의사당과
부자를 인정하는 나라

유 럽 여러 나라를 다니다 보면 귀족이나 사회 지도층 인사들이 여
전히 큰 성이나 화려한 주택들을 소유하고 있음을 쉽게 볼 수
있는데, 영국에서도 왕실에서 사용하는 윈저 성Windsor Castle 등 화려하
고 큰 성들이 아직도 개인 소유로 많이 남아 있다. 이들이 그렇게 화
려하고 큰 성을 개인적으로 소유하면서 호화롭게 산다고 하더라도 누
구도 그들을 비난하거나 손가락질하지 않으며 그들도 일반인들을 의
식하지 않은 채 편안하게 살아가는 모습이 감탄스러울 뿐이다.

우리나라 같으면 아무리 재벌 총수라 할지라도 서울 시내에 개인소
유로 큰 성을 짓거나 호화판 호텔을 지어 그곳에서 살려고 한다면 아
마 그 사람은 언론과 일반인들의 시기, 질투에 못 견뎌 낼 것이다. 물
론 서양인들은 부의 축적 과정이 투명하고 합리적이어서 사회 전체가

그 부를 존경하고 인정해 주는 반면 최근까지 우리나라는 밤잠자지 않고 힘들여 부를 축적한 면도 있지만 다른 한편으로는 탈세나 밀수 등 부적절한 과정을 통한 측면도 있어 투명하지 못하고 떳떳하지 못해 국민이 이를 인정하려 들지 않기 때문이라고 생각한다.

런던 시내 어디에서나 볼 수 있는 가장 높은 건물은 영국 국회의사당Houses of Parliament 동쪽 끝의 빅벤Big Ben 탑시계이다. 1859년 설계된 빅벤은 관광 명소로서 유명하며, 영국 국회의사당은 세계에서 가장 모범적으로 운영되는 민주주의 산실이라 하겠다.

영국의 국회의사당은 우선 원탁형의 좌석 중앙에 테이블을 놓고 총리를 비롯한 정부 측 장관들과 국회의원들이 마주 앉는 구조인데, 회의실 좌석이 전체 국회의원 수의 2/3 정도밖에 준비되어 있지 않다.

따라서 영국의 국회의원은 선착순으로 자리에 앉게 되며, 늦게 온 사람은 선 채로 의사 진행을 하게 된다. 여기서 주의 깊게 봐야 할 점은 선 채로 의사 진행을 하는 모습이 아니고 탁자 하나를 사이에 두고 마주앉아 국정을 논하는 진지한 국정 토론 모습이며, 이 자리에는 여야의 구분이 없다는 것이다. 또한 국회의원들의 날카로운 질문에 총리나 각부 장관들이 즉석에서 지체 없이 답변하고 그 답변을 받아 또다시 국회의원들이 추가 질문과 잘못을 추궁하면 장관이 다시 답변하는 등 영국의 국회의원과 장관들이 국정 현안을 놓고 탁자 사이에서 열띤 공방을 주고받는 모습은 정말 이곳이 민주주의의 산실이구나 하는 생각을 하게 된다. 무엇보다도 실무진의 도움을 전혀 받지 않고 국회의원들과 대등한 입장에서 국정 현안을 주고받는 장관들의 자기 소관 업무에 대한 전문성과 풍부한 지식이 놀라울 따름이다.

우리나라의 경우 국회가 열리기 전날, 각 부처의 거의 모든 공무원이 총동원되어 질문이 예상되는 국회의원이나 그의 보좌관들을 접촉하여 질문할 내용을 미리 알려 달라고 애걸하다시피 하여 그 질문요지를 미리 받아 와 밤새 답변 자료를 작성하여 장관에게 주는 것도 모자라 당일에는 국회로 달려가 계급이 낮은 계장 이하 일반 직원들은 국회 복도를 가득 메운 채 혹시나 자기가 담당하는 업무에 대한 질의가 나올까 며칠씩 기다리는 게 우리나라의 국회 운영의 현실이다. 게다가 실무진이 미리 씨 준 답변들을 세내로 내용을 파악하지도 못한 채 줄줄 읽기만 하는 우리나라 장관들의 모습과 확연하게 구분되면서 우리는 언제나 진정한 의회주의를 꽃피울 수 있을까 하고 생각해 본다.

민주주의의 신실信實을 육성하는 대학 중 런던에서 한 시간쯤 가노라면 세계적으로 유명한 옥스퍼드 대학University of Oxford과 케임브리지 대학University of Cambridge을 만날 수가 있다. 그러나 수십만 평의 부지에 수십 개의 학교 건물이 빽빽하게 들어선 대학교 모습이 친숙한 우리나라 사람들은 옥스퍼드 시에 도달했다고 해서 쉽게 옥스퍼드 대학을 찾을 수는 없다. 옥스퍼드 대학은 큰 건물이 있거나 큰 캠퍼스가 있는 것이 아니고 옥스퍼드 시내 전체가 거의 대학이라고 할 정도로 조그마한 단독 건물들이 독립적인 칼리지로서 산재해 있기 때문이다. 영국뿐 아니라 미국 등 선진국들의 대학은 대부분 이러한 모습인데 반해 우리나라를 비롯한 개발도상국들의 대학교 모습은 큰 건물들이 많이 모여 있는 것이 일반적인 모습이라서 대조적이다.

영국의 관습, 오래된 역사

과 학 실험에 의하면 오른손잡이들은 운전석이 왼쪽에 있을 때보다 오른쪽에 있는 경우 운전 시 피로감이 덜하고 사고 시에도 피해를 최소화할 수 있는 기동력이 있다고 한다. 그래서인지 세계적으로 자동차 운전석이 오른쪽에 있는 나라들이 상당히 많다. 태국, 일본, 홍콩뿐만이 아니라 영국도 마찬가지이다.

영국의 런던London 히드로 공항Heathrow Airport에 내린 관광객들은 우선 공항 앞에 줄지어 기다리는 롤스로이스Rolls-Royce 택시를 타게 되는데, 운전석이 오른쪽에 있기 때문에 승객이 타는 문이 반대쪽으로 열려 우리나라 관광객들은 당황하는 경우가 많다. 또한 렌터카를 이용하여 본인이 직접 운전을 할 때, 방향 감각이 한국의 경우와 정반대이기 때문에 자칫하면 차선을 잘못 들어 마주 오는 차와 충돌할 위험성이 크다. 그렇기에 여행 중에 운전석이 오른쪽에 있는 지역에 가면 대중교통을 이용하는 것이 안전하며 직접 운전하는 것은 다시 한 번 생각해 볼 일이다.

영국을 찾는 관광객들은 대개 런던의 안개, 버버리Burberry 코트, 템스 Thames 강 그리고 전형적인 신사의 나라라는 사전 지식을 가지고 영국을 방문한다. 그러나 1759년 설립된 런던의 블룸즈버리Bloomsbury에 있는 영국 박물관British Museum을 돌아보면 약간은 생각이 달라질 수도 있다. 박물관에는 영국이 세계 각국에 식민지를 두고 대영제국은 해 떨어질 날이 없다고 큰소리치던 전성기 시대에 식민지국가들로부터 약탈해 온 각국의 보물들이 많이 진열되어 있다. 물론 2000년에 신설된 한국관에는 우리나라의 고급 도자기나 국보급 문화재도 진열되어 있다.

각국의 찬란한 문화재 진열실을 지나 전시되어 있는 중세 영국의 전통적인 고문 기구들을 보노라면 이들이 얼마나 잔인하게 인권을 유린했으며 혹독한 형벌을 가했는지 어렴풋하게나마 짐작할 수 있다. 더불어 우리나라의 고려나 조선시대 고문 방법이나 감옥은 중세 영국에 비하면 매우 우아하고 관대했음을 알 수 있다. 우선 죄인들을 가두었던 감옥의 크기가 큰 개집 정도로 죄인이 일어서기는커녕 겨우 쭈그리고 앉을 정도의 크기임에 우선 놀라게 된다. 우리가 사극에서 흔히 보는 널따란 한국의 감옥과는 천지 차이이다. 게다가 팔목과 발목을 쇠사슬로 묶고 양쪽에서 잡아당기게 되어 있는 고문기구라든지, 못이 칼날처럼 촘촘히 박혀 있는 수갑 등을 보면 중세영국의 귀족들이 주로 노예 계급인 죄인들을 한낱 동물과 같이 생각했음을 쉽게 상상해 볼 수 있다.

영국에는 런던의 하이드 공원Hyde Park 등 숲이 남아 있는 곳이 많고 전통적으로 귀족들이 살던 집들이 잘 보존되어 있다. 하지만 고풍스럽고 우아한 옛 문화재를 보면 감탄보다는 권세가 하늘을 찌르는 중세 귀족들을 주인으로 모셨던 노예나 농노들의 생활상이 그려지는 듯해서 가슴이 아프다.

일설에 의하면 중세의 귀족들은 여자 하인이 결혼하려면 반드시 주인의 허가를 받아야만 했는데, 그 조건은 초야初夜 때 주인과 하룻밤을 지내면서 주인에게 먼저 몸을 바치는 것이었다고 한다. 이뿐만이 아니라 귀족들은 특히 사냥하기를 좋아했지만 런던 시내에서 멀리 떨어진 산골짜기까지 직접 찾아가 사냥하기는 너무나 힘들다고 생각했던 모양이다. 그래서 귀족들은 자기들의 하인들을 시켜 깊은산 속의 토끼나 꿩, 여우 등 사냥감들을 미리 잡아 와 집 근처의 숲속에 모아 두도록 한 뒤 그곳에서 사냥을 즐겼다고 한다. 물론 이때에도 수십 명의 하인이 뒤에서 토끼나 노루, 꿩 등 짐승들을 한곳으로 몰아넣으면 귀족들이 활을 쏘거나 투망하는 방법으로 사냥을 즐겼다고 한다. 그러다 보니 귀족들에게는 수많은 노예가 필요했고, 조금이라도 주인들의 명령을 어기거나 잘못을 하는 노예들에게는 가혹한 형벌이나 죽음이 기다렸을 것이 뻔하다.

러시아 편

나만의 러시아를 보는 관점
　　공산당 전용 중앙선 차선이 있었던 나라

러시아는 차기 대통령이 누가 될지 추측하는 아주 쉬운 방법이 있다. 역대 러시아의 대통령들은 대머리인 사람과 대머리가 아닌 사람이 교대로 대통령이 되었기 때문이다. 이렇게 본다면 예전 대통령인 드미트리 메드베데프가 대머리가 아니어서 다음 대통령은 틀림없이 대머리인 블라디미르 푸틴 현 수상이 대통령이 될 것이라는 내 예측은 정확했다.

왜냐하면 1825년 니콜라이 1세는 대머리였고 그 뒤를 이은 알렉산드르 2세는 대머리가 아니고, 그 뒤 알레산드로 3세는 대머리고 다음 니콜라이 2세는 대머리가 아니고, 1917년에 그 뒤를 이은 블라디미르 레닌은 대머리였다. 그리고 1924년에 뒤를 이은 이오시프 스탈린은 대머리가 아니고, 1953년 그 뒤를 이은 흐루쇼프는 대머리이며 1964년 그 뒤를 이은 레오니트 브레즈네프는 대머리가 아니고, 1982년 그 뒤를 이은 유리 안드로포프는 대머리이고, 1984년 뒤를 이은 콘

스탄틴 체르넨코는 대머리가 아니고, 1985년 개방 정책을 내걸고 대통령이 된 미하일 고르바초프는 대머리였다. 그리고 1991년 그 뒤를 이은 보리스 옐친은 대머리가 아니고, 2001년 KGB 책임자였다가 대통령이 된 블라디미르

푸틴은 역시 대머리이고, 2007년 그 뒤를 이은 현직 대통령 드미트리 메드베데프는 대머리가 아니기 때문에 다음 대통령은 대머리 차례라는 것은 누구나 쉽게 짐작할 수 있을 것이다. 이처럼 우연인지 아닌지 모르지만 정말 러시아 대통령은 대머리와 대머리 아닌 사람이 교대로 대통령이 된다는 사실은 엄연한 현실이다.

러시아의 또 다른 재밌었던 이야기는 바로 공산당 전용 중앙선 차선이 있었다는 것이다. 현재는 공산당원 전용 차선이 없어졌지만 수년 전까지만 해도 모스크바와 상트페테르부르크구 레닌그라드 등 대도시에는 좌·우측을 오가는 차선 외에 도로 중앙에 별도의 차선이 있었는데, 이 차선은 공산당원만이 다닐 수 있는 전용 차선이었다. 문제는 갑작스러운 개방으로 너도나도 승용차를 가지게 되면서 극심한 교통 혼잡이 빚어진 데 있었다. 아무리 차가 막혀도 중앙선은 차 한 대도 다니지 않고 텅 비어 있는 것이 대부분이었기 때문이다. 게다가 이 차선은 1차선이 아니기 때문에 일반 차량에게는 역주행으로 달려오는 것 같은 착각이 들게 하기에 충분했다.

결국 국민 여론에 따라 푸틴 대통령 시절 이를 철폐하였다. 그러나 현재도 고위 관료나 공산당 간부들이 승용차를 직접 운전할 경우 예전의 습관이 그대로 남아 있어 차량이 밀릴 경우 옆 차선으로 마구 질주하기 때문에 자칫하면 앞에서 마주 오는 차량과 정면으로 충돌할 위험성이 많아 곁에 타고 다니던 내 가슴을 졸이게 한 적이 많았다. 지금도 푸틴 총리나 메드베데프 대통령은 대통령 관저에 머물지 않고 집무실에서 상당히 떨어진 곳에 살고 있어 그들의 출퇴근 시간에는 모든 거리의 신호등을 고정해 대통령이 탄 승용차가 멈추지 않고 집무실까지 시속 150킬로미터가 넘는 빠른 속도로 달릴 수 있게 하여 출퇴근 시간을 절약하고 암살범 등 만일의 사고에 대비하고 있다고 한다.

크렘린 궁과 러시아의 전경

오랜 세월 러시아 황제의 거처이자 러시아 정교회의 중심지였으며 구소련 정부 청사로 활용되었던 크렘린 궁은 12세기 요새로 역사가 시작되었는데, 14세기부터 석조 건축물이 세워지기 시작하여 현재는 20개의 성문을 가진 궁전이 되었다. 크렘린 궁전은 모스크바 강을 따라 최고 높이 20미터, 두께 6미터, 한 변이 700미터인 삼각형의 벽으로 둘러싸여 있다. 궁의 내부에는 제2차 세계대전 당시 독일군으로부터 많은 약탈과 피해가 있었음에도 불구하고 아직도 러시아 제국의 황제들이 사용하던 많은 보석들이 진열되어 있고 특히 왕비나 그 가족들이 호화롭게 사용하였던 왕관이나 의상, 장신구뿐만 아니라 심지어 다이아몬드가 큰 물통에 한가득 담긴 모습도 살펴볼 수 있다. 또한 크렘린 궁전의 성 중심부에는 높이 100미터의 이반 대제 종탑 Kolokolnya Ivana Velikogo이 있는데, 여기가 모스크바의 정중앙에 해당한다고 한다.

러시아의 역사와 문화를 한눈에 볼 수 있는 모스크바 크렘린Kremlin 궁을 지나다 보면 LG 광고물이 수없이 걸려 있는 볼쇼이 카멘니 다리 Bolshoy Kamenny Bridge를 건너게 되는데 언제부터인가 그 다리는 속칭 'LG 다리'로 불리고 있다. 광고 덕분인지 현재 러시아를 비롯한 동유럽 각국에는 LG의 가전제품이 유난히도 인기가 있는데, 특히 러시아에서 LG 가전제품을 가지고 있는 사람과 현대 자동차를 가지고 있는 사람은 이 다리를 몹시 자랑스럽게 생각하고 있다.

LG다리를 지나 크렘린 궁전의 북동쪽에 펼쳐진 붉은 광장Red Square에 도착하면 방부 처리되어 보존되어 있는 레닌 묘를 관람하기 위해 기나긴 행렬이 기다리고 있다. 순서가 되어 계단을 내려가면 레닌의 유해가 커다란 유리관 속에 정장 차림으로 누워 있는 것을 볼 수 있다. 그 밖에도 광장 주위에는 상크트 비실리 대성딩 St. Basil's Cathedral, 국립역사박물관, 굼 백화점 등이 있다. 특히 이 백화점에서는 점원들이 물건을 팔기보다는 될 수 있으면 손님들을 번거롭게 해서 온 손님도 쫓아내려는 점원들만 있는 것은 아닌지 의심스러울 정도로 기계적이고 사무적인 업무 태도를 볼 수 있다. 예를 들어 관광객들이 맘에 드는 물건을 고르고 물건을 살 경우 우선 물건을 고르고 계산대에 가서 돈을 먼저 지불한 뒤 영수증을 들고 상품 진열대로 다시 되돌아가 영수증을 제시하면 물건을 포장하는 곳으로 보내는데, 관광객은 그곳에 가야 비로소 물건을 받을 수 있다. 또한 모스크바에 오랫동안 거주한 교포의 설명에 의하면 백화점에 표시된 가격을 몇 년 동안 바꾸지 않아 같은 물건이라 하더라도 최근에 가격을 표시한 옆 백화점의 값과는 심지어 두세 배 차이가 나기도 한단다. 결국 이곳의 점원들은 물건을 많이 팔든 전혀 팔지 않든 국가로부터 받는 보수가 일정하기 때문에 자기가 맡은 업무만 하고 그 다음 단계는 자기가 알 바 아니라는 태도인 것이다. 이러한 모습은 비단 백화점뿐만 아니라 일상생활에서도 흔하다고 한다. 예를 들어, 가정집에 전기가 고장 났다고 신고하게 될 경우 우선 전기선을 관리하는 기술자가 먼저 와서 둘러보고 전기선 자체의 고장 유무를 확인한다고 한다. 그리고 자기는 선 담당이기 때문에 다음은 다른 기술자가 와 봐야 한다며 돌아간 뒤, 며칠 있다가 다시 전구 소켓을 담당하는 직원이 와서 소켓 고장 유무와 스위치 작동이 잘되는지 여부를 체크하고 돌아가면, 그다음 전구를 끼우는 담당이 와서 전구를 갈아 끼워 준다고 한다. 항공기 정비 역시 마찬가지로 부분별 기술자는 자기 부분만 체크하고 눈에 쉽게 보이는 고장마저 자기 소관이 아니면 내버려 둔다고 하니 사회주의 국가의 경제 생산성이 떨어질 수밖에 없는 것은 당연하다.

모스크바 대학의 인연

모스크바 대학M.S.U., M. V. Lomonosov Moscow State University은 1755년 미하일 로모노소프의 제안에 따라 설립한 대학으로 단지 그 건물의 규모뿐만 아니라 중국, 몽골, 그리고 동유럽 국가들의 수재들이 모여들어 공부하는 곳이다. 모스크바 대학을 졸업했거나 교수로서 노벨상을 받은 인물로는 미하일 고르바초프 외에도 세 명이 있으며, 작가 안톤 체호프, 수학자 안드레이 콜모고로프, 화가 바실리 칸딘스키 등이 있다.

내가 유서 깊은 건물들이 산재한 모스크바 대학에서 모스크바 시내가 모두 내려다보이는 참새 언덕Sparrow Hills으로 이동할 때였다. 갑자기 러시아 경찰들이 교통을 차단하고 많은 러시아 시민이 몰려들기에 무슨 일인가 보았더니 스크린을 통해 많이 본 홍콩 영화배우 성룡이 와 있었다. 성룡의 인기는 단지 홍콩, 중국, 한국 등 동양뿐만 아니라 모스크바에서도 대단히 인기가 있음을 실감할 수 있었다.

나를 안내하던 현지인이 성룡에게 뭐라고 했는지 갑자기 성룡이 나에게 다가와 친절하게 한국말로 "안녕하세요"라고 인사를 건넸다. 우리는 모스크바에서 동양인들끼리 만난 반가움에 더욱 친절하게 악수를 하면서 잠시 서로의 이야기와 모스크바에 대해 이야기하고 헤어졌는데 실제 성룡의 모습은 영화에서보다 더욱 박력 있고 활기 넘치는 듯했다.

러시아 편

볼쇼이 극장과 마린스키 극장

정식 명칭이 '러시아 국립 아카데미 대극장'인 볼쇼이Bolshoi Theater 극장은 1776년 건립되었는데 화재로 소실되어 1856년 2,100여 명을 수용할 수 있는 현재 건물이 완성되었다. 볼쇼이 극장은 여러 번의 내부수리를 거쳤는데 그 중 비가 새는 천정 부분은 러시아의 기술력으로 복원하기 어려워 보수를 못하는 처지에 있었다고 한다. 그러던 중 2002년 한국 세종문화회관과의 협력교류를 통해 비가 새는 천정부분의 공사는 우리나라가 맡고 내부디자인 복원은 러시아가 맡아 진행을 하고 있었다. 그러나 공사를 진행하는 과정에서 볼쇼이 극장에 체첸 반군이 난입하여 수리하는 기술자와 일반 시민들 포함 108명의 인질극이 벌어졌다. 러시아는 테러와 협상을 하는 나라가 아니다 보니 특공대를 투입시켜 체첸 반군을 사살 또는 체포 등으로 무력 진압을 하였고 이 과정에서 많은 부분이 파손되고 인명피해가 발생하여 공사는 당분간 중지되었다. 그러다가 몇 해 후 우리나라의 기업체가 지원하고 직접 주관하여 보수공사를 마무리하였다고 한다.

러시아 말에 오페라는 모스크바의 볼쇼이 극장에서 발레는 상트페테르부르크의 마린스키Mariinskii Theater 극장에서 보라는 속설이 있다. 마린스키 극장의 크기나 내부 구조 및 장식은 볼쇼이 극장을 그대로 옮겨 놓은 듯한 모습이었다. 발레공연은 7~8세에서부터 20세 전후의 무용수들이 공연을 하였는데 안내자의 설명에 의하면 마린스키 극장 무대에 설 정도로 유명하게 되려면 여덟 살 이전에 발레를 시작해야하고 나이가 빠르면 빠를수록 좋다고 했다. 그 말을 듣고 보니 무대에 나오는 많은 발레리나가 아주 어리고 몸의 유연성이 빼어남을 알 수가 있었다.

러시아 편

상트페테르부르크 대학과 전통

제정 러시아(1721~1917)의 수도였던 상트페테르부르크Saint Petersburg는 1712년부터 도시계획에 따라 건설된 도시이다. 상트 페테르부르크는 지리적으로 서유럽과 가까워 '유럽으로 열린 창'이라는 말이 무색하지 않을 정도로 유럽 문화를 많이 받아들여 건축 양식이나 생활 모습이 독일 등 서유럽의 영향을 많이 받았다. 200여 년 동안 수도로 자리매김한 상트페테르부르크는 학술과 문화의 도시로서 연구·교육 기관이 다수 자리하고 있다. 특히 대통령을 지내다가 현재는 수상으로서 사실상 러시아를 지배하고 있는 블라디미르 푸틴 대통령의 고향으로, 그가 졸업한 상트페테르부르크 대학Saint Petersburg State University은 러시아에서 가장 오래된 고등 교육기관으로서 역사와 전통이 있는 세계의 7대 명문 대학 중의 하나이다.

내가 상트페테르부르크 대학의 총장실에 갔을 때의 일이었다. 2~3평 규모의 비서실과 7~8평 남짓한 총장실이 거의 구분이 없는 데다, 총장의 책상과 작은 소파 하나마저 겨우 들어갈 만한 공간에 놀라움을 금할 수 없었다. 그러나 무엇보다도 놀라운 일은 좌석에 앉자마자 총장이 자신의 책상이 300여 년전 동 대학의 개교 시 초대 총장이 사용하던 책상이라고 설명하는데, 그 설명을 듣고 자세히 들여다보니 그 책상이 수백 년 된 골동품에 가까웠다는 사실이었다. 우리 같으면 총장이나 장관 또는 사장이 바뀔 때마다 멀쩡한 집기들을 모두 새것으로 바꾸면서 분위기를 일신한다고 핑계를 대는 것이 현실인데, 이들은 수백 년간 내려오는 전통과 유물을 아주 자랑스럽게 간직하고 있었다. 또한 총장은 자기 대학교가 현직 대통령을 배출했는데, 푸틴

대통령이 법과대학의 학생으로서만이 아니라 연구 교수로 2~3년 동안 근무한 적도 있다며 푸틴이 사용했던 방과 그가 앉았던 의자가 보관되어 있는 방으로 안내하여 자세하게 설명하는 모습에서 푸틴에 대한 러시아 사람들의 기대와 존경이 아주 크다는 것을 알 수 있었다.

총장실에서 나와 현직 지방 법원장 겸 상트페테르부르크 대학교 법과 대학장의 안내를 받아 대학을 둘러볼 때에는 더욱 놀랄 수밖에 없었던 것은, 종합 도서관뿐만 아니라 20여 개의 단과대학마다 도서관이 별도로 있다는 점이었다. 그중 법과대학 도서관을 둘러보게 되었는데 우선 수십만 권의 장서는 물론 수백 년 된 오래된 책을 고스란히 잘 보존하는 장서 관리가 눈에 띄었다. 몇 년 전 홍수로 인해 잠시

지하 도서관이 물에 잠긴 일이 있었는데 이때 모든 교수와 학생들이 힘을 합쳐 도서관의 책들을 제일 먼저 안전한 곳으로 피신시키는 데 혼신을 다했다는 설명 또한 감명 깊었다. 역시 명문 대학은 절대로 근거 없이 명문 대학으로 소문나는 것이 아니구나 하는 생각이 들었다. 그리고 또 한 가지 빼놓을 수 없는 인상적인 것이 영어로 통역을 맡은 법과대학 4학년이라는 여학생의 영어 실력이었다. 흠잡을 데 없이 유창한 영어 실력에 혹시 미국에 유학하여 공부했느냐고 물었더니 평생 외국에 한 번도 나가 본 적이 없고 영어는 학교에서 기초를 배우고 혼자서 공부했다는 답변이었다. 러시아는 외국어 교육 수준이 높고 체계가 잘 잡혀 있다는 생각이 들었다.

러시아의 보물창고

상트페테르부르크의 관광 명소 중의 하나는 성 이삭 대성당 St. Isaac's Cathedral 앞 데카브리스트 Dekabrist 광장에 있는 표트르 1세 청동 기마상이라 하겠다. 푸시킨의 시 「청동의 기사」로 널리 알려지기 시작했는데, 표트르 1세는 재위 시절 러시아를 가장 강력하고 부강한 국가로 만든 영웅이었으며 러시아 절대주의 왕정을 확립시키기도 했다. 표트르 1세의 동상 앞에는 언제나 신혼부부들로 붐빈다. 특히 러시아인들은 결혼식이 끝나면 제일 먼저 표트르 1세의 동상에 찾아오는데, 마치 하늘로 날아오르려는 모습으로 앞발을 들어 올리고 있는 말의 발굽을 만지며 사진을 찍으면 평생 잘산다는 속설이 전해졌기 때문이다. 이곳에는 3~4명으로 구성된 거리의 악단이 고정적으로 자리 잡고 있으면서 신혼부부들이나 관광객들에게 몇 곡의 노래를 연주해 주고 그들로부터 팁을 받아 생활한다. 최근 들어 많은 한국인들이 이곳을 다녀간 탓인지 우리가 나타나자마자 일본이나 중국인으로 헷갈리지도 않고 한국인임을 정확히 알아맞추고 아리랑을 연주하는 모습에 반가워하면서 팁을 낼 수밖에 없었다.

상트페테르부르크는 제2차 세계대전 말엽 독일군들이 모스크바를 포함하여 러시아의 대부분 지역을 침략하였으나 이 지역을 점령하기 위해 마지막 공격을 퍼붓다가 종전이 됨으로써 상트페테르부르크는 유일하게 독일군의 침략으로부터 파괴되지 않고 문화가 잘 보존된 곳이다.

그래서 제정 러시아 황제들이 사용했던 모든 금은보화는 물론 의상과 무기, 장신구부터 주방용품, 가구에 이르기까지 거의 모든 러시아의 보물들이 온전하게 보관되어 있는 에르미타주 박물관Hermitage Museum이 있는데, 이곳에 있는 소장품을 모두 보려면 최소한 사나흘이 걸릴 정도로 많은 소장품들을 보관하고 있는 곳으로 유명하다.

대개 관광객들은 정해진 시간에 쫓겨 한두 시간에서 길어야 한나절 쯤을 내어 에르미타주 박물관을 방문하게 되는데, 그렇게 짧은 시간에는 수박 겉핥기식으로 그저 앞사람 뒤통수를 쳐다보면서 쭉 훑어보고 지나간다는 표현이 옳을 것이다. 나 역시 한 시간 정도밖에 시간이 없어 에르미타주 박물관장이 핵심만 골라서 안내하며 설명을 곁들여 주었는데, 황금으로 만든 각종 집기와 황제, 황후들의 왕관과 장신구 등 화려했던 제정 러시아의 유물들이 매우 잘 보존되어 있어 러시아가 아무리 경제적으로 쪼들린다 하더라도 에르미타주 박물관만 외국에 판다면 최소한 백 년은 먹고살 수 있겠다는 생각이 들었다.

또한 러시아에서 괄목할만한 것은 황제 중에는 드물게 우리의 신라 시대의 선덕 여왕이나 진덕 여왕과 마찬가지로 여자이면서도 황제에 오른 여걸이 여럿 있는데, 그중에서도 특히 예카테리나 2세를 눈여겨 볼만하다. 예카테리나 2세는 예술과 교육에도 관심이 많았을 뿐만 아니라 용모가 뛰어났으며 많은 미모의 남성들과의 스캔들로도 유명한 사람이었다. 그녀는 1745년 왕위를 계승받은 표트르 3세와 결혼하였는데, 신혼 때부터 부부간의 성격 차이로 불화가 많아 표트르 3세는 다른 귀족 여인과 가깝게 지냈으며 예카테리나 여제 역시 남편 표트르 3세를 무시한 채 다른 남성들과 숱한 염문을 뿌리면서 지냈다. 그러던 중 그녀는 가까이 지내던 지배층의 협조를 얻어 1762년 표트르 3세가 정치에는 관심 없고 무능하다는 여론을 앞세워 남편을 폐위시키고 제정 러시아 황제의 자리에 올랐다. 그녀가 황제가 된 뒤 8일 후, 폐위되었던 그의 남편 표트르 3세가 암살당했는데 암살범이 확실하게 밝혀지지 않았으나 배후에는 예카테리나 2세가 있다는 소문이 무성하였다.

그런 풍문에서도 그녀는 지방행정을 개혁하고 법치주의 원칙을 도입하는 등 정치적으로 성과를 거두었으며, 외부적으로 전쟁을 통해 러시아 영토를 크게 확장시키기도 하였다. 그러나 생활은 문제가 많아, 그녀는 황제가 되자마자 러시아에서 가장 건장하고 잘생긴 미남만을 선발하여 경호를 맡겼으며 특히 자기의 마음에 드는 남성이 있을 경우 국민의 시선을 의식하지 않고 공공연하게 벼슬을 내리고 일정 기간 동거하였으며 싫증나면 그 남성에게 궁궐을 한 채 지어 주고 내보낸 뒤 또 다른 남성을 택했을 정도로 음탕하고 사치스러웠다고 한다.

모스크바나 상트페테르부르크 등 러시아 대도시에 있는 또 다른 볼거리는 관공서 건물들이다. 관공서라기보다는 오래된 궁전이라는 표현이 정확할 것이다. 왜냐하면 제정 러시아가 무너지고 구소련이 붕괴되면서 전국에 산재한 많은 궁전이 더 이상 황제 일가의 소유물이나 사용처가 될 수 없어 많은 관공서나 국영기업체 또는 대기업들이 유서 깊고 전통적인 궁궐을 인수받아 사무실로 쓰기 때문이다. 그래서 대개의 정부 부처 건물이나 시청 청사를 방문하면 기관장과 차를 마시고 일정한 담소가 끝난 뒤에는 으레 건물에 대한 소개와 각 방을 안내해 주는 것이 관례이다. 삭막한 다른 나라들의 사무실과는 달리 예술적이고 또한 많은 유물들이 그대로 소장되어 있는 궁궐에서 근무하는 러시아의 공직자들이 부러울 뿐이다.

러시아의 공직자가 부러운 것은 이것뿐만이 아니다. 부처의 장관이나 단위 기관장실에는 집무실 외에 간단한 바가 설치되어 있고 그 바에는 보드카와 안주가 항시 준비되어 있을 뿐만 아니라 핀란드식 사우나 시설, 자전거, 러닝머신 등 간단한 운동시설을 갖춘 체력 단련실과 탁구대, 필요한 경우 잠시 쉴 수 있는 침실까지 준비되어 있어 우리나라의 공무원들은 상상조차 할 수 없는 호화로운 시설을 애용하고 있다.

러시아의 문화 그리고 문학

러시아에서 강력한 황제 중의 하나였던 표트르 1세는 1708년 상트페테르부르크의 여름이 더울 경우 피서를 위해 상트페테르부르크로부터 남쪽으로 24킬로미터, 승용차로 약 30~40분 거리에 있는 푸시킨 시Pushkin, 구 차르스코예셀로에 여름 궁전을 지어 놓고 여름휴가를 그곳에서 보내곤 했다. 내가 처음 여름 궁전에 갔을 때에는 정말 놀라지 않을 수 없었다. 말이 별장식 궁전이지 정원이 1,000헥타르가 넘을 뿐만 아니라 모두 20여 개의 궁전과 7개의 특별 정원 그리고 곳곳에 140개가 넘는 분수 등 초호화판 궁궐인 데다, 내부 장식 역시 본 궁궐 못지않은 시설을 해 놓았다. 이 여름 궁전은 현재도 계속해서 부분적으로 수리하고 있는데, 러시아 정부의 재정 악화로 제때 수리하지 못해 비가 새거나 창문 등이 부서져 많은 미술품이나 장식 등의 유물이 파손되어 가는 모습을 보니 러시아 국민이 아니었음에도 안타까웠다.

여름 궁전으로부터 약 500미터 정도 떨어진 곳에 「삶이 그대를 속일지라도」라는 시로 우리에게도 잘 알려진 알렉산드르 푸시킨 생가가 잘 보존되어 있다. 이제는 관광 티셔츠나 기념품을 파는 상점들로 변질되었지만 조용한 마을과 주위 환경에 푸시킨의 아름다운 시가 많은 영향을 받았으리라는 것을 쉽게 느낄 수 있는 곳이다.

또한 상트페테르부르크로부터 여름 궁전으로 오는 중간에 관광객은 물론 러시아인들도 꼭 들러서 차를 마시는 통나무로 지은 아담한 찻집이 있는데, 이 찻집은 푸틴이 대통령 재임 중 고향인 상트페테르부르크에 들렀다가 돌아가는 길에 잠시 들러 차를 마신 뒤부터 명소로

변했다. 그곳을 찾는 많은 사람은 푸틴 대통령이 앉아서 차를 마셨던 탁자와 의자에서 차를 마시면서 사진을 찍고 싶어 한다.

또한 러시아의 중심부, 모스크바에서 남쪽으로 190킬로미터 떨어진 작은 마을 야스나야폴랴나Yasnaya Polyana에는 불후의 명작『부활』과『전쟁과 평화』로 우리에게도 잘 알려진 러시아의 대문호 레프 톨스토이의 생가가 잘 보존되어 있다. 1941년 독일군에게 점령당해 손실을 입은 후 재건된 이 생가에 들어가면 톨스토이가 자라고 공부하던 모습은 물론 집필하던 원고 그리고 그가 사용한 책상과 의자, 침실, 찻잔 세트까지 잘 보존되어 있어 톨스토이 일상생활을 가늠할 수 있게 한다. 특히 인상적인 것은 톨스토이의 육성이 담긴 녹음테이프를 보존하고 있는 것인데, 관광객들이 그 앞을 지날 때 육성 녹음을 틀어 시간을 초월한 톨스토이와의 만남을 가능하게 한다.

러시아 편

신흥재벌의 부상

구소련이 붕괴되고 미하일 고르바초프가 1985년 개방 정책 페레스트로이카 perestroika를 추진하자 수백 년간 공산당에 의해 국영 기업으로 운영되어 왔던 항공, 정유, 통신 등 기간산업들이 일시에 민영화되는 과정에서 러시아에는 갑작스런 신흥 재벌들이 부상하게 되었다. 특히 정유나 통신 산업을 부여받은 젊은 사업가들의 막대한 재산은 이제 그 규모를 정확하게 추산할 수 없을 정도로 막대할 뿐만 아니라 그 힘마저 점점 막강해져 대통령마저도 마음대로 할 수 없을 정도에 이르렀다고 하니 부의 힘은 동서양을 막론하고 변함없이 막강한가 보다. 우리나라의 평창이 동계 올림픽 개최지를 유치하려다 두 번째로 패배한 원인도 러시아가 뒤늦게 경쟁자로 뛰어들면서 신흥 재벌들을 불러 동계 올림픽 유치에 필요한 막대한 유치 자금을 쉽게 협조 받을 수 있었기 때문이라고 한다.

러시아는 전통적으로 우리나라와는 일정한 거리를 유지하면서 때로는 중국이나 일본을 견제하기 위해 우리와 가깝게 지내다가 어느새 멀어져 가는 특수 관계의 나라인 것 같다. 특히 대한제국 말엽 고종 황제가 일본의 만행과 강압적인 을사조약의 부당성을 세계에 알리기 위해 이준, 이상설, 이위종 등 소위 밀사 3인을 네덜란드의 정부기관 소재지 헤이그Hague에 파견했을 때였다. 러시아의 황제였던 니콜라이 2세가 친히 추천장을 써 주고 황제의 친필 서명을 해 주었기 때문에 니코라이 2세의 추천장을 소지하고 네덜란드에 갔던 우리 대표단들이 제일 먼저 네덜란드 주재 러시아 대사를 찾아 니콜라이 2세의 서신을 내보이고 그들의 적극적인 협조를 받아 만국 평화회의장에 참석하는 것이 거의 성사되는 것처럼 보였다. 그러나 결국 마지막 날 일본의 적극적인 방해와 영국의 비협조로 참석할 수는 없게 되었지만 그러한 열악한 상황 속에서 당시 독자적인 외교권이 없었던 대한제국을 적극적으로 후원했던 것도 러시아였다.

2007년 우리나라의 모 그룹이 모스크바 중심가에 대형 백화점을 오픈하여 성업 중임은 우리가 잘 알고 있는 사실이다. 그러나 백화점이 건설되기 전까지는 10년 이상 그 백화점 부지의 사용권 때문에 많은 어려움이 있었다고 한다. 당초 백화점 측은 모스크바 주재 한국 대사관저에서 아주 가까운 요지에 직사각형 모양의 백화점 부지를 구입한 뒤 즉시 건물을 지으려 하였으나 당시 그 부지 모퉁이에 있던 약 50여 평의 소규모 찻집이 옮겨가지 않고 거액의 보상금을 요구하였다고 한다. 백화점 측은 그곳을 빼놓으면 부지 모양이 이상해져 정상적인 건물을 지을 수 없고 그렇다고 그들의 무리한 요구를 들어줄 수도 없어서 오랜 시간을 낭비하였다고 한다. 소문에 의하면 그 찻집 건물의 뒤에는 막강한 힘을 가진 조직이 있어 러시아 정부도 마음대로 할 수 없었다고 하나 그 진위 여부는 당사자들만이 알 것이다.

그리스 편

신화의 나라, 관광하기 불편한 나라

정식 명칭 헬레니 공화국Hellenic Republic인 그리스는 약 1,500여 개의 섬으로 구성된 나라이다. 그런데 대부분의 국가들이 일정한 영토를 가지고 있는 것과는 달리, 그리스라는 국가의 특징은 부강하고 힘이 있을 때에는 많은 영토를 가지고 있다가 힘이 약해졌을 때에는 작은 영토를 지배하는 나라로서, 한마디로 말하면 영토의 나라가 아니라 그리스인이라는 민족의 역사가 유지되는 나라라고 하겠다. 그 원인은 고대 그리스로 거슬러 올라간다. 각각의 섬들로 나뉜 데다 토지가 부족했던 고대 그리스 시대에는 분산된 도시국가 형태를 취할 수밖에 없었는데, 페르시아 전쟁 후에야 도시국가 간의 델로스 동맹으로 현재 그리스 수도인 아테네Athene를 중심으로 세력을 집중시킬 수 있었기 때문이다.

오랜 세월 영토 분쟁에 휩싸였던 그리스는 1920년대에 이르러 그리스인이 대다수를 차지하는 국가가 되었는데, 그리스-투르크 전쟁을 계기로 인구 교환이 이루어져 이후 그리스에 거주하던 터키인은 터키로, 터키에 거주하던 그리스인은 그리스로 이주하였다.

그래서인지 그리스의 수도 아테네 관광의 중심은 파르테논 신전Parthenon 등이 있는 아크로폴리스acropolis라 하겠다. '아크로akro'는 높다는 뜻이고 '폴리스polis'는 도시국가를 의미하기 때문에 아크로폴리스란 '높은 곳에 있는 도시국가'라는 뜻이다. 아크로폴리스는 북동쪽의 리카비토스Lykavittos 산이 277미터로 가장 높으며 남서쪽으로 필로파포스, 프닉스, 아레오파고스 언덕 등 최소한 사방이 70미터 이상 되는 낭떠러지를 가진 일곱 개의 언덕으로 이루어져 있다.

아크로폴리스에는 승리를 가리키는 니케Nike 신전과 '처녀의 집'이라는 뜻을 가진 파르테논 신전 그리고 에렉티온Erechtheion 신전, 디오니소스 원형 극장Theatre of Dionysos과 헤로데스 아티쿠스Herodes Atticus 음악당으로 구성되어 있는데, 그중에서도 23개의 기둥과 지붕 사이에 여신 조각상이 있는 파르테논 신전이 그 대표적인 신전이라 하겠다.

파르테논 신전은 아테네의 수호 여신 아테나에게 바친 것으로서, 기원전 438년에 완성되었다. 그런데 1687년 이탈리아가 그리스를 침공할 당시 오스만-투르크인들은 파르테논 신전을 비롯한 아크로폴리스가 전통 있고 역사적인 곳일 뿐만 아니라 신전을 모신 신성한 곳이기 때문에 아무리 적군이라 할지라도 설마 신전을 파괴하지는 못할 것이라는 기대 하에 당시 가지고 있던 모든 화약을 주 신전인 파르테논 신전에 쌓아 두고 퇴각하였다고 한다. 그러나 그리스를 점령한 이후 해상무역권을 독점하고 있던 이탈리아 베네치아 군인들이 서구적인 침략방법으로 파르테논 신전을 무참히 포격하여 신전과 조각물이 훼손되어 현재와 같이 23개의 기둥만 남기고 말았다고 한다. 그래서 그리스에서는 세계에서 가장 무식하고 야만적인 사람들은 이탈리아 사람들이라고 말할 정도로 파르테논 신전을 파괴한 것에 대한 서운함을 감추지 않고 있다.

숭고한 아픔의 역사를 뒤로하고 그리스인들은 아직 고쳐지지 않은 습관이 있다. 이는 아테네를 여행할 때 주의할 점이기도 한데 바로 주차문제이다. 아테네의 아크로폴리스는 세계 각국의 관광객들이 몰려오는 데다, 유럽 등지에 사는 관광객들이 모두 승용차를 몰고 오기 때문에 주변은 늘 극심한 주차난을 이룬다. 게다가 아테네를 처음 찾는 관광객들은 유료 주차장을 찾기조차 쉽지 않아 아크로폴리스 주변을 한참 헤맨 뒤에야 간신히 길가의 빈 공간을 차지하게 된다. 그러나 대부분의 관광객들이 관광을 마친 뒤 승용차가 있는 곳으로 돌아와 보면 승용차는 측면 유리가 돌에 깨져 있고, 운전대 옆의 라디오 박스는 도난당해 사라진 것을 발견하게 된다.

　유럽의 차종은 대개 라디오 박스를 탈착할 수 있어, 그리스뿐만 아
니라 이탈리아나 기타 대부분의 유럽 국가를 여행할 경우 도난의 표적
이 되기 쉽다. 라디오 박스만 빼 갈 경우 사후에 보험 처리를 하면 보
상받을 수 있지만, 잠긴 승용차 문 때문에 승용차 측면 유리를 돌로 깨
고 라디오 박스를 가지고 갈 경우 관광객은 우선 그날의 관광을 포기
한 채 자동차 정비소를 찾아 유리부터 갈아 끼워야 하는 이중의 어려
움을 겪게 된다. 낯선 관광객들이 찾기 쉽도록 유료 주차장이라도 친
절하게 안내 해주었으면 하는 생각이 든다.

오페라의 진수,
아름다운 석양 그리고 올림피아

아크로폴리스에 있던 당초의 두 개 극장 중 디오니소스 극장은 파괴되어 그 흔적밖에 볼 수 없지만 헤로데스 아티쿠스 음악당은 일부 복원된 상태이다. 헤로데스 아티쿠스 음악당은 161년 정치가이자 대부호였던 헤로데스 아티쿠스가 아내의 죽음을 기리기 위해 기증한 것으로, 현재의 음악당은 1951년 복원되었다. 5,000여 명을 수용할 수 있는 관객석 덕분에 여름휴가철이 되면 주말마다 세계적인 오페라나 연극, 음악 공연 등으로 그리스인들은 물론 세계 각국에서 몰려온 관광객들이 역사적인 극장에서 예술을 감상하며 여름밤을 시원하게 보낼 수 있어, 예술을 통해 시공을 초월한 역사의 흐름을 느낄 수 있다.

아크로폴리스에서 멀지 않은 에게 해의 수니온Sounion 곶에 위치한 바다의 신인 포세이돈 신전Temple of Poseidon은 아티카 반도의 끝자락 언덕 위, 해면 가까이 높이 60미터로 치솟은 절벽 위에 기원전 444년 건축되었다. 그러나 파르테논 신전과 마찬가지로 터키-베네치아 전쟁 중 폐허가 되었으며 현재는 15개의 앙상한 도리아식 기둥과 돌덩이만 어지럽게 남아 있지만 특히 석양이 되면 에게 해의 아름다운 노을과 어우러져 그리스의 빼놓을 수 없는 관광지라 하겠다.

기원전 490년 페르시아군이 20만 대군을 이끌고 아티카 지방 동쪽의 마라톤Marathon 평야에 상륙한 뒤 아테네로 진군해 왔다. 아테네는 스파르타 군에 도움을 요청했으나 거절당하자 독자적으로 페르시아 군을 격퇴하는데 성공한다. 마라톤 평야로부터 아테네까지 승전보를 전하기 위해 약 40킬로미터를 달려온 병사는 "우리가 이겼노라"는 한마디 말을 알리고 그 자리에서 쓰러져 숨졌다. 마라톤 경기의 기원은 바로 이를 기리기 위한 것이다.

고대 올림픽 경기는 신에게 바치는 종교 행사에서 시작되었다. 그 중에서도 가장 규모가 큰 올림피아가 시작된 연도에 대해서는 여러가지 의견이 있으나 대체적으로 기원전 776년에 시작되었다는 게 정설인 듯싶다. 올림피아는 제우스에게 바치는 행사였는데, 참가자들의 국가는 제약을 받지 않았으며, 이때에는 전쟁도 중단하였다.

올림피아Olympia의 올림픽 경기장은 그 입구의 아치 모양의 돌기둥에서부터 각종 경기가 벌어졌던 운동장 모습들이 원형대로 잘 보존되어 있다. 특히 대운동장의 스탠드나 트랙 등도 현재의 수준에 비교해 보면 많이 어설프지만 최초의 올림픽 경기가 개최되었던 시기를 생각해 볼 때 강력한 페르시아 군을 격파하고 전쟁을 승리로 이끌었던 그리스의 힘이 고스란히 반영된 것 같아 역시 국력은 힘이라는 슬로건이 새삼스럽게 생각난다.

체코 편

아름다운 보헤미아 왕국 체코

체 코의 수도 프라하Praha는 보헤미아 왕국 때부터 이미 천 년 이상 중심 도시의 명맥을 이어 와 오래된 유물을 많이 보존하고 있다. 특히 9세기에 착공되어 18세기까지 다양한 양식이 가미되어 복잡하고 정교한 모습을 한 프라하 성Prague Castle, 프라하 성의 중앙에 1344년 착공된 성 비투스 대성당St. Vitus Cathedral, 1348년 설립된 중부 유럽에서 가장 오래된 대학으로 프라하 대학University of Prague 등이 대표적이다.

또한 프라하는 체코의 자유화 운동이 일어났던 '프라하의 봄'뿐만이 아니라 영화나 드라마 등으로도 우리에게도 친숙한 도시이다. 그 중에서도 우리나라 관광객들이 프라하에 가서 실망하는 한 가지는 드라마의 영향이 크다. 2005년 〈프라하의 연인〉이라는 드라마에서 자기의 소원을 적어 붙이면 소원이 이루어진다는 소위 '소원의 벽'이 프라하의 구시가지의 광장에 설치된 것으로 나왔기 때문이다. 하지만 실제로 프라하 구시가지의 광장에 서 있는 얀 후스 동상 앞에는 '소원의 벽'이 없다. 대신 이 광장은 1621년 합스부르크 왕가에 대항하다가 잡혀 온 많은 귀족들이 처형당한 슬픈 역사를 지닌 곳이다.

프라하 시내를 흐르는 블타바Vltava 강을 가로지르는 약 525미터정도의 보행자 전용의 '카를 교Karluv most'가 있는데, 이 다리는 체코의 최고 번성기였던 14세기에 건설된 다리로 프라하의 상징이라 할 수 있다. 다리 양쪽 난간에 각각 15개씩 총 30개의 조각상들이 서 있고 그 중간에는 유일한 청동상이자 가장 오래된 성 존 네포무크 성상이 세워져 있다. 프라하에서 가장 존경받는 이 성인의 부조를 만지면 행운이 깃든다는 속설 때문에 프라하의 시민은 물론 많은 관광객도 줄을 지어 손을 얹고 소원을 빌어, 하버드 대학에 있는 하버드 동상 왼쪽 발과 마찬가지로 반질반질하게 윤이 나 있다.

또한 다른면에서도 프라하는 또 다른 볼거리를 자랑하고 있는데 이는 오전 9시부터 오후 9시까지 12시간 동안 매시 정각이 되면 프라하 구시청사에 있는 시계탑의 시계가 쇼를 한다. 우선 시계탑에 정착된 해골 인형이 종을 치고, 장치 시계 부분의 창이 열리면 예수의 제자들인 12명의 사도들이 한 명씩 돌아가면서 모습을 나타낸 뒤, 그들 모두가 사라지면 황금색 닭이 나와 울고 시간을 알린다. 그 장치 시계 아래에는 두 개의 원으로 이루어진 천문 시계가 있는데, 위쪽의 원에는 세 개의 시계바늘이 돌아가면서 첫 번째 바늘은 해 시간, 두 번째 바늘은 달 시간 그리고 세 번째 바늘은 황도대를 가리킨다. 위쪽의 원은 우주 천체의 움직임을 나타내며 아래쪽의 원에는 열두 달을 상징하는 모습 그리고 각 월별 체코의 전통적인 관습을 보여 준다.

이 프라하 구시청사 천문 시계Prague Astronomical Clock는 1410년 시계공 '미쿨라시'가 얀 신델과 함께 만든 유명한 작품인데, 여기에는 전설 같은 이야기가 전해 왔다. 이 시계가 너무나도 아름다워 유럽의 모든 나라가 시계공인 미쿨라시에게 똑같은 시계를 자기 나라에도 만들어 달라고 주문을 하였으나, 시청 간부들이 이렇게 아름다운 시계는 자기들만 가지겠다는 욕심에 시계 공 미쿨라 시를 장님으로 만들어 버렸다고 한다. 더 이상 아름다운 시계를 만들수 없게 된 장님 미쿨라시가 시청 위의 시계를 손으로 만지자 지금까지 살아서 잘 움직이던 시계가 갑자기 멈춰 섰다고 한다. 그 후 아무도 시계를 다시 고칠 수가 없었으나, 신기하게도 미쿨라시가 죽은 뒤 꼭 400년 후인 1860년에 기적처럼 재가동되었다는 이야기이다. 하지만 이 전설 같은 이야기는 사실이 아님이 밝혀졌고, 시계는 그간 몇 번의 수리를 한 끝에 1948년에 다시 움직이게 되어 현재까지 정상적으로 작동되면서 많은 관광객에게 즐거움을 주고 있다.

체코 편

서글픈 유대인의 역사적 현장, 유대인 지구

히틀러의 유대인 학살 정책은 프라하에서도 예외는 아니었던 모양이다. 영화 〈미션 임파서블〉 촬영지로 유명한 프라하 국립박물관 Prague National Museum을 지나 조금 가면 유대인들이 모여 사는 유대인 지구 Josefov가 별도로 있다. 이곳에 들어가려면 현지인은 물론 모든 관광객도 반드시 '키파kippa'라는 유대인의 모자를 사서 써야만 입장이 가능하다. 제2차 세계대전 중 이곳에는 약 60,000여 명의 유대인들이 살았으나 모두 학살당하고 겨우 2,500여 명 정도만 살아남았다고 한다.

1478년에 조성된 유대인 묘소는 당시 유대인이 죽거나 학살될 경우 유일하게 매장이 허용된 곳으로 유대인들은 살아서 뿐만 아니라 죽어서도 자기들의 장지조차 마음대로 정할 수 없었던 모양이다. 현재 비좁은 묘지에 12,000개가 넘는 묘비가 질서 없이 어지럽게 세워져 있으나 현지 안내인의 설명에 의하면 이곳에는 최소한 100,000명 이상의 유대인들이 매장되어 있을 것이라 한다.

한국판 민방위떼와
황실의 맛을 판매하는 카페 제르보

구 시가지인 부다의 중간, 왕궁 언덕의 동쪽에 위치한 어부의 요새 할라스바스처Halaszbastya는 외적을 효과적으로 막을 수 있는 천혜의 요새이다. 본래 어부들이 도나우 강에서 왕궁 지구의 어시장으로 넘어가는 지름길로 사용되었던 길이었는데, 강을 건너 기습하는 적을 막기 위해 1899년에서 1905년 사이에 일곱 개의 탑과 흰색의 화려한 성벽이 있는 요새를 지었다. 이후, 국가가 위험에 처했을 때 어부들이 생업을 전폐하고 자발적으로 모여 외적을 경계하면서 부다를 방어한 헝가리 애국정신의 상징적인 장소로 남아 있다. 이는 임진왜란 때 자발적으로 일으킨 서산대사의 승병이나 많은 민병대들과 유사하다고 하겠다.

부다페스트의 명동 거리라고 할 수 있는 바치Vaci 거리에는 1968년에 개교한 헝가리 제일의 명문 대학인 부다페스트 종합 대학의 본관 건물이 있고 그 맞은편 입구 쪽에 아담한 카페가 있다. 이 카페는 과거 합스부르크 황실 전성기에 황실에 케이크와 초콜릿을 매일 진상하던 곳이었는데 이제 시민과 관광객을 위해 당시 황실에 진상하던 맛과 향기를 그대로 유지한 케이크와 초콜릿 그리고 커피 등을 판다. 그렇기에 카페 제르보Cafe Gerbeaud는 언제나 수많은 이용객으로 붐비고 또 기다란 줄을 서서 기다려야만 하는 곳이기도 하다.

헝가리 편

신구의 결합, 부다페스트

헝가리의 수도 부다페스트Budapest는 별개의 도시로 발달하던 두 도시가 1872년 합병하면서 하나의 대도시가 형성되었다. 13세기 이래 헝가리 왕들이 거주했던 곳으로 왕궁과 각종 유물 그리고 역사적인 건물이 많이 있는 구시가지인 '부다'와 새로운 도시로서 헝가리의 산업과 예술의 중심지이며 국회의사당과 대통령, 총리 및 국회 의장 집무실을 비롯한 관공서가 많이 있는 '페스트'가 바로 그것이다.

부다와 페스트는 도시 중앙을 흐르고 있는 도나우Donau 강으로 나뉘어 있으나 세체니 다리Szecheny lanchid를 비롯한 총 여덟 개의 다리로 연결되어 있다.

헝가리에서는 어떠한 고층 건물도 절대로 96미터보다 높게 지을 수 없도록 규제되고 있다. 헝가리 의회 정치의 중심인 국회의사당의 높이도 96미터일 정도로 헝가리에서 96이라는 숫자는 절대적인 숫자이다. 그 이유는 헝가리의 중 가장 큰 부족이 마자르족이었는데 마자르족이 부다에 처음으로 자리 잡은 해가 896년이었기 때문인데, 여기에서 '8'자를 뺀 96이라는 숫자가 신성시되는 것이다. 그래서 헝가리 건국의 아버지로 추앙받는 이슈트반 대왕을 기념하기 위해 1851년부터 건축하기 시작하여 1905년, 무려 50여 년이 걸려 완성한 성 이슈트반 성당St. Stephen Basilica 중앙 돔의 최고 높이마저도 96미터로 하였다고 한다.

부다 지구의 아름다운 도나우 Donau 강변에 위치한 약 230미터 높이의 '겔레르트 언덕Gellert'은 페스트 시가지를 한눈에 바라볼 수 있는

관망대로서 유명한데, 그 언덕 밑에는 1970년대에 만들어 놓은 물 저장 탱크가 있다. 이 물탱크의 용량이 800,000리터나 되어 부다페스트에만 하루에 최소한 800,000리터의 온천수가 쏟아지고 있다고 한다. 그렇지만 하루에 나오는 온천수 800,000리터를 보관하고 나면 더 이상 물을 보관할 수 없다고 하니 부다페스트는 너무나도 물이 풍부한 나라인 것 같다.

증오는 티끌 같은 것, 이제는 사라진 나라

세르비아Serbia, 보스니아Bosnia, 헤르체고비나Herzegovina, 크로아티아Croatia, 코소보Kosovo 등으로 구성되었던 유고연방은 사회주의 연방 공화국이다. 유고 연방의 최초 대통령이었던 요시프티토 등이 강력한 통치력을 행사했던 40여 년 동안은 연방 체계가 별무리 없이 유지되었으나 그 뒤 각 연방국들이 독립을 주장하면서 더 이상 유고 연방은 존재하지 않게 되었다. 1991년 구유고 연방이 해체된 후 세르비아와 몬테네그로 두 공화국이 신유고 연방을 창설했지만, 2003년 이래로 '세르비아-몬테네그로' 국가 연합 체제로 전환되어 느슨한 형태의 국가 연합이 되었다.

유고 연방을 40여 년 동안 지배했던 유고슬라비아의 티토 대통령은 어린 시절 시골의 가난하고 보잘것없는 집안에서 태어나 어린 시절부터 많은 고생과 수모를 겪으면서 살아왔다고 한다. 그는 10세 전후에 자신의 시골 동네에 있는 성당에서 신부의 심부름을 해 주면서 살아가고 있었는데, 하루는 많은 신자들이 참석한 가운데 신부가 미사를 올리고 있던 중 티토의 실수로 곁에 놓여있던 와인 잔을 건드려 떨어뜨리고 말았다. 이때 몹시 화가 난 신부가 신도들이 보는 앞에서 어린 티토의 뺨을 후려치면서 호되게 꾸짖었다고 한다.

이때부터 어린 티토의 가슴속에는 그리스도교인들에 대한 증오심이 강하게 불타기 시작했다고 한다. 그는 대통령이 된 뒤 유독 많은 그리스도교들을 죽이거나 탄압에 앞장섰는데 여러 가지의 변명이나 설명에도 불구하고 어린 시절에 많은 신도 앞에서 신도로부터 뺨을 맞고 생긴 증오 때문이라는 설명이 가장 설득력 있는 것 같다.

　유고연방 중에 또 다른 볼거리는 슬로베니아Slovenia 수도 '루블랴나
Ljubljana'에서 약 40킬로미터 정도 떨어진 산 위 해발 500미터가 넘는 곳
에 자리한 블레드 호수Bled Lake이다. 이 호수는 최대 지름은 2,120미터,
최고 수심 30미터의 거대한 규모를 자랑한다. 이곳은 유럽 최고의 휴
양지로서 많은 유럽인들이 휴가 때 슬로베니아에 오게 되면 빠짐없이
거쳐 가는 곳으로 유명하다. 호수 주변에는 몇 개의 작은 샘과 온천욕
을 즐길 수 있는데, 환경 보존을 위해 무동력 배로 이동하는 것이 특
징이다. 또한 블레드 호수는 1947년부터 1980년까지 티토 전 대통령
이 40여 년간 거처로 사용하였던 빌라브레드Vila Bled는 이제 '호텔 빌라
블레드'로 이름을 바꾸어 관광객을 위한 숙박시설로 사용되고 있다.

불가리아 편

장미와 요구르트의 나라

불가리아는 세계 장미 생산량의 80퍼센트 정도를 차지하는 장미 생산국일 뿐만 아니라 장미의 향기 또한 뛰어나 불가리아의 장미로 만든 향수는 불가리아를 찾는 관광객들에게 최고의 선물로 팔리고 있다. 그리고 우리나라에서도 '불가리스'라는 상표로 널리 알려진 요구르트는 불가리아가 원조이기 때문에 불가리아를 방문하는 사람들은 누구나 불가리아의 요구르트를 찾는다. 열악한 환경이나 낮은 수준의 의료 시설에도 불구하고 불가리아인이 장수를 누리는 원인 중 하나가 불가리아의 요구르트 때문이라고 알려져 있다. 과학적으로도 불가리아 요구르트는 영양이 높고 다이어트에도 효과가 좋다는 것이 입증되었다.

불가리아를 여행할 때 꼭 알아 두어야 할 점이 한 가지 있다. 길을 물어보거나 대화를 할 때, 상대방이 머리를 끄덕이면 'No'라는 뜻이고 머리를 가로저으면 'Yes'라는 뜻으로 우리와 표현이 반대인데, 많은 관광객이 'Yes'와 'No'를 헷갈린다. 마치 서양 사람들이 손을 바깥쪽으로 내저으면 이쪽으로 오라는 뜻이고 반대로 손을 안으로 하면 가라는 뜻과 마찬가지이다.

불가리아의 수도 소피아Sofia 중심에 있는 공산당 본부 앞 광장 지하도 공사를 하던 중 인부들이 우연히 고대 도시 유적을 발견하였다. 이 도시는 2~14세기까지 있었던 '세르디카Serdica'라는 도시인데, '세르디카'라는 이름은 기원전 7세기경 트라키아 세르디 부족이 정착하면서 불리기 시작해 14세기에 '지혜'를 뜻하는 '소피아'로 이름을 바꾸기 이전까지 지속되어 왔다. 현재 발굴된 도시의 동쪽 문에 해당하는 성벽과 두 개의 오각형 탑은 3세기경 로마인들이 지은 성벽으로, 세르디카 고대 도시의 대부분이 현대 건물들 아래 남아 있어 계속 발굴이 진행되고 있다고 한다.

역사가 깊고 유적이 많은 도시에서 새로운 개발 공사를 할 경우에는 행여나 값진 유물이나 유적지가 파손되지 않도록 세심한 주의를 할 필요가 있는 사례라 하겠다.

불가리아 편

세계적인 보물을 간직한 나라

레닌 광장Lenin Square 북쪽의 지하도 안에는 '성 페트카St. Petka'라는 지하 교회가 있다. 광장에서 바라보면 지붕만 나와 있는 것이 보이는데, 이 교회는 불가리아가 터키의 지배를 받던 14세기에 터키당국의 눈을 속이기 위해 만든 반 지하 교회이다. 고대 로마의 사원을 기초로 건축된 이 교회에서 불가리아인은 터키인들의 종교 탄압에도 불구하고 숨어서 계속 미사를 드렸다고 한다. 겉으로 보아서는 창문도 보이지 않고 타일에 덮여서 전혀 교회 같은 모습을 찾아 볼 수 없지만, 내부에 들어가면 여느 교회 못지않게 화려하고 찬란한 장식으로 잘 꾸며져 있다. 특히 벽화의 경우에는 예수의 출생부터 십자가에 못 박힘, 죽음과 부활 등의 다양한 모습이 그려져 있으며 반원통형의 돔이 인상적인데, 건축가들은 이 건물을 훌륭한 비율과 리듬을 가진 중세 건축의 모델로 꼽을 정도이다.

소피아 남쪽의 약 60킬로미터 떨어진 '듀프니차Dupnitsa'의 릴라Rila산 북쪽 끄트머리에는 '사파레바바냐Sapareva Banya'라는 세계에서 가장 뜨거운 온천수가 나오는 곳이 있다. 마을 중심부에서 섭씨 103도가 넘는 뜨거운 물이 솟아오르는데, 이 온천수는 너무 뜨겁기 때문에 찬물과 섞어 체온에 맞도록 공급되고 있는데, 온천수는 깨끗하고 광물질이 풍부해 스트레스 해소는 물론 각종 피부병 등 효과가 아주 뛰어나다고 알려져 있다. 그래서 불가리아의 옛 국명인 고대 트라키아 시절부터 온천으로 유명했으며 그 뒤 동로마 사람들과 독일인이 뒤이어 이주해 살 정도였다고 한다.

　소피아 남쪽으로 약 130킬로미터 정도 떨어진 깊은 산 속 해발 1,150미터에 위치한 불가리아 최고의 성지인 릴라 수도원Rila Monastery은 성인 이반 릴스키가 릴라 산에서 수도 생활을 할 때 그를 따르는 신자와 순례자들이 주위에 촌락을 이루어 살면서 형성되었다. 이후 자연재해와 전쟁 등으로 습격을 당했으나 1834년 수도원 재건 사업이 시작되면서 수사들의 독방 300개, 예배실 4개, 도서관과 손님용 방 등 현재의 모습과 같은 형태를 갖추게 되었다. 수도원의 벽면과 천정은 1,200여 점의 프레스코화로 뒤덮여 19세기 불가리아 문화가 고스란히 보존되어 있고 특히 12년에 걸쳐 세공해서 만들었다는 십자가는 세계적으로도 널리 알려진 보물 중의 하나이다.

북구삼국 및 초미니 국가 편

밤이 없는 여름의 나라와 블럭 포레스트

스웨덴Sweden, 노르웨이Norway, 핀란드Finland의 북구 삼국을 여름철에 방문하는 관광객들은 자동차로 하루 종일 달려도 날이 어두워지지 않아 시계를 확인해 보지 않는 한 시간을 가늠하기가 어려울 때가 많을 것이다. 실제로 자동차로 여행을 하다 보면 날이 어두워지지 않기 때문에 계속 달리다가 휴게소에서 잠시 쉬면서 시계를 보면 어느덧 밤 12시가 가까워져 깜짝 놀라는 경우가 많다.

북구의 백야는 8월 말경에 절정을 이루면서 새벽 4시쯤 잠시 30여 분 동안 약간 어두워지다가 다시 밝아지기 때문에 24시간 낮이라고 해도 과언이 아니다. 그러다 보니 저녁 10시에 골프 약속을 해서 자정을 넘기면서 골프를 치는 일도 종종 있는데, 오히려 이렇게 한밤중에 골프나 테니스 등 운동을 하면 더위도 피하고 시원한 밤공기를 마실 수 있어 상쾌하다고 한다. 문제는 날이 어두워지지 않기 때문에 늦은 저녁 잠자리에 들더라도 창밖이 대낮같이 밝아 잠을 잘 수 없는 것이라고 하겠다. 그래서 북구 삼국의 가정집에는 빠짐없이 사진관의 암실과 같은 검은색의 커튼을 친 거실을 만들어 놓고 취침 시간이 되면 커튼으로 햇빛을 완전히 차단하여 암실처럼 만든 뒤 수면을 취한다고 한다.

　북구를 승용차로 여행하다 보면 곳곳에서 하늘 높이 뻗은 침엽수들이 빽빽하게 들어서 있는 소위 블랙 포레스트Black Forest 지역을 종종 만난다. 이 지역의 나무들은 옆으로 퍼지기보다는 50~100미터 가까이 하늘로 뻗어 올라 있고, 나무와 나무 사이가 거의 붙어 있다고 할 정도로 밀집되어 있다. 그래서 양쪽으로 이러한 나무들이 있는 도로를 통과할 경우 하늘이 거의 보이지 않고 빽빽하고 무성한 나뭇잎 때문에 길이 제대로 보이지 않을 정도로 깜깜한 길을 달리게 된다. 삼림 자원을 위해 이러한 수목들을 벌목하지 않고 보존하면서 공기도 정화시키고 필요시 좋은 재목으로 쓸 수 있는 삼림 자원을 이렇게 많이 보존하고 있는 북구 삼국의 삼림 정책이 부러운 현장이기도 하다.

바이킹이 탔었던 해적선도 관광 상품으로

예전부터 스웨덴 인들은 겨울이 길어, 보다 따뜻한 남쪽이나 해변을 무대로 활동하는 일이 많았다. 16~17세기 콜럼버스를 비롯하여 많은 탐험가들이 정부 차원의 지원을 통해 미지의 세계를 향해 신대륙을 발견하고자 해상 활동을 많이 하던 시절, 이들을 위협하는 소위 바이킹들도 그 세력을 널리 떨쳤다. 스웨덴 수도 스톡홀름 Stockholm에 가면 아직도 16세기의 최초로 바이킹Viking들이 사용하였던 해적선을 원형 그대로 보존해서 전시하면서 많은 관광객을 끌어 모으고 있다. 최초에 만들었다는 바이킹 선박의 규모는 당시의 기술이나 재료로 어떻게 그렇게 거대한 선박을 만들 수 있었는지 의문스러울 정도이며, 내부 시설도 선상에서 오랫동안 생활하기에 전혀 불편함 없는 시설을 완비하고 있다. 특히 닻으로 사용했던 폴이나 닻의 재료는 지금도 사용할 수 있을 정도로 보존 상태가 매우 양호하다.

스웨덴 거리는 조용하면서도 차량이 많은 도시이다. 그러나 오후 5시 30분경이 되면 어김없이 스웨덴의 현직 여왕이 자전거를 타고 재래시장에 들러 가족들을 위한 생필품들을 사서 장바구니에 매달고 달리는 모습을 쉽게 볼 수 있다. 지나가는 사람마다 자전거를 타고 시장을 보러 온 여왕에게 마치 이웃을 만났을 때처럼 조금도 어색함 없이 친절하게 인사하면서 지나치는 것을 보면서 진정한 민주주의란 이런 것이구나 하는 생각이 들었다.

노벨상 수상식장과 노르웨이

노르웨이 수도 오슬로Oslo에서 피오르드fiord 관광을 위해 꼬불꼬불한 길을 몇 시간 달리다 보면 노르웨이는 유난히도 호수가 많은 나라라는 생각이 든다. 낮은 지형에 호수가 있다면 그다지 신기한 일이 아니겠지만 고도 2,000~3,000 미터의 산꼭대기에 많은 호수가 산재해 있으며 그 크기도 다양해서 아주 작은 호수에서부터 거의 바다 수준의 큰 호수도 많다. 그래서 북구 삼국의 풍경은 아름다운 호수와 하늘을 찌를 듯이 치솟은 블랙 포레스트가 어우러지면서 자연 그대로의 모습을 가장 잘 갖추고 있는 지역이라고 생각된다.

또한 노르웨이는 노벨상 수상식을 열리는 것으로 유명한데 시상식은 스톡홀름 콘서트홀Konserthuset에서 열린다. 약 50여 평의 규모의 소박한 방으로 그곳에는 노벨상 수여식의 모습을 담은 사진들이 전시되어 있다. 몇 년 전 우리나라 사람으로는 최초로 김대중 대통령이 노벨 평화상을 받으면서 이제 노벨상은 우리들에게도 친근한 상으로 인식되고 있다. 모두가 알다시피 노벨상은 세계 평화나 의학 및 과학 개발 그리고 그 해의 가장 탁월한 문화인을 선정해서 주는 세계 최고의 명예로운 상으로 각국의 지도자들은 물론 누구나 받고 싶어 하는 상이 되었다.

북구삼국 및 초미니 국가 편

핀란드 사우나

핀란드 시골길을 여행하다 보면 혹시라도 우리에게 널리 알려진 핀란드 사우나sauna를 발견할 수 있을까 하고 차창 밖을 유심히 바라보지만 생각만큼 핀란드 사우나를 발견하기가 쉽지 않다. 이제 핀란드도 전통적인 방식의 핀란드 사우나를 운영하는 곳이 거의 없어졌으며 서구화된 사우나 방식으로 변경되어 대도시에 밀집되어 있기 때문이다.

전통적인 핀란드 사우나는 대개 호숫가 옆에 통나무로 지어져 있으며, 주위에서 벌목된 통나무나 나뭇가지를 태워서 온도를 높이는데, 그 통나무 탕 안에서 일정 시간 동안 땀을 낸 뒤에는 밖으로 나와 통나무집과 연결된 나무다리 끝으로 가 호수로 다이빙하여 몸을 식히는 식이라고 한다. 물론 여름뿐만 아니라 한겨울에도 이러한 방식으로 사우나를 즐긴다고 하는데, 한국의 호텔이나 헬스클럽마다 '핀란드식 사우나'라고 표시되어 있는 곳은 핀란드에 가면 핀란드 사우나로 대접받기 어려울 것이다.

작다고 깔보지 마라

유 럽에는 프랑스나 독일, 스페인과 같이 영토가 넓고 인구가 많은
국가들이 대부분이지만 한국의 테헤란로 정도의 면적을 가진
아주 초미니 국가들도 있다. 산마리노San Marino, 바티칸 시국Vatican, 리
히텐슈타인Liechtenstein, 안도라Andorra 및 모나코Monaco가 그들이다. 이 국
가들은 영토가 좁고 인구도 아주 적지만 엄연히 국왕도 있고 입법, 사
법, 행정부 등 삼권을 갖춘 독립적인 나라이다.

우선 유럽에서 세 번째로 면적인 좁은 나라인 산마리노는 로마
중심부의 해발 749미터의 티타노 산 하나로 형성된 작은 국가이다.

이탈리아를 방문하며 이곳을 다녀가는 관광객은 많지만 대개 잠시 머무를 뿐이기 때문에, 관광객을 상대로 옛날 동전이나 우표 등 기념품을 팔거나 식당을 운영하고 공화국의 왕궁을 개방하여 그 입장료 수입으로 살아간다.

바티칸 시국은 로마 교황이 있는 천주교의 총본산이기 때문에 세계인 모두가 잘 알고 있는 국가이다. 1929년 이후 이탈리아가 근대 통일국가로 탈바꿈하며 로마 중심부의 한 구역을 관할하는 독립국으로 주권을 얻었으며, 교황과 행정부의 장관에 해당하는 신부들로 집행부가 구성되어 있고, 거의 세계 모든 나라에 대사까지 파견하고 있음은 우리가 잘 알고 있는 현실이다. 바티칸 시국의 주요 수입원은 신자들의 기부금과 부동산, 관광 수입으로 이루어져 있다. 리히텐슈타인은 스위스와 오스트리아 국경에 있는 작은 국가로 기념우표를 발행하여 세계 각국의 우표수집가들로부터 매우 인기를 끌고 있어 파두츠의 우체국은 늘 관광객으로 붐빈다. 1866년에 독립하였으며, 밀과 포도 등의 산출이 많고 축산업도 활발한 편이다. 리히텐슈타인에는 20명 정도의 경찰관이 있고 유치장도 있으나 아직까지 유치장에 갇힌 범죄인은 한 명도 없었다고 하니 경찰관 스무 명은 하는 일 없이 월급만 받는 꼴이다.

　안도라 공화국은 프랑스와 스페인의 국경 역할을 하고 있는 피레네 산맥에 위치한 작은 국가로 1993년 정식으로 독립하였다. 예로부터 프랑스와 스페인의 접경에서 무역 중계지로서 이득을 보아 왔지만 현재는 점점 그 비중이 줄어들고 있다. 현재 모든 물품을 면세 가격으로 팔고 있어 '유로 슈퍼마켓'이라 불릴 정도인데, 물가가 비싼 프랑스에 사는 사람들이 쇼핑을 위해 몰려와 언제나 혼잡하다. 일년 중 겨울이 절반이기 때문에 스키 관광객이 많아 관광 수입 또한 만만치 않은 국가이다.

　남프랑스 지중해에 있는 모나코는 미국의 영화배우 그레이스 켈리가 모나코 왕비가 되면서 세계적으로 알려진 국가이다. 1919년 정식 독립하였는데, 외국 기업의 세금을 면제해 주는 정책으로 유럽 내 조세 천국이라 불린다. 또한 모나코는 주로 유럽의 부호들이 지중해변에 휴양 차 들러 휴식을 취하면서 카지노 등 도박을 즐기는 곳으로 유명하다. 실제로 모나코에 가면 좁은 땅에 비해 많은 카지노들이 성업 중이며 직장에서 정년퇴직한 많은 노인들이 자신이 매월 받는 연금으로 소액의 카지노를 즐기는 모습을 많이 볼 수 있다.

제2부 아시아의 나라들

부자 나라, 가난한 개인
메모 잘하고 예절 바른 나라

일본은 자타가 공인하는 매우 부유한 선진 일류 국가로 알려져 있다. 실제로 일본 정부는 미국의 국채를 대량으로 가지고 있으며, 미국을 비롯해 세계 각국에 많은 투자를 하고 있기 때문에 엄청난 부자 국가임에 틀림없다. 그러나 일본을 방문한 외국인들이라면 많은 일본인이 퇴근 후 곧바로 집에 돌아가지 않고 허름한 식당이나 술집에 앉아 일본 전통 술인 사케를 마시면서 시간을 보낸 뒤 밤 11시가 넘은 뒤에야 자리에서 일어서는 모습을 흔히 볼 수 있다. 이는 물론 바쁜 일상생활과 업무 스트레스를 해소하기 위해서이기도 하지만 더 큰 이유는 그들은 대부분 열 평 남짓의 매우 협소한 집에 살기 때문이다.

비교적 널따란 집에 살면서 큰 공간에 익숙한 우리나라 사람이 만일 일본인 친구들의 집에 초청을 받아 가게 된다면 집에 들어서자마자 너무 좁은 공간에 살림살이가 다닥다닥 쌓여 있어 답답함에 숨이 막힐 것이다. 일본인이 이처럼 작은 집에서 살 수밖에 없는 이유는 국토가 적어 많은 주택을 공급할 수 없고 집값이 매우 비싸 봉급생활자들은 평생 아무리 저축하고 아껴 쓰며 살아도 몇 십 평에 달하는 큰 집을 사기는 불가능하기 때문이다. 일본은 세계적으로 손꼽히는 부자이면서도 국민 개개인은 가난한 나라라고 할 수 있겠다.

또 다른 민족성을 살펴보면 대다수의 국민들이 메모 잘하고 예절 바른 나라이다. 간혹 일본인들과 사업적으로 혹은 개인적인 친분이 있어 자주 만나게 된다면 일본인들의 몸에 밴 메모 습관과 친절한 예절에 감탄하게 될 것이다. 특히 일본인들의 메모 습관은 세계적으로도 인정하는 수준이다. 추락하는 항공기 안에서도 그 당시의 상황을

메모로 남겨 항공기 추락의 원인을 규명하는 데 단서를 제공했던 사건이 있을 정도이다.

또한 유교의 영향을 받아 수직적 질서를 중요시하는데, 일본인의 가정에 초대를 받아 저녁을 같이 하거나 커피를 마신 뒤 헤어지려면 최소한 감사하다는 말과 조심해서 잘 가라는 인사를 열 번 이상은 해야 헤어질 수 있다. 그래서 이에 능숙하지 않은 외국인들은 그들의 되풀이되는 인사 습관에 때로는 어리둥절해 하거나 되레 부담을 느끼는 경우도 있다.

전문적인 서비스, 향응의 나라

한국의 백화점이나 호텔, 식당 등에서 젊은 여성들의 서비스에 익숙한 우리나라 사람들은 일본을 방문하여 우리나라처럼 젊은 여성들로부터 도움을 받거나 서비스를 받기를 기대한다면 크게 실망할 것이다. 골프장의 캐디는 말할 것도 없고 호텔, 식당, 이발관 등 사회 전 분야의 서비스업에 종사하는 일본 여성들은 대부분 40~50대가 주류를 이루고 있기 때문이다. 특히 호텔에서 지압을 받기 위해 지압사를 부를 경우 거의 50~60세에 가까운 할머니가 지압을 하러 온다. 일본에서는 우리나라나 동남아시아 국가에서와 같이 젊은 여성들의 서비스를 기대하다가는 실망도 클 것이다. 음식 또한 양보다 질을 중요시하는 일본음식은 전통적으로 우리 한식과 같이 한 번에 많은 양을 소위 상다리가 부서지도록 차리는 경우는 거의 없다. 언제나 적은 분량을 차려서 먹은 뒤 모자라면 또 시켜 먹는 식이다. 또한 같은 음식이라도 여러 색의 조화를 잘 이루어 먹는 사람의 입맛을 돋운다.

일본을 방문해서 전통적인 일본 음식을 맛보려면 일류 호텔이나 유명한 식당을 찾기보다는 대를 이어 수십 년 또는 백 년 넘게 영업을 하는 변두리 한쪽 구석에 있는 아주 작은 초밥 집을 찾아가는 것이 더 좋다. 물론 이러한 집들은 단골손님만을 받기 때문에 그곳을 잘 아는 사람이 안내하지 않으면 외국 관광객들은 찾아가기 어렵고, 좌석도 채 열석이 되지 않으며 오랫동안 기다려야 겨우 좌석을 차지할 수 있다.

그리고 전통 일식이 아닌 샤부샤부나 불고기 집이라 할지라도 품질을 중요시하는 집들은 인삼과 각종 약초를 먹여서 소를 기르기 때문에 이렇게 특별히 기른 소고기를 공급받는 집들은 회원이 아니면 출입이 허용되지 않고 가격도 보통 고기 가격의 5~10배를 받는 고가의 전문 식당도 있다. 도쿄에서 한국의 강남이나 명동에 해당하는 식당과 유흥업소가 밀집되어 있는 곳이 아카사카赤坂, Akasaka이다. 이곳에는 규모가 작으면서도 실속 있는 가게가 많아 일본인들이 퇴근 후 그날의 스트레스를 해소하기 위해 자주 들른다. 또한 이곳에는 유학 등 여러 가지 명목으로 장기간 일본에 체류하는 우리나라 여성들이 도쿄의 비싼 생활비에 조금이라도 보태기 위해 저녁 시간에 아르바이트하는 곳이기도 하다. 이곳에 들러 보면 마치 이곳이 우리나라의 거리인지 일본의 거리인지 분간할 수 없을 정도로 우리나라 사람들로 붐비며, 저녁 늦게까지 술을 마시고 이튿날 아침 속을 풀려면 우리나라에서와 같이 구수한 해장국도 즐길 수 있다.

또한 도쿄를 방문하는 관광객이라면 대개 바쁜 일정을 쪼개어 신주쿠역에서 기차로 약 한 시간 삼십 분 거리에 있는 하코네箱根를 찾게 된다. 이곳은 아름다운 자연환경과 역사적인 유적지가 많은 곳으로 유명하지만, 근처 아시노코蘆湖 호수에서 낚시와 뱃놀이를 즐기는 관광객들로 붐비기도 하며 특히 온천을 좋아하는 관광객들에게는 빼놓을 수 없는 온천 여행지이기도 하다. 특히 유황가스 계곡인 오와쿠다니大涌谷에 있는 고라甲良 온천은 예로부터 일본의 정치가와 부유층 인사들이 많이 찾아 별장을 세웠던 곳으로, 1919년 하코네 등산철도가 개통된 뒤로는 류머티즘 등 신경성 환자와 피부 질환이 있는 사람들에게 널리 애용되고 있다. 또한 하코네 계곡을 관광하다가 내려오면서 뜨거운 온천물에 삶아서 파는 삶은 달걀은 가히 일미逸味라 하겠다.

가업을 중요시하는 일본인들

우 리나라의 대다수 부모들은 자식들이 자신의 직업과 같은 직업을 갖는 일을 반대한다. 예를 들어 식당 주인이 자기 아들에게 다시 식당을 하라고 권하거나 여관이나 구멍가게를 운영하는 사람도 아들에게 여관이나 구멍가게를 물려받으라고 권하지 않는다. 오히려 절대로 자식에게 그런 일을 시키지 않겠다고 말하는 경우가 대부분이다. 심지어 학교 선생님들 조차도 그런 이야기를 자주 한다.

그러나 일본인들은 대대로 전해 내려오는 가업을 이어받는 일을 당연시하며 또한 자랑스럽게 생각한다. 일본 전국의 수재들이 모이는 도쿄 대학을 졸업하면 도쿄 시내에서 얼마든지 정부 또는 은행이나 대기업 등 좋은 직장을 구할 수 있음에도 불구하고 일단 졸업을 하고 나면 고향집으로 돌아가 대대로 내려오는 여관이나 목욕탕, 음식점 등을 이어 받아 운영하면서 이를 자랑스럽게 여기는 일본인들이 대부분이다. 이러한 곳을 찾아가 보면 대개 선대 어른의 사진을 붙여 놓고 자신이 몇 대째 사장이라고 자랑스럽게 말하는 경우가 많다.

가업뿐만 아니라 직장 역시 한번 택하면 특별한 일이 없는 한 평생 그 직장과 자기 운명을 같이 하는 것이 일본인들의 특성이다. 아마 전통을 중시하고 가업 잇기를 자랑스러워하며 한번 맺은 직장과의 인연을 소중하게 여기는 일본인들의 이러한 태도가 일본 사회를 안정적으로 발전시켜 가는 근본 원인이 아닌가 생각된다.

천황의 나라
사찰, 오타루

일본은 전통적으로 천황을 섬기는 국가로 천황은 사람이라기보다는 신의 존재로 떠받들며 살아온 국가이다. 도쿄 중심부에 있는 천황과 그 가족의 주거지인 황궁은 '고쿄皇居, 황거'라 불린다. 1868년 메이지 원년에 메이지 천왕이 에도에 행차한 뒤 에도를 '동쪽의 교토'라는 의미로 '도쿄'라고 이름을 바꾼 뒤 270여년 동안 도쿠가와 막부가 사용되었던 곳으로, 에도 시대의 니시노마루 고텐을 천황의 거처로 지정한 뒤 현재까지 일본 천황의 거처로 사용되고 있다. 또한 각종 공식적인 행사와 정무를 보는 궁전, 궁내 청사 등도 여기에 있다. 일반인들이 출입하려면 미리 신청을 해야 하며, 하루에 두 번 입장한다. 이곳을 매각하는 일은 없겠지만 값으로 환산하여 만일 현시가로 따져 본다면 약 2,200억 엔으로 한화로 환산하면 약 2조 5,000억 원에서 3조 원에 이르는 엄청난 가치가 있다고 한다.

일본의 아사쿠사 한복판에 위치하고 있는 명 사찰 센소사浅草寺는 일본인들이 즐겨 찾는 사찰이다. 센소사는 '아사쿠관음사浅草観音寺'라고도 하는데, 628년 어부 형제가 센소사 옆에 있는 '스미다隅田'라는 하천에 물고기를 잡기 위해 그물을 던졌는데 물고기 대신 관세음보살상이 걸려 올라와 이 관세음보살상을 안치하기 위해 지은 사찰이기 때문이다.

센소사 입구에 서 있는 총문인 가미나리 문雷門은 아사쿠사의 상징으로, 942년에 천하태평과 풍년을 기리는 뜻으로 세워졌다. 가미나리 문의 오른쪽에는 바람의 신, 왼쪽에는 천둥의 신이라고 불리는 동상이 하나씩 서 있는데 이동상들의 이름을 따 '바람과 천둥'이라는 뜻으로 '가미나리雷'라는 이름이 붙여졌다고 한다.

관세음보살상이 모셔져 있는 본당은 33년에 한 번 있는 행사가 아니면 개장하지 않아 일반인들은 볼 수 없지만 센소사는 일본에서 가장 관광객이 많이 찾는 곳으로 유명하다.

옛 홋카이도 중심에 있는 오타루小樽는 영화 〈러브레터〉의 배경 도시로서, 스키와 메이지 말기의 건축물이 많은 관광지로 유명하다. 특히 63개의 가스 등이 늘어서 있는 오타루 운하小樽運河는 밤이면 이국적인 풍경이 펼쳐져 일본 젊은이들이 가장 선호하는 데이트 장소 중의 하나이다.

니신고텐鰊御殿 오타루 귀빈관은 야마카타 현 출신의 아오야마 가문 마사카치라는 사람이 청어 잡이로 거부가 되어 자신의 딸을 위해 1915년부터 6년에 걸쳐 지은 전형적인 일본 가옥이다. 청어를 잡은 돈으로 저택을 건설했다 하여 '청어저택鰊御殿', 아오야마 가문의 사람이 지었다 하여 '구 아오야마 별장'이라고도 불린다. 약 1,500평 규모의 건물에 건평은 190평, 방이 무려 열두 개가 넘고 복도 내부 골격은 나무 한 그루를 통째로 써서 만들었다고 한다. 거부가 된 어부가 딸을 위해서 지어 준 집이 1985년 역사적 건축물 제3호에 지정되어 이제는 오타루의 명물로 많은 관광객의 발길이 끊이지 않는 곳이 되었다.

온천 천국, 지킬건 지켜야 하는 나라

홋카이도北海道는 혼슈本州, 규슈九州, 시코쿠四國와 함께 일본 열도의 4대 큰 섬 중의 하나로 일본의 최북단에 위치하고 있으며, 일본 전 국토의 약 22퍼센트를 차지하는 곳으로 남한의 면적과 비슷하다.

홋카이도는 40여 개의 활화산과 원시림에 휩싸인 호수 온천 등 가히 온천 세상이라고 말할 수 있으며 화산 지역을 중심으로 200여개 이상의 온천이 있다. 그중에서도 조잔케이定山溪溫泉, 도야코洞爺湖, 노보리베쓰登別溫泉, 소운쿄層雲峽, 도카치다케十勝岳溫泉, 하코다테函館는 국제적으로도 널리 알려진 온천이다. 특히 노보리베쓰 시의 북동부에 위치한 노보리베쓰 온천은 여름 평균 온도가 20도 내외로 습기가 없고 비가 내리지 않아 일본 최고의 피서지로 손꼽히며, 하루 10,000톤 이상의 온천수가 나오는 동양 제일의 온천이다. '노보리베쓰'라는 이름은 '희고 뿌연 강' 또는 '색이짙은 강'이라는 뜻의 이곳 원주민 아이누족의

'누푸루펫'이라는 말에서 유래되었는데, 이는 석회질의 온천물이 강으로 흘러들어 강물의 색이 희뿌옇게 흐려졌기 때문이라 한다. 이곳에 가면 직경 450미터의 화산 분화구를 직접 구경할 수 있고 근처에 지옥 계곡, 120여 마리의 불곰을 사육하는 곰 목장, 원주민인 아이누족 부락 등 관광지가 집결한 곳이기도 하다.

료칸이나 온천에 투숙한 외국 관광객들은 아침마다 자칫 실수하거나 혼동할 가능성이 많다. 대부분의 일본 목욕탕들은 매일 남탕과 여탕의 위치를 바꾸어 남녀 손님들을 번갈아 받기 때문이다. 그들은 기본적으로 인간이 건강한 생활을 유지하기 위해서는 남녀 간의 기가 균등한 비율로 혼합되어야 한다고 생각한다. 그런데 양기만 가득 차 있는 남탕과 음기만 가득 차 있는 여탕을 바꾸지 않고 계속 사용하면 그 목욕탕을 이용하는 손님들의 건강에 해를 끼칠 염려가 있어, 매일 목욕탕의 위치를 바꾸어 가면서 음양의 조화를 기한다고 한다. 어찌 생각해 보면 상당히 그럴 듯한 이야기인 것 같다.

료칸에 투숙하면 먼저, 나이 지긋한 여성 종업원이 일본 고유 의상인 기모노를 입은 채 일본 전통의 옷차림인 유카타를 가져와 갈아입도록 한다. 투숙객은 간편한 유카타로 갈아입은 뒤 료칸 내의 목욕탕에서 샤워를 한 뒤 식사를 하고, 취침 시간이 되면 다다미 위에 깔아 놓은 요 위에서 취침한다. 취침실의 문 구조는 이중으로 되어 있는데, 한지를 바른 장지문과 그밖에 조그만 공간을 두고 또 하나의 장지문이 있는 형식이다. 그런데 문제는 여기에 있다. 문과 문 사이의 조그만 공간에 서비스를 담당한 나이 지긋한 아주머니가 단정히 무릎을 꿇고 앉아 투숙객이 잠들 때까지 기다린다는 것이다. 아무리 장지문으로 칸막이가 되어 있다고 할지라도 곁에 모르는 사람이 앉아 있기 때문에 이러한 방식에 익숙하지 않은 사람은 잠들기가 쉽지 않을 것이다. 내가 처음 료칸에 머물 때, 이러한 사정을 몰라 아주머니가 떠나기를 기다리다 못해 이제 제발 돌아가라고 요청 했으나 그날 그 방을 담당한 아주머니는 손님이 무사히 잠들 때까지 곁에서 지켜보는 것이 규정이기 때문에 개의치 말고 잠들라면서 혹시 필요한 것이 있으면 언제든 부르라는 답변이었다. 결국 낯선 잠자리인데다 문밖에서 지키고 있는 사람 때문에 그날 밤, 잠을 설친 것은 말할 것도 없다.

그 다음 유명한 관광지는 일본 내국인들도 자주 찾는 삿포로札幌다. 삿포로는 일본 제5대 도시로 약 18만 인구를 가진 홋카이도의 중심 도시이기도 하다. 삿포로 시는 바둑판 모양으로 잘 정리된 서구 스타일의 도시로 1869년에 건설을 시작하였는데, 도시 설계자가 미국의 보스턴Boston을 모델로 삼아 설계하였다는 이야기가 있을 정도로 일본 내에서는 동양보다는 서양의 느낌을 가장 많이 가진 도시이다. 이곳은 연평균 기온이 도쿄에 비해 5~10도 낮기 때문에 여름철에는 많은 관광객이 피서를 위해, 겨울철에는 스키를 즐기기 위해 찾아오는 곳이기도 하다.

한국의 기자단들이 모처럼 여름휴가를 이용하여 부부동반으로 삿포로를 찾았는데 삿포로에서 가장 유명한 온천 중의 하나는 '조잔 케이'라는 노천탕이다. 울창한 원시림에 둘러싸인 계곡의 온천은 아늑하고 고요한데다, 혼욕도 가능하기 때문에 모처럼 삿포로를 찾은 일행의 남성들이 저녁을 먹으면서 부인들에게는 이야기하지 말고 식사 후 따로 모여서 탕에 들어가자고 약속했다고 한다. 물론 자신들 부인이 아닌 일본이나 다른 나라에서 관광 온 여성들의 알몸을 공짜로 구경하려는 생각에서였다. 약속대로 이들이 모여 탕 안으로 들어갔는데 마침 저쪽 편에서 여성들의 이야기 소리가 들려 드디어 공짜로 젊은 여성 알몸을 마음껏 구경하겠구나 하고 쾌재를 부르면서 살금살금 그쪽으로 다가갔다고 한다. 그런데 이들은 여성 쪽으로 다가가자마자 악 소리를 지르면서 혼비백산하여 방으로 되돌아갔다고 한다. 왜냐하면 남편들뿐만 아니라 여성들도 남편들과 똑같은 생각을 가지고 자신들끼리 모여 공짜로 다른 남성들의 알몸을 구경하기 위해 나왔다가 서로 부딪혔기 때문이다.

오사카 1세 한국인 교포들의 눈물 젖은 소원

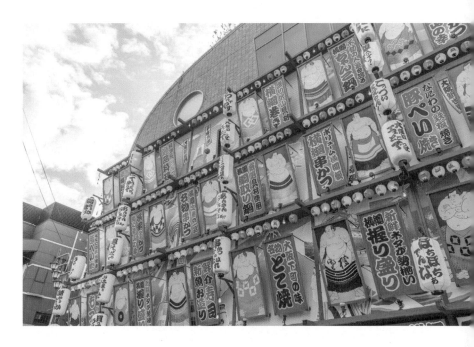

오사카大阪에는 일본군에 의해 강제 징집되어 군인이나 노역에 종
사하는 징용 등으로 끌려갔다가 운 좋게 살아남은 1세대 우리
나라 교포들이 갖은 시련 끝에 일본에서 성공한 기업인으로 활동하는
곳이다. 이들은 대부분 식당이나 청소부 또는 회사 잡부에서부터 시
작하여 갖은 고난과 시련을 거쳐 파친코나 유흥업소 등을 운영하면서
많은 재산을 모은 사업가들이다. 그러나 이제 이들은 70~80세가 되어
가면서 자신들이 죽기 전 꼭 해결해야 할 문제가 있다면서 자신들의
고통을 털어놓았다.

그들이 사망하게 되면 그들의 자손들이 상속세를 납부해야만 하는 것은 당연한 일이다. 하지만 이때 문제가 발생하게 되는데, 그들이 오늘날의 부를 형성하는 과정에서 부의 축적 과정을 명쾌하게 증명할 수 없다는 것이다. 일본 세법에 따라 정당한 세금을 납부하려고 노력했지만, 일본인과의 차별 대우 속에서 정상적인 세무 절차에 따라 세금을 납부할 수 없었고, 그밖에도 많은 부분에서 이를 객관적으로 증명할 만한 서류를 구비하지 못했다고 한다. 그래서 이들은 평생 동안 먹는 돈, 입는 돈을 아껴 가며 피땀 흘려 번 돈을 몽땅 빼앗기게 될까 봐 전전긍긍하고 있었다.

이들이 노력을 하지 않은 것은 아니었다. 우리나라의 지도층이나 고위 관료들에게 수십 차례에 거쳐 이야기하였으나 고국으로부터 아무런 반응이 없었다고 한다. 이 문제는 어차피 시작부터가 일본의 강제 징집에 의한 불법 행위에서 시작된 것이고, 이들은 일본인과의 차별 대우 속에서 정상적인 세무 절차에 따라 세금을 납부할 수 없었던 그간의 사정을 고려해서, 한일 양국 정부 간에 정치적인 타협점을 모색해서 이들이 이국땅에서 각종 차별과 서러움을 이겨 내면서 축척한 부가 일시에 허물어지는 일이 없도록 특단의 정치적인 배려가 하루빨리 마련되어야 할 것이다.

세 가지 사람으로 분류되는 군벌 시대의 3인방과 무사도 정신

일본에서는 흔히 사람을 분류할 때 군벌 시대의 3인방이었던 오다 노부나가, 도요토미 히데요시 그리고 도쿠가와 이에야스의 성격을 꾀꼬리 울음소리를 듣기 위해 취하는 행동으로 예를 들어 설명하기도 한다.

먼저, 오다 노부나가 같은 사람은 그 불같은 성격 때문에 꾀꼬리가 울지 않을 경우 강제로 목을 비틀어서라도 울게 해야만 직성이 풀리고, 도요토미 히데요시 같은 사람은 꾀꼬리가 울 수 있도록 목을 간지럼 피거나 꾀꼬리가 먹고 싶어 하는 먹이를 주면서 울도록 만들며, 도쿠가와 이에야스 같은 사람은 꾀꼬리가 앉은 나무 밑에 앉아 꾀꼬리가 울 때까지 끝도 없이 기다린다. 따라서 독자들도 이 세 사람의 성격 중 어느 사람의 성격과 비슷한지 생각해 보면 자신이 어느 부류에 속하는 사람인지 가늠할 수 있을 것이다.

일본의 무사도는 자신이 모시는 주군을 위해 언제나 자신의 목숨을 헌신짝처럼 버릴 수 있으며, 주군과 생사를 같이 하는 소위 '사무라이

정신'이다. 일본 군벌 역사를 보면 도쿠가와 이에야스가 일본 천하를 통일하기 전까지 수많은 군벌이 주도권 쟁탈전을 하였으며, 일단 전투에서 패한 쪽은 자신의 패배를 인정하는 의미로 성이 함락되기 직전 주군은 자결했다. 이때 자결 방식은 할복인데, 주군은 자신의 복부를 칼로 깊게 가르고 자신의 곁을 그림자처럼 보필하였던 충실한 부하 장수는 뒤에서 주군의 목을 베어 주는 방법이다. 주군의 부탁을 받은 부하 장수는 주군이 할복하는 고통을 줄여 주어야 하기 때문에 단칼에 목을 베어 자신의 주군을 죽인 뒤 자기도 자결하면서 주군의 뒤를 따른다. 만약 서툴러서 목을 단칼에 베지 못하면 주군의 고통이 배가된다고 한다. 따라서 주군을 모시는 제1의 장수는 언제나 그런 날을 대비하여 정확하게 그리고 고통 없이 단 한 번에 목을 자르는 훈련을 많이 해 두어야 했다고 한다.

흔히 일본의 무사도는 전통적인 일본의 윤리 규범이라고 하지만 실상은 1899년 니토베 이나조가 미국에서 영어로 쓴『무사도』에서 나온 말이다. 그는 무사도가 충, 의, 용, 인, 예, 성을 바탕으로 하며, 17세기부터 일본 무사 계급 사무라이의 자살 방법으로 형식을 갖춘 할복은 본보기가 될 만한 예법이라고 정리했다. 이것이 청일전쟁 이후에 일본으로 역수입되어 일본 고유의 전통인양 착각하게 된 것이다.

일본 편

히데요시 가문의 비운이 담긴 성(城)
일본의 성곽

우 리나라와 일본은 성城에 대한 의미는 큰 차이가 있다. 우리나라의 '성城'에 대한 인식은 안시성이나 평양성 등 큰 성을 쌓으면 그 성 안에 통치자와 백성이 함께 살면서 백성들을 다스리고 전쟁이 나면 백성들과 함께 적군과 싸우면서 생사를 같이 하는 개념이지만, 일본의 경우에는 군벌의 총수가 성을 쌓고 자신과 부하 군사들만 그 성 안에서 살고 일반 백성들은 성 밖에서 그들과는 관계없이 생활하는 개념이다. 따라서 전투가 벌어질 경우 양 진영의 군사들만 전투에 참여할 뿐 일반 백성들은 곁에서 그 전투를 구경하면서 어느 쪽이 이기는지 기다렸다가 전투에서 이긴 쪽에게 충성하면 된다. 따라서 일본에서는 군벌 간에 수많은 전투가 벌어졌지만 그 전투는 오직 군벌과 그를 따르는 군인들만의 싸움이었을 뿐 일반 백성들은 전쟁에서 한 발짝 떨어져 있는 셈이다. 어찌 보면 한국식 성보다는 일본식의 성이 일반 백성을 위해서 더 좋은지도 모르겠다.

그런 면에서 오사카 성大阪城은 1583년 도요토미 히데요시가 전국을 통일한 뒤 무려 3년간 하루 평균 50,000명의 인부를 동원하여 요새로 지은 성으로, 호화로운 망루형 천수각과 더불어 외부의 침입에도 절대 함락되지 않도록 성 주위에 해자를 파서 누구도 건너오지 못하게 하였고 외곽으로 이중의 해자를 건설해서 어떠한 적군도 침입 할 수 없게 한 난공불락의 요새였다. 그러나 1615년 오사카 전투 때 불에 탄 뒤 1620년 다시 복원하였고 현재의 모습은 1997년에 대대적인 개·보수를 한 모습으로 현재 오사카 성 넓이는 당초 넓이의 1/5밖에 되지 않는다.

도요토미 히데요시는 환갑이 훨씬 지나 늦둥이 아들을 보게 되었는데 나이가 점점 들어가면서 자신의 후계자로 아들을 지명해 놓고 과연 자신을 따르는 늙은 심복들이 어린 아들을 자신처럼 받들고 충성을 다할 수 있을까 하는 걱정으로 밤잠을 설쳤다고 한다. 그래서 임종이 임박하자 그는 겨우 여섯 살밖에 되지 않았던 늦둥이 아들 히데요리를 앉혀 놓고 도쿠가와 이에야스를 비롯한 자신의 심복들로 부터 피로 충성을 맹세하는 소위 혈판 서약서 작성식 까지 하게 했다.

하지만 그가 죽은 뒤 결국 그의 최측근이었던 도쿠가와 이에야스의 공격을 받고 오사카 성은 함락하였고, 그 직전 히데요시 부인과 어린 아들 히데요리가 오사카 성에서 투신자살을 함으로써 도요토미 가문의 권력 장악은 비극으로 끝났다. 지금도 오사카 성에 가 보면 히데요시의 아내와 아들 히데요리가 성에서 투신자살하였다는 내용이 적힌 비석이 성 안에 있다.

오사카 성에서 나를 안내했던 일본인 교수의 설명에 의하면 도요토미 가문의 종말과 관련하여 자신에게는 아직도 풀리지 않는 한 가지 수수께끼가 있다고 했다. 지금은 오사카 성과 나고야 성을 비롯한 일본의 큰 성들은 화재에 대비하여 개·보수할 경우 목재 대신 시멘트를 많이 사용하고 있지만, 당초의 오사카 성은 모두 나무로 지어졌으며 특히 한밤중 자객의 침입을 효율적으로 막기 위해 침실 앞에 깔린 마루는 아무리 발소리를 죽여 사뿐히 걸어도 삐걱거리는 소리가 나도록 고안되었다고 한다. 이렇게 외부의 침입을 막기 위해 철저한 대비를 하고, 히데요시가 죽은 뒤 오사카 성 안에서 문을 굳게 잠그고 도쿠가와 군대와 맞섰던 히데요리가 어째서 성 외곽과 안쪽에 있던 두 개의 해자를 메우도록 허락해서 도쿠가와 군대를 성 안으로 들이게 되었는지에 대한 것이다.

도쿠가와는 성을 장악하기 위해 히데요시 부인과 그의 아들 히데요리에게 영원히 화평하게 지내고 절대로 해치는 일이 없이 서로 우군으로 지내자는 의견을 여러 차례 전달하였다고 한다. 그 과정에서 특히 도쿠가와 히데요시 부인의 협상이 있었고 결국 해자를 메우도록 허락했다고 하는데, 해자가 메워지면 당연히 그들이 쳐들어올 것을 예견했을 텐데도 히데요시 부인은 히데요리마저 설득하였다고 한다. 그 이면에는 도쿠가와 히데요시 부인 사이의 남녀 관계에 기인했다는 이야기도 있다면서 그 일본 교수는 아직까지 이 해자를 메우도록 허락해 준 이유에 대해서 납득할 만한 해답을 얻지 못하였다고 한다.

중국 편

백두산 천지와 두만강 풍경

중국을 찾는 우리나라 관광객 대부분은 연변을 거쳐 백두산 천지를 다녀오고 싶어 한다. 종전까지는 서울에서 엔지延吉, 엔지에서 자동차로 대여섯 시간 달려야 백두산에 닿을 수가 있었으나, 현재는 중국 정부가 백두산白頭山을 창바이 산長白山, 장백산으로 이름을 바꾸고 지린성吉林省 조선족 자치 정부에서 관리하던 것을 중국의 중앙 정부 차원에서 직접 관리하기 시작하면서 백두산 현지에 비행장을 건설하여 장춘長春에서 비행기로 백두산에 직접 갈 수 있게 되어 교통이 훨씬 편해졌다.

최대 너비 3.6킬로미터, 수면 고도 2,257미터인 백두산 천지天池는 정상에서 내려다볼 수도 있고 걸어서 백두산 천지까지 갈 수 있는 코스도 있다. 천지 물은 전혀 오염되지 않고 수온도 10도 내외로 차가운 상태이기 때문에 세계적으로 유명한 생수 회사인 프랑스의 에비앙이 이곳의 물 전부를 중국 정부로부터 사들여 시판할 계획이라는 설이 있다. 나도 천지 물을 떠서 마셔 보고 페트병에 담아 가지고 오기도 했는데 아무 뒤탈이 없는 것으로 보아 물 자체는 생수로 사용해도 별 무리가 없는 듯하다. 하지만 백두산에 가서 천지를 직접 볼 수 있는 확률은 5퍼센트 미만이라 하니 어지간히 행운이 따르는 사람이 아니면 한 번에 천지를 보기란 쉬운 일이 아닐 것이다. 덩샤오핑도 베이징北京에서부터 하루 종일 걸려 백두산 정산에 올랐으나 짙은 안개 때문에 천지를 보지 못하고 내려가면서 기념 비석만 세워 놓았다고 한다. 그렇기에 백두산에 갈 경우 기상 상태를 확인해 보고, 천지를 보지 못할 경우 1박을 하면서 다음날까지 머물 준비를 하는 것이 좋을 듯하다.

　현재 백두산 천지는 1964년에 북한의 김일성과 중국의 저우언라이가 백두산 일대 국경에 대해 '북·중 국경조약'을 체결하여 천지를 북한은 54.5퍼센트, 중국은 45.5퍼센트로 분할하였다. 그 결과 천지 서북부는 중국에, 동남부는 북한에 속해 있다.

　백두산 천지를 하산하여 장백 폭포, 비룡 폭포를 지나 우측 골목으로 들어서면 두만강 줄기를 따라 용정龍井까지 갈 수 있는 잘 알려지지 않은 길이 있다. 두만강을 경계로 한 이 길은 중국 땅, 건너편은 북한 땅이기 때문에 북한의 풍경을 계속 볼 수 있다. 그 샛길을 따라 조금 가다 보면 두만강 발원지가 있는데, 지하에서 솟아오르는 그 물줄기가 흘러가 두만강이 되기 때문에 두만강의 시발점이라 하겠다. 이곳은 징검다리만 건너뛰면 북한 땅으로 실제로 북한의 국경을 지키는 수비대 군인들이 총을 메고 보초를 서 있어 그들과 육성 대화가 가능한 지역이다. 대부분 우리나라 사람들은 두만강을 넓고 큰 강으로 생각하고 있는데, 아마 가수 고 김정구 씨가 부른 〈눈물 젖은 두만강〉이라는 노래에서 '두만강 푸른 물에 노 젓는 뱃사공' 가사 때문인 듯하다. 그러나 실제로 두만강은 총 길이 547.8킬로미터에 이르는 긴 강이지만 폭 2~3미터, 깊이 40~50센티미터로 시골의 도랑이나 개울 수준으로 마음만 먹으면 바지를 무릎까지 걷어 올리고 쉽게 건너다닐 수 있을 정도이다.

그곳에 있노라면 종종 남루한 옷을 입은 한족 아주머니들이 나타나 자신이 어제 운 좋게 백두산에서 캐낸 산삼이라며 사라고 권유하기도 한다. 실제로 우리 일행 중 신삼을 구입한 사람이 있는데, 그들의 모습이나 말투 그리고 여러 가지 정황으로 보아 도저히 거짓말을 할 사람으로는 보이지 않아 70~80달러 정도 돈을 내며 오늘은 무슨 횡재냐고 생각하는 것 같았다. 그러나 백두산의 산삼을 구하기란 하늘의 별 따기라 생각하면 되고, 만일 진짜 산삼이 있다면 부르는 것이 값일 것이다. 이들이 산삼이라며 파는 것은 소위 장뇌삼에 인삼 실뿌리를 공업용 본드로 붙여 만드는 가짜 산삼으로 먹을 수조차 없는 것이기 때문에 주의가 요망된다.

두만강 줄기를 따라 더 내려가다 보면 김일성이 별장으로 이용한 별장지가 있으며 그곳을 지나 두 시간쯤 내려오다 보면 세계 제2위의 철광 생산 공장이 있는 북한의 무산茂山 시의 정경이 보인다. 무산 시는 북한에서 돈을 직접 벌어들이는 곳이기 때문에 잘사는 지역 중 하나로 알려져 있는데, 두만강 건너편에서 빨래를 하고 있는 북한 여인들의 모습이나 강 너머 보이는 마을 풍경은 전혀 풍요로운 것 같아 보이지 않았고, 철광석을 중국으로 실어 나르는 트럭들만 줄지어 지나가고 있었다.

무산 시를 지나 한 시간쯤 가다 보면 두만강 줄기와는 헤어져 우리 조선족들의 애환이 담겨 있고 시인 윤동주가 살던 곳으로 유명한 룽징용정에 다다른다. 용정 시 입구에 일송정 정자가 보이는데 소나무는 옛날의 일송정이 아니고 1991년 새로 심은 것으로 정자 또한 그때 새로 만들었다. 〈선구자〉 노래에 나오는 일송정 푸른 솔은 더 이상 흔적을 찾아 볼 수 없어 안타까웠다. 용정 시내에 들어서면 윤동주 시인이 다니던 용정중학교가 있고 두만강 지류인 해란강海蘭江이 시내를 가로질러 흐른다. 또한 조선족들이 많이 모여 사는 아파트 한가운데에는 1880년 우리나라 사람이 처음 발견하였다는 용정 기원起源 우물이 아직도 있는데 그 우물 역시 현재는 사용하기보다는 그저 관광용일 뿐이다.

고구려의 발자취와
재조명되어야 할 발해 왕국을 찾아서

주몽이 고구려를 세운 뒤 그가 정한 첫 도읍지는 졸본卒本, 즉 오늘날 중국 북부 랴오닝성遼寧省에 있는 '환런현桓仁縣'이라는 곳으로, 오녀산의 정상에 지었다. 단군왕검의 할아버지 이름이 '환인桓因'인 것으로 보아 그 지명의 유례도 한번 연구해 볼 만한 가치가 있다고 생각된다.

오녀산성을 오르는 길은 너무 좁아 바위틈으로 난 길 위에서 몽둥이 한 개만 가지고 있으면 한 사람씩 들어오는 적을 얼마든지 물리칠 수 있을 거라 말할 수 있을 정도로 좁은 외길이며, 산성 정상의 뒤쪽은 천 길 낭떠러지로 천혜의 요새라 하겠다. 1,700여 년이 지난 지금도 산성에 남아 있는 유적지에는 한국의 전통적인 구들장을 이용하여 난방을 해결했던 가정집이나 군부대의 막사들을 쉽게 볼 수 있으며 우물터, 놀이터, 산책로 등 옛 모습이 그대로 남아 있다. 이러한 유적을 보면 중국인들이 아무리 뭐라 해도 우리 한국인들의 영토였음이 분명하다. 왜냐하면 중국인들은 난방용으로 구들장을 사용하지 않기 때문이다.

고구려는 제 2대 유리왕 대에 도읍지를 환인에서 자동차로 약 네 시간 정도 떨어진 국내성 지안集眼으로 옮기고 소수림왕 때의 정치적 안정을 기반으로 제19대 광개토대왕 시대 영토를 더욱 확장하고 최고의 전성기를 맞게 된다. 그의 업적은 장수왕이 세운 중국 지린성 지안현의 퉁거우通溝에 건립한 광개토대왕릉비에 기록되어 있다.

광개토대왕릉과 장수왕릉 사이에 있는 광개토대왕릉비는 이제 유적 보호를 위해 더 이상 관광객이 직접 만지거나 내부에 들어갈 수 없도록

보호막이 쳐져 있다. 하지만 일본군 점령 당시 일본 역사학자들이 고구려 역사를 왜곡시키기 위해 고의적으로 뭉개 버린 70여 자의 글씨가 아직도 해독되지 않아 그 전체의 비문을 정확하게 해독하지 못하고 있는 것은 안타까운 일이었다. 아마도 고구려가 시베리아를 포함한 거대한 북방의 맹주로서 당시 외소하기 그지없었던 일본의 입장에서는 바람직하지 않은 내용이어서 지워 버린 것으로 여겨진다. 이뿐만 아니라 퉁거우 평야通溝平野 곳곳에는 고구려 왕족들의 능이 500여 개 정도 산재했으나, 아쉽게도 광개토대왕릉이나 장수왕릉을 포함하여 대부분의 능들은 일제시대 일본 군인들의 지휘 하에 대대적인 도굴이 이루어졌으며 몇 개 남은 작은 능들도 도굴꾼들에 의해 도굴되었다고 하니, 역사를 객관적으로 보지 못하는 그들의 좁은 마음씨가 안타까웠다.

광개토대왕릉비의 서남쪽으로 약 300미터 지점에 위치하여 광개토대왕릉이라고 여겨지는 돌무덤은 한 변의 길이가 63미터에 이르는 작은 동산만 한 것으로 본래는 큰 돌들을 24계단 쌓아서 조성되었다고 한다. 하지만 현재는 거의 다 허물어지면서 잘못하면 그 형태조차 없어질까 위태로울 지경이었으며, 광개토대왕과 왕비가 누웠던 그 무덤 내부도 너무 많은 관광객이 다녀간 데다, 관리조차 허술해 천정에 손을 대는 순간 돌들이 쏟아질 정도였다.

광개토대왕릉에서 약 1킬로미터 떨어진 곳에 위치한 장수왕릉은 광개토대왕릉이나 그 주변의 다른 석릉과 토분에 비해 그나마 형태가 제대로 보존되고 있었다. 그러나 그 역시 관리가 허술하기는 마찬가지여서 조직적인 관리가 시급한 실정이었다.

장수왕릉은 큰 돌을 7계단 사면체로 쌓아 올리고 그 위를 무게 50톤이 넘는 납작한 돌로 덮어 능역陵域임을 표시하였는데, 그 당시 어떻게 그 무겁고 넓적한 돌을 그 위에 올릴 수 있었는지 신비로웠다.

고구려의 찬란한 역사를 지나 중국 땅에 우리민족의 또 다른 역사를 조명할 나라는 바로 발해이다. 우리는 발해의 역사에 대해서 너무 모르는 것 같다. 그저 고구려가 망하고 고려가 생기기 전까지 잠시 고구려 영토를 지배했다는 정도로만 아는 것 같다. 아마도 일본에 편향된 역사학자들의 잘못된 역사 인식 때문인지도 모르겠다.

현재 헤이룽장성黑龍江省 닝안현寧安縣 동경성東京城 에는 1,200여 년 전에 세워졌다는 '흥륭사興隆寺'라는 사찰이 있다. 이곳에는 발해 때부터 전해 내려온 대형 석조 예술품을 볼 수 있는데, 높이 6미터에 달하는 석등과 돌거북, 석불 등이 있다. 또한 성터와 왕궁터가 남아있는데, 몇 년 전까지만 해도 성벽 터도 남아 있었으나 국내 매스컴에서 어설프게 옛 고구려 영토를 운운하면서 떠드는 바람에 중국 정부가 고의적으로 그 흔적을 없앴다는 이야기도 있다.

대개 궁궐은 외세의 침입이 어려운 요새에 세우는 것이 일반적인 상식이다. 예를 들어 산꼭대기나 후면이 낭떠러지인 고구려의 첫 도읍지 오녀산성五女山城 같은 곳이 일반적인 궁궐터다. 그러나 발해왕국의 시조 대조영은 너무도 자신만만했던 것 같다. 발해의 도성들은 대부분 넓은 분지 위에 강과 산이 에워싸는 곳에 자리를 잡고 있기 때문이다. 아마도 어떠한 외세의 침입이 있어도 물리칠 수 있으리라 자신했던 것 같다.

옛 발해 왕국의 오랜 수도였던 상경 용천부上京龍泉府에 남아 있는 성터와 궁궐터도 마찬가지이다. 발해 왕국의 성은 내성内城과 외성外城으로 이루어져 있어 위에서 보면 '회回'자 모양임을 알 수 있다. 높이 4미터의 외성을 뒤로하면 중앙에 있는 내성으로 들어서게 되는데, 여기에는 주작대로가 현재의 기준으로 6차선 넓이의 쭉 뻗은 길이 궁궐 내부까지 깊이 만들어져 있다. 이 도로는 1,200여 년 전에 깔았던 큰 대리석들이 그대로 남아 있는 것으로 보아 그 규모가 웅장했음을 쉽게 알 수 있다. 궁터 건너편, 일반인의 출입을 금지시키고 현재 중국 정부가 은밀히 발굴하고 있는 곳에는 멀리서도 쉽게 볼 수 있는 백자 기와 등 화려한 건축 양식 부품들이 나오는 것으로 추정되는 바, 발해 왕국은 우리가 생각했던 것보다 훨씬 큰 규모와 찬란했던 문화생활을 누렸던 것으로 짐작된다.

한 가지 이상한 것은 공식적으로는 발해 왕국의 시조 대조영을 비롯하여 왕이나 왕비 누구의 왕릉도 발굴되지 않고 있다는 점이다. 대신 정혜공주와 정효공주의 묘만 발굴되었는데, 일설에 의하면 발해의 제3대 왕인 문왕의 둘째 딸 정혜공주의 무덤 속에서 우리의 상상을 뛰어넘는 각종 보물이 나왔다고 하나 이를 확인할 방법은 없었으며 아마도 중국 정부가 은밀하게 발해 왕국의 왕릉을 발굴했는지 모를 일이다.

어쨌든 석탑이 있는 흥륭사 앞의 안내 지도를 보면 발해는 러시아의 블라디보스토크로부터 베이징 그리고 지금의 북한에 이르는 광활한 영토를 지배했던 것을 쉽게 알 수 있으며 앞으로 발해 왕국에 대한 역사의 재조명이 제대로 이루어졌으면 하는 바람이다.

자연의 신비로움을 한눈에 느낄 수 있는 윈난스린

쿤밍 시내에서 약 120킬로미터 떨어진 곳에 하늘을 찌를 듯 돌기둥으로 이루어진 수만 평의 거대한 바위 숲을 볼 수 있다. 중국의 구이린桂林에서 가늘고 높은 산들의 숲을 보고 감탄했다면, 이곳 쿤밍에서는 거대한 바위로 이루어진 숲을 보고 다시 한 번 감탄하게 된다. 이곳은 기원전 화산에 의해서 묻혀 있다가 우연히 발견된 곳으로, 형형색색의 돌기둥이 마치 소나무 숲처럼 빽빽하게 들어서 있어 그 내부를 돌아보노라면 자연의 신비로움을 다시 한 번 느낄 수 있다. 카르스트 지형인 이곳의 돌기둥 높이는 5~10미터 정도이고, 가장 높은 것은 30~40미터까지 솟아 있다. 현재 관광객이 볼 수 있는 석림石林의 면적은 약 40,000~50,000평인데, 이 면적은 전체 석림의 약 20퍼센트 정도로 나머지 부분은 개발되지 않았다 하니 그 웅장함과 기기묘묘함은 가히 말로 표현하기 힘들 정도라 하겠다. 또한 윈난스린에서 쿤밍 시내로 돌아오는 중간의 천연 석회동굴 바이윈둥白雲洞이나 에메랄드 광산 역시 빼놓을 수 없는 명소라 하겠다. 특히 바이윈둥은 윈난스린에서 유일하게 석회동굴로 유명하다. 동굴 꼭대기에는 파도의 흔적이 남아 있는데, 이 흔적이 마치 하늘의 구름과 같다 하여 이름도 '바이윈둥白雲洞'이 되었다.

중국 편

중국 지도층과 부호들의 휴양지, 징포후

혜 이룽 장성에 가면 제일 먼저 안내받는 곳이 징포후鏡泊湖와 덩샤오핑이 머물렀다는 아담한 호텔이다. 우선 징포후는 화산 폭발로 생긴 호수로 세계적으로 희귀한데다, 남북 길이 45킬로미터에 동서의 넓이는 6킬로미터에 달해 호수라기보다는 바다라고 할 정도로 그 넓이가 넓고 주위 환경이 아름다워 최고급 관광지로서 5A급의 풍경구로 구분되어 있다. 그래서 중국의 지도층들이나 부호들이 여름이면 시원한 징포후를 찾아 여름휴가를 위해 즐겨 찾는 곳으로서 호수 주변에는 그들이 소유하고 있는 별장들이 즐비하게 지어져 있다. 징포후에서 모터보트를 타고 한 시간 정도 돌고 나면 여름의 무더움이나 피로가 쉽게 씻길 듯하다.

징포후에서 약간 떨어진 곳에 덩샤오핑이 징포후를 구경한 뒤 하루 숙박했다는 아담한 호텔이 있다. 나는 현지를 안내한 사람들의 배려로 덩샤오핑이 묵었던 방에서 하루를 지낼 수 있었다. 그 방은 아무나 들이지 않는데다, 중국인이라면 그 방에서 한번 자 보는 것이 소원이라고 할 만큼 덩샤오핑을 좋아하기 때문에 1년 내내 예약이 잡혀 있어 예약하기가 쉽지 않았다고 한다. 게다가 일반 객실은 하루에 500위안 정도임에 비해 그 방은 3,000위안 정도로 아주 고가인데도 1년 내내 예약이 밀려 있다니 중국인들의 덩샤오핑 존경과 사랑은 정말 유별나다 하겠다.

그 방은 전화 시설이나 벨 등 연락할 수단이 전혀 없었는데, 그 방 앞에는 덩샤오핑의 경호원과 비서들이 투숙하는 별도의 부속실이 딸려 있어 굳이 덩샤오핑이 전화로 무슨 일을 시킬 필요가 없었기 때문이다.

그래서 소음도 없앨 겸 아무런 시설도 설치하지 않았다고 한다. 하지만 나로서는 상당히 불편한 하루였다. 필요한 것이 생기면 프런트까지 걸어 나가서 요청을 하고 되돌아와야 하는 번거로움 때문이었다.

중국 편

세계 최고의 규모를 자랑하는 천안문 광장과 자금성

베이징北京을 방문한 사람은 누구나 천안문 광장天安门广场, 톈안먼 광창과 자금성紫禁城, 쯔진청을 빠짐없이 관광한다. 베이징의 정중앙에 위치한 천안문 광장은 약 100만 명이 동시에 모일 수 있을 정도로 규모가 크고, 중국의 최고 의사결정 기관인 인민회의당과 마오쩌둥 주석의 시신이 방부제로 잘 처리되어 안치되어 있는 곳으로 유명하다.

천안문 광장에서부터 시작되어 해자와 성벽에 둘러싸인 자금성은 그 규모나 그 시설이 가히 우리의 상상을 초월한다 하겠다. 500여 년간 스물네 명의 황제가 살았던 궁전인 자금성에는 약 800여 개의 건축물과 9,000여 개의 방이 있지만, 현재 일반에게는 그중 극히 일부만 공개되고 있다. 만일 중국 황제가 태어나자마자 자금성에 모든 방을 매일 하루씩 자면서 모든 방을 돌려면 서른 살이 되어야 한 바퀴를 돌수 있으며 장수하는 황제만이 이틀씩 잘 수 있다고 하니 그 숫자가 얼마나 많은지 알 수 있겠다.

또한 고려나 조선 시대 우리의 선조들이 한양에서 베이징까지 사신으로 갈 경우 매우 힘든 과정을 거쳐야 했다고 한다. 그곳까지 걸어서 가는 동안에도 많은 고초를 겪었겠지만, 막상 베이징에 도착해서도 중국 황제를 배알하기까지는 짧게는 1개월에서 길게는 6개월까지 기다리며 고초를 겪어야 했다. 그만큼 시간이 걸린 것은 사신들이 열두 개의 대문을 하나씩 지날 때마다 중국의 관리들에게 뇌물을 바쳐야 겨우 통과시켜 주었다고 하니 우리 사신들의 노고가 얼마나 컸을까 싶다.

　현재 자금성에는 보물이나 황제들이 쓰던 유물이 거의 없고 대부분 방이 텅 비어 있다. 모든 보물은 마오쩌둥에 의해 밀리던 타이완의 장제스 총통이 마지막 퇴각하면서 일개 사단 병력을 싣고 떠날지, 이들을 모두 죽게 내버려 두고 그 대신 전통적인 유물들을 싣고 갈지 선택의 기로에서 유물 쪽을 택해 모두 타이완으로 싣고 가 현재 타이베이의 '중화 문화의 보물창고'라 불리는 국립고궁박물원國立故宮博物院에 전시되어 있기 때문이다. 그래서 중국의 황실에서 사용하던 진귀한 유물들을 보려면 베이징보다는 타이베이로 가는 것이 낫다.

중국 편

실크로드와 장건, 그리고 타클라마칸 사막

우리는 대부분 '실크로드Silk Road'라 하면 중국 상인들이 자국의 비단을 유럽에 팔기 위해 사용했던 길로 생각하고 있다. 그러나 실크로드는 비단을 팔기 위해 생긴 무역로가 아니라 한 무제와 충신 장건의 10년에 걸친 복수를 위한 절치부심切齒腐心의 결과라는 사실은 별로 알려지지 않았다. 당시 한 무제의 할아버지는 북의 돌궐에 의해 무참히 살해되었고, 돌궐의 왕은 이를 기념하기 위해 한 무제 할아버지의 목을 베어 가지고 가 그 두개골을 갈아서 목걸이로 사용하고 있었다고 한다. 한 무제는 어려서부터 돌궐에 대한 할아버지의 원수를 갚기 위해 온갖 노력을 기울였으며, 17세가 되자 본격적인 돌궐 침공 계획을 세웠다고 한다. 한 무제는 왕위에 오르자마자 돌궐을 침공하기 위해서는 우선 돌궐에 대한 구체적인 정보와 병마가 지나갈 길이 있어야 한다고 판단하고 당시 한나라 최고의 충신이었던 장건을 불러 어렵고 위험한 임무를 맡기게 되었다.

장건은 길도 없고 물도 없는 고비 사막을 가로 질러 현재의 우루무치烏魯木齊 둔황敦煌까지 가게 되지만 그곳에서 말갈에 포로로 붙잡히게 된다. 말갈 국왕은 심문 과정에서 장건이 한의 고위 관리 출신 첩자임을 알고 죽이려 했으나, 그는 인품과 학식이 높을 뿐만 아니라 국제 정세에 능통함을 알게 되어 죽이기에는 너무나 아깝다고 여겼다. 결국 그를 잘 타이르고 구슬려서 자신의 딸과 혼인시켜 자기의 심복으로 삼으려 하자, 우선 살아남는 것이 중요했던 장건은 말갈의 공주와 결혼하여 말갈 국에 충성을 다하는 척하면서 감시망이 소홀해지길 기다렸다. 10여 년의 세월이 지나는 동안 장건에게는 두 아이가 생겼고,

완전히 말갈 사람이 되었다고 생각한 말갈 국왕은 그에 대한 감시가 소홀해졌다. 그 사이 그는 말갈 탈출에 성공하여 지금의 실크로드 북로를 따라 돌궐에 잠입하는데 성공한다. 장건은 그간의 지형과 인가, 음식물 보급 경로 등 군사 작전에 필요한 모든 사항을 세밀하게 기록하여 지금의 실크로드 남로를 따라 귀국길에 오른다. 그러나 불행히도 귀국길에 또 다시 말갈에 붙잡혀 1년 가까이 감시 속에 살다가 탈출하여 한 무제에게 돌아올 수 있었다. 무려 10여 년의 세월이 훌쩍 넘은 한 무제에 대한 충성심 하나로 버텨 온 장건의 일편단심은 한 무제의 성공적인 돌궐 침공으로 마무리하여 빛을 보게 된다. 한동안 군사 작전에 사용되던 그 길은 그 후 한이 강대국이 되면서 비단을 유럽에 수출하고 유럽에서 향과 무기 그리고 각종 귀중품을 가져오는 소위 실크로드로 이용하게 된 것이다.

또한 실크로드를 통해 꼭 거쳐야 될 관문이 타클라마칸 사막이다. 이 사막은 현대로 발전하면서 다른 면모를 보여주고 있다. 사막이라고 생각하면 우리는 흔히 가도 가도 풀 한 포기 없는 끝없는 모래밭이다. 하지만 실제로 식물이 전혀 살 수 없는 사막은 드물다. 대신 풀과 나무가 희박한 상태를 말한다. 사막은 보통 암석사막, 모래사막, 자갈사막으로 나누는데, 특히 타클라마칸Takla Makan 사막은 약 37,000제곱킬로미터에 이르는 면적에 모래는 가늘고 부드러워 바람이 불면 앞이 보이지 않을 정도이며, 눈도 뜰 수 없다. '타클라마칸'이라는 이름은 위구르어로 '들어가면 나올 수 없는'이라는 뜻인데, 이름과 걸맞게 섭씨 40~50도를 오르내리는 사막을 달리다 보면 평지보다 약간 두드러진 곳이 많이 보이는데 이것들은 모두 무덤이란다. 사람이 죽으면 땅에 묻지 않고 그냥 모래밭에 버려두면 바람이 불어 저절로 무덤이 생기게 되고 기온이 높기 때문에 사흘 내에 수분이 모두 증발해 버려 그대로 미라가 된다. 그래서 우루무치烏魯木齊, 둔황敦煌, 투루판吐魯番 분지 등에는 미라가 얼마든지 있으며 그 형태도 거의 완전한 상태에 있다.

그러나 이러한 불모지로 아무도 욕심내지 않는 모래사막이 요즈음에

와서는 누구나 탐내는 보물단지가 되어 간다는 사실이 흥미롭다. 질 좋은 석유가 엄청나게 매장되어 있을 뿐만 아니라 철 등 각종 지하자원은 물론 질 좋은 자갈과 아무리 파도 끝이 없는 모래는 향후 중국은 물론 세계 건축 시장에서 절대적으로 부족한 건설 자재의 보고이기 때문이다. 구소련이 알래스카를 미국에 거저 주다시피 팔아넘기고 지금 얼마나 많이 후회를 하고 있는지를 생각해 보면 한번 들어가면 다시는 나오지 못한다는 뜻을 가진 타클라마칸 사막과 우루무치의 진가를 알게 될 것이다.

우루무치의 석불과 화염산 장자제의 두자족

중국에는 유명한 석불이 세 곳 있지만 가장 규모가 크고 보존이 잘 된 곳은 역시 우루무치에 있는 둔황 석굴이라 할 수 있겠다. 둔황시내에서 남동쪽으로 20킬로미터쯤 떨어진 명사산 기슭에 자리 잡고 있는 둔황 석굴은 규모부터 세계 최대를 자랑한다. 석굴은 실크 로드를 통해 전래된 불교의 찬란한 산물로서 1,000여 개의 석굴이 있는데, 그 안에서는 총 2,400여 개의 불상과 보살상 등 채색된 조각상이 발견되었다고 한다. 일단 석굴 앞에 어떻게 그 많은 석굴을 파고 귀중한 부처님을 모셔 놓았는지 한 번 감탄하고, 조각상의 섬세함에 다시 한 번 감탄하지 않을 수 없다. 그중에서 유심히 조각상을 보면 신라 시대 우리의 사신이나 고승의 모습도 찾을 수 있다.

석굴은 고승들이 은둔하면서 기도를 하고 깨우침을 얻는 곳이었지만, 한편으로는 귀중한 불화나 불교 관련 보물들을 숨겨 놓았던 곳이기도 하다. 이를 통칭 '둔황 문헌'이라고도 하는데, 1900년 제17호굴에서 경전이나 문서, 자수 등이 50,000점 이상 발견되었다고 한다. 문제는 이러한 인류의 귀중한 보물들이 대다수 도둑맞거나 헐값에 팔려 유럽, 미국, 일본인들 손에 있다는 것이다. 제일 먼저 네덜란드와 영국 사람들이 귀중품을 가져간 뒤 미국인들이 와서 또 다시 가져가고 그나마 얼마 안 남아 있던 것들은 뒤 늦게 일본인들이 몰려와 쓸어가 버렸다니 아마 이 곳의 보물은 선진국 순서대로 가져간듯하여 씁쓸하였다. 더구나 우리나라의 혜초 스님이 쓴『왕오천축국전』또한 프랑스 박물관에 있게 된 이유도 이 때문이라 하니, 안타까운 마음은 더했다. 현재 둔황에 남아 있는 문헌은 6,000여 점에 불과하다고 한다.

석굴을 보다 보면 불교의 가르침인 불경을 떠올리게 된다. 우리가 불경을 읽게 되면 유독 많은 글자가 화탕지옥火蕩地玉이라는 말이 자주 보인다. 이 글자는 글자 그대로 지옥 중에서도 뜨거운 불이 활활 타오르는 지옥을 말한다. 그런데 한여름에 우루무치를 여행하다가 투루판 Turfan 지역의 휘예산火焰山, 화염산에 가 본다면 화탕지옥이 단순히 불경에만 나오는 용어가 아니라 지구상에도 현존함을 실감하게 될 것이다.

휘예산은 일조량은 많고 강수량은 적은데, 중국에서 가장 기온이 높기로 유명하여 여름이면 50도 이상으로 기온이 올라가기도 한다. 휘예산은 단순히 덥기만 한 것이 아니라 지형 자체가 화산 활동으로 인한 침식으로 협곡과 산이 형성되었는데, 철 성분 때문인지 벌겋게 보여 더욱 더운 느낌이었다. 이곳은 『서유기』의 배경이 된 곳으로도 유명해서 테마 관광지도 조성되어 있을 정도이다. 『서유기』에서 나오는 내용은 다음과 같다. 손오공이 삼장법사를 모시고 저팔계와 함께 이곳을 지나는데, 화염산의 불길에 휩싸여 꼼짝 못하고 갇히게 되었다. 그러자 손오공은 우마왕으로 변해 나찰녀에게 속임수를 써 파초선을 빌려 와 화염산을 향해 파초선을 49번 흔들자 화염산의 불이 완전히 꺼졌다는 설화가 있다.

또 다른 중국의 모습은 장자제張家界에서 찾아볼 수 있다. 장자제에서 여행을 하다 보면 귀곡잔도鬼谷棧道라는 글자가 눈에 들어오는데 이 글은 말 그대로 귀신이 사는 계곡에 귀신들만 다니는 길을 의미한다. 각국을 여행하다 보면 산기슭이나 암벽을 뚫어 길을 만드는 경우는 자주 볼 수 있지만 장자제張家界처럼 천 길 낭떠러지 계곡 절벽 옆을 몇 킬로미터 돌아가는 길을 만드는 예는 많지 않으리라 생각한다. 장자제의 귀곡잔도는 텐먼산天門山의 1,300미터 벼랑 끝 낭떠러지에 약 1미터 넓이의 길이다. 약 10센티미터 두께의 길 밑은 천 길 낭떠러지이기 때문에 그 길을 걷노라면 어지간히 담력이 있는 사람이라 할지라도 오금이 떨려 발걸음을 떼기가 쉽지 않다. 실제로 그 길을 걸으면서 '어' 소리만 내도 모든 사람이 깜짝 놀라면서 그대로 자리에 주저앉는 것만 보아도 짐작이 갈 것이다. 입구의 안내판과 귀곡잔도 사이사이에는 빨간 손수건이 매달려 있는데, 이는 원래 이 길을 만들면서 사고가 나지 않게 해 달라는 의미로 매단 것이라고 한다. 하지만 지금은 관광객들의 소원을 적어 빨간 손수건을 달고 있다고 한다. 안내 책자에 의하면 그 길을 만드는 데 기획 단계를 합해 1,000년의 세월이 걸렸다고 하는데 수많은 사람이 죽어 갔으리라고 쉽게 짐작할 수 있었다.

장자제의 다른 볼거리는 바로 깊은 산골에 사는 투자족土家族이다. 투자족은 중국의 소수민족으로 농업을 생업으로 삼고 있다. 토호족의 왕궁에 들러 보니 망치로 나무를 때려 조여서 기름을 짜는 기계라든지 콩을 갈아서 빈대떡을 만드는 맷돌, 소를 이용한 방아, 절구와 호롱 등 우리 눈에 너무나도 익숙한 생활 도구가 많았으며, 이들이 청국장, 된장, 콩국수, 빈대떡 등 한국의 음식과 너무도 유사한 음식을 주로 먹고 있었다. 그래서 아마도 이들이 우리 배달민족의 후손이 아닐까 하는 생각을 해 보았다. 특히 이들의 생김새를 유심히 보고 있노라면 더욱 더 그런 생각이 들었다.

투자족의 젊은이들에게도 그들만의 독특한 사랑법이 있다. 대개 남자 측에서 평소에 마음에 드는 여성을 잘 보아 두었다가 결심이 서면 여성에게 접근하여 자기가 좋아하는 곡조에 사랑한다는 가사를 붙여 세 곡의 노래를 연속해서 부르고, 이 노래를 듣고 여성 측에서 반응을 보이면 이들은 정식으로 교제를 하게 된다. 그런데 남녀 간의 사랑이라는 게 언제나 처음처럼 좋은 일만 있지는 않아 시간이 지나 싫어지면 토호족의 젊은이들은 경솔한 결정에 대해 응분의 대가를 치르지 않으면 안 된다. 남자가 먼저 싫다고 할 경우에는 소 한 마리를 여자 측에 위자료조로 주든지 가난하여 소 한 마리가 없다면 여자 집에 가서 3년 동안 머슴살이를 해야만 되고, 만일 여자 측에서 싫다고 하게 되면 그날부터 3년 동안 시집을 가서는 안 된다. 지금은 어느 정도 개방되고 생활수준이 높아져서 소 한 마리가 그렇게 큰 부담이 안 될지 모르지만, 10여 년 전까지만 해도 이들에게 소 한 마리는 엄청난 재산이었다.

중국의 또 다른 소수민족, 와족

장자제에서 차가 닿지 않는 깊은 산 속으로 말을 타거나 걸어서 너댓 시간 들어가면 인간의 발길이 한 번도 닿지 않는 현대 문명과는 완전히 격리된 원시생활을 하는 소위 와족들을 볼 수 있다. 이들은 언어나, 문자가 없어 외부 사람들이 입에 손을 대고 '와' 하고 소리치며 부른다고 하여 와족이라고 부르고 있다. 이들은 옷도 입지 않고 불을 사용하지 않고, 생식을 하고 지내며 병원 등 의료 혜택을 전혀 받을 수 없어 평균 수명이 마흔 살을 넘지 못한다고 한다. 와족은 주로 미얀마와 타이, 중국에 사는 민족인데, 장자제의 행정 당국이 관광객을 위해 이들 중 일부인 약 200여 명을 시내 근처로 데려와 특별 구역에 살게 하면서 이곳을 관광 코스로 개발하였다. 이곳에 들어가 보면 살아 있는 뱀을 그대로 뜯어 먹는다든지 깨진 유리조각이나 달구어진 철판 위를 맨발로 걸어가는 등 이들의 몇 가지 생활상을 볼 수 있는데, 이들 200여 명을 통치하는 여자 추장의 모습이 인상적이었다. 그녀는 나이가 22살이라는데 남편이 세 명씩이나 있는데도 후사가 없어 풀죽어 있었다.

대만 편

타이완 공무원들의 유숭한 손님 접대

타이완을 방문해 본 공직자나 기업인들이라면 그들이 특히 손님 접대에 많은 신경을 쓰고 있음을 피부로 느낄 수 있다. 특히 중국 푸젠성福建省의 전통 요리를 기반으로 발전한 타이완의 전통적인 요리는 가짓수가 너무나 많아 하루 종일 회의나 관광을 하고 만찬장에 들어갔을 경우 배가 고프다고 해서 처음에 나오는 음식을 잔뜩 먹고 나면 뒤이어 나오는 맛있고 고급스런 음식을 전혀 먹을 수 없게 되는 일이 많다. 이런 접대를 받고 나면 어떻게 이들이 국가 예산이나 회사 돈으로 손님을 접대하면서도 풍성하게 손님 접대를 할 수 있는지 궁금해 할 수도 있는데, 이것은 예산 집행의 투명한 시스템 때문이다. 어느 곳에서 얼마의 비용이 들든 공식적으로 손님을 접대하게 되면 손님을 안내한 타이완 공무원은 청구서에 사인만 하면 되고 그 청구서는 곧바로 정부에서 지불되기 때문에 중간에 접대한 사람이 음식값을 부풀리거나 빼돌릴 여지가 전혀 없기 때문이다. 이뿐만이 아니라 모든 예산 집행 절차는 이러한 투명한 방식에 따라 집행되고 있다.

미국이 동남아에서 가장 좋아하는 나라

공식 국호가 '중화민국Republic of China'인 타이완을 전에는 '포르모사Formosa'라고도 불렀는데, 이는 '아름다운'이라는 뜻으로 포르투갈 선원이 타이완을 발견하고 붙인 이름이다. 타이완은 제2차 세계대전과 6·25전쟁 당시 참전 미군들이 휴가를 받아 쉴 때 대부분 아름다운 경치와 기후가 따뜻한 타이완을 이용하였고 지금도 타이완 사람들은 미국에 대해 아주 좋은 인상을 가지고 있다.

특히 타이완 북부 해안에 위치한 예류野柳는 타이베이臺北에서 가깝고 동남아시아에서 보기 드문 각종 기암괴석과 아름다운 해안 덕분에 많은 관광객의 휴식처로 각광받고 있다. 풍화 작용에 의해 여러 가지 형태의 진귀한 모양의 바위돌이 가득한데, 두부 모를 자르듯이 반듯이 잘린 바위가 계속되는가 하면 클레오파트라 모양의 왕비 바위, 각종 버섯 모양을 한 버섯 바위 등 기기묘묘한 기암괴석에 관광객들은 탄성을 지르게 된다.

예류를 관광하고 타이베이로 돌아오는 관광객들이라면 타이베이 북쪽의 양밍산陽明山 정상을 넘자마자 자리 잡고 있는 베이터우北投 온천의 머드 탕을 빼놓을 수 없을 것이다. 베이터우는 암 치료에 효능이 있다는 베이터우 유황석이 발견되면서 유명해졌는데, 세계에서 베이터우를 포함한 세 군데에서만 발견된 것으로 방사성 물질을 함유하고 있어 치료 효과가 높다고 한다. 이곳의 입장료는 원화로 6,000원 정도인데 이곳은 천연 노천 온천으로 온천장과 함께 묽은 머드탕이 별도로 마련되어 있어 머드팩 탕 속에 들어가면 온천과 동시에 머드팩도 같이 할 수 있어 많은 여성 관광객들에게 특히 인기 있는 곳 중의 하나이다. 이 머드팩은 약 30분 정도 지나면 피부가 매우 매끈해지고 피부 질환이 개선되는 효과가 커 타이완을 찾는 외국 관광객뿐만 아니라 타이완 각지에서 몰려든 머드팩 애용가들로 항시 붐빈다.

대만 편

때 재벌이 없는 나라, 공창이 있는 나라

타이완의 경제는 아시아에서 일본을 제외하고 가장 건실하다고 평가받고 있다. 타이완의 경제는 IMF 등 경제 위기 상황이 닥쳐도 우리나라를 비롯한 다른 신흥 국가들과는 달리 크게 요동치는 일 없이 꾸준히 경제적으로 발전하고 있다. 그 이유 중의 하나는 타이완에는 한국과 같은 소위 재벌그룹이 없고 수만 개의 건실한 중견 기업들이 경제 활동의 주축을 이루고 있기 때문이다. 우리나라와 같은 경우, 경제 사정이 좋을 때에는 선단식 재벌 기업들이 선도하는 경제 개발 모델이 어느 정도 효과적일 수 있지만 불황기가 닥치면 타인 자본에 의존해서 외형만 키워 가는 문어발식 재벌 체제로는 너무도 취약하며 어려운 경제 난관을 헤쳐 나가기가 어렵다. 하지만 타이완의 수많은 중견 기업은 부채에 지나치게 의존하지 않으면서 신제품 개발과 기술 향상에 노력하기 때문에 외풍에 시달리지 않고 타이완 경제를 꾸준히 그리고 차분히 발전시켜 가는 견인차 역할을 하고 있다.

타이베이의 활동적인 모습은 저녁에 열리는 야시장에 있다. 야시장에 나가 보면 활발한 경제 활동을 직접 피부로 느낄 수 있고 의복과 각종 생필품은 물론 진귀한 약재를 섞어서 만든 요리에서부터 몸에 좋다는 뱀탕에 이르기까지 원하는 것이라면 무엇이든 구할 수 있는 곳이다.

또한 타이베이는 혼자 사는 남성들을 배려해서 정부가 공식적으로 인정하고 있는 성매매 업소가 밀집되어 있는 지역이 별도로 있다. 타이완 사람들 중에는 중국 본토로부터 성급하게 피난 오면서 본의 아니게 부인이나 아들 등 가족과 헤어져 홀로 사는 소위 홀아비가 많다.

이러한 특성 때문에 정부 차원에서 이들을 배려하면서 인간의 자연스러운 성 욕구를 해결할 수 있는 길을 마련해 놓았다고 한다. 우리나라 속담에 '쥐도 도망갈 구멍을 열어 놓고 몰아야 한다.'고 했듯이 중국 본토에 가족을 두고 홀로 떠나 온 사람들에게 쉬어 갈 수 있는 일종의 문을 열어 놓은 것이라 하겠다.

홍콩 편

홍콩을 거점으로 기업을 키워 가는
개발도상국 기업인들

홍 콩은 99년간의 임차계약이 끝나 1997년 영국 정부의 지배를 청
산하고 중국으로 반환되었다. 하지만 사회주의 국가인 중국에
서 1국가 2체제를 취해 홍콩은 특별행정구로 지정되어 자본주의 사
회로서의 자치권을 최대한 누리면서 영국이 지배할 당시와 조금도 다
름없이 싱가포르와 더불어 아시아의 쇼핑 천국으로 계속 경제 번영을
누리고 있다.

홍콩은 크게 나누어 구시가지가 집결된 주룽九龍 지역과 현대식 빌딩들이 집결되어 있는 홍콩 지역으로 나눌 수 있다. 그리고 협소한 땅을 최대한 활용하기 위해 건물과 건물 사이를 통로로 연결하는 건축 공법으로 비어 있는 공간을 최대한 활용하는 것도 눈에 띄는 특징 중에 하나라 하겠다.

홍콩은 백 년 가까이 영국 총통의 지배를 받으면서 많은 영국인이 사업이나 관광 등으로 다녀가거나 홍콩 사람으로 살아가고 있어 홍콩에는 중국어는 물론 영어도 아주 자유롭게 구사하는 사람들이 많다. 실제로 세계무역기구WTO나 관세 및 무역에 관한 일반협정GATT 회의석상에서 홍콩 대표의 활동상을 보면 이들은 언제나 영국과 같은 입장에서 영국을 지지하고 또 영국을 배경으로 그들의 입지를 강화시켜 가는 모습을 많이 볼 수 있다. 실제로 영국의 99년간의 조차기간이 끝날 당시 많은 홍콩인들이 중국의 지배를 두려워하여 영국시민권을 얻어 영국으로 이주하였다고 한다.

잦은 군인 쿠데타와 반란군들의 활동 무대로 정치 상황이 언제 어떤 식으로 바뀔지 예측이 어려운 개발도상국의 많은 기업가는 정정이 극히 불안한 자기 나라에는 연락 사무소 정도만 두고 실제로 활동 무대를 거의 영업 활동에 제약을 받지 않는 홍콩에 두어 이곳에서 본국은 물론 아시아, 중동 여러 나라들과 중계 무역을 하면서 큰부를 축적하여 가고 있다. 그리고 이들은 자기 나라의 정정이 불안할 것을 대비해 가능한 그들의 재산 중 상당 부분을 홍콩에 놓아두고 있는 것으로 알려지고 있다.

몽골 편
국가를 서로 달리하게 된 몽골족

몽골은 중국의 자치구가 된 네이멍구자치구內蒙古自治區, 소위 내몽골과 울란바토르Ulaanbaatar를 수도로 하는 외몽골로 나뉘어 있다. 그래서 우리가 보통 '몽골'이라고 부를 때에는 외몽골 지역을 지칭한다. 중국의 영토가 된 후허하오터呼和浩特를 중심으로 하는 내몽골 지역은 중국 정부의 지원과 세계 각국의 많은 관광객으로 비교적 윤택한 생활을 하고 있는 데 반해, 울란바토르를 중심으로 한 외몽골 지역은 추운 기후와 열악한 경제 사정으로 내몽골 지역에 비해 상대적으로 어려운 생활을 하고 있다. 그래서 울란바토르에 사는 외몽골사람들은 중국 영토로 편입되어 잘살고 있는 내몽골 사람들을 같은 몽고인이면서도 배반자라는 비난을 서슴지 않는다.

울란바토르 시내를 돌아다니다 보면 국회의사당이 있는 광장 앞에서 많은 군중들이 모여 수시로 데모를 하는 모습을 쉽게 볼 수 있다. 몽골은 경제난이 심각하고 빈부 격차가 너무나도 커 일류 백화점에 드나드는 귀족들은 그 차림새나 씀씀이가 서구 다른 나라에 비해 조금도 뒤떨어지지 않을 정도로 부유하지만, 그 곁에서 물건을 팔고 있는 대부분의 서민들은 하루에 단돈 1달러로 생활하는 빈민층이다. 이에 야당은 언제나 서민층의 생활을 향상시키겠다는 슬로건으로 많은 사람을 부추기면서 이제 사회주의 국가 체제를 유지하고 있는 몽골에서도 많은 데모 현장을 볼 수 있으며 심지어 대통령이 물러나라는 데모까지도 하고 있을 정도로 정치적인 자유가 확대되어 가고 있다. 1980년대부터는 사회주의를 버리고 개방외교와 자본주의 시장경제를 추진하고 있어 이들의 향후 모습이 기대된다.

　　현재까지 몽골의 정치 지도자는 물론 기업이나 기타 사회 지도층의
대부분은 구소련 시절 모스크바에서 유학하여 공부하고 돌아온 소위
모스크바 대학 출신들이다. 이들의 각 부처는 물론 각종 사회단체와
국영 기업체에 이르기까지 요소요소에서 긴밀한 유대관계를 가지고
모스크바 대학 출신이라는 학연을 유지하면서 사실상 몽골을 지배하
는 계층이다.

　　그러나 최근 들어 이들의 자녀들은 러시아보다는 미국이나 영국
등을 선호하는 추세이고 유학 또한 서구 쪽에서 마치고 돌아와 정부
나 사회 각 분야에서 새로운 신진세력으로 부상하고 있다. 이들은 아
직까지는 미비한 세력이지만 얼마 되지 않아 구세력인 모스크바 대학
출신들을 제치고 몽골을 지배하는 엘리트 집단이 될 것이다.

몽골 편

내세울 것 오직 하나, 칭기즈칸의 나라

제국주의자이자 전쟁광으로 낙인찍혔던 몽골 제국을 건국한 칭기즈 칸은 몽골의 복권운동이 일어나 관심이 급증하고 있다. 특히 몽골족은 물론 세계 모든 나라가 과연 칭기즈 칸의 묘지가 어디에 있는지 큰 관심을 가지고 있다. 그래서 수많은 발굴대가 몽골 전역을 철저히 조사했지만 아직까지 그 누구도 그의 무덤을 발견한 사람이 없다고 한다. 사실 몽골족은 사람이 죽으면 시체를 말 위에 싣고 말 잔등을 채찍으로 때려, 놀란 말이 달려 나가다 시체를 떨어뜨린 곳이 그 사람 무덤이 되며, 시체를 따로 묻어 주지 않기 때문에 독수리나 맹수의 밥이 되는 게 일반인들의 장례 절차이다. 몽골 사람들에게 푸른 초원은 최후의 생명줄과 같다. 목초가 자라지 않으면 양이나 말을 키울 수가 없고, 그것은 곧 죽음을 의미하기 때문이다. 그래서 그들은 목초, 특히 푸른 초원을 목숨 같이 아끼고 사랑한다. 그래서 약간의 상류층은 시체를 나무나 돌 위에 올려놓는 소위 풍장을 하고, 한정된 귀족들만 매장을 한다고 한다. 칭기즈 칸은 1226년, 서하를 정벌하러 갔다가 병을 얻게 되어 현재의 내몽골 지역으로 되돌아오다가 오늘날 중국 깐수성甘肅省 칭수이현淸水縣의 시장西江 강변에서 세상을 떠나 그 곳 초원에 묻혔다고 한다. 그는 죽기 전 유언으로 자기의 묘 때문에 초원이 묘지가 되면 그만큼 양들이 풀을 먹을 수 없으니 절대로 초원을 훼손시키지 말고 흔적을 없애라고 엄명을 내렸다고 한다. 그래서 그가 죽은 뒤 초원에 그를 묻고 그곳의 풀이 다시 원래대로 자랄 때까지 기다린 뒤, 풀이 다 자라서 아무도 그곳이 무덤이라고 알아보지 못하게 되었을 때 그곳을 지키던 경비병들을 모두 죽여 버렸다고 한다. 그러다 보니 지금까지 그 누구도 정확하게 그의 무덤을 찾을 수 없다고 한다.

몽골이 해결해야 할 세 가지 소망

몽골의 지도층들은 빠른 경제 발전을 위해 수많은 계획과 대안을 가지고 있으며, 여러 나라의 엘리트들로부터 많은 도움을 받고 있다. 그러나 이들이 해결해야 할 많은 문제 중에서도 우선 울란바토르 시내 중심부를 차지하는 게르 중심의 주택 문제를 해결하는 것이 가장 시급할 것 같다. 실제로 몽골의 지도층들은 울란바토르 공항 근처의 수백만 평 규모의 대지 위에 서민 주택을 건설하여 시내 중심부에 사는 사람들을 그곳으로 이주시키고 울란바토르를 현대화된 도시로 개발하고자 한다. 하지만 문제는 이러한 프로젝트를 뒷받침할만한 재력 확보가 문제인 듯하다.

둘째로 몽골은 고비사막 너머 금을 비롯한 우라늄, 동 등 풍부한 지하자원이 매장되어 있지만 아직까지 이러한 지하자원을 채굴하여 수도인 울란바토르까지 수송해 올 도로망이 없다는 것이 문제이다. 현재 대부분의 금광은 구소련 시절 소련에서 채굴권을 가져간 뒤 생산되고 있으며 대부분의 금을 러시아로 가져가고 있다고 한다. 이 문제 역시 막대한 자금이 선결되어야 할 문제이다.

셋째는 울란바토르는 중국의 국경을 출발하여 러시아의 블라디보스토크Vladivostok로 가는 철도 이용 시 중간 지점에 위치하고 있기 때문에, 울란바토르의 중앙역을 한국의 용산 역사나 영등포 역사와 같이 현대화시켜야 한다. 그래서 많은 여행객이 울란바토르에서 며칠간 쉬어 가면서 다음 여행지에 갈 수 있게 지리적인 이점을 살릴 수 있는 방법이 강구된다면 몽골 경제는 훨씬 나아질 것이다.

몽고인의 집 게르의 허와 실
한겨울에도 러닝셔츠 하나만 입고 지내는 몽골족들

몽골에 가면 천막으로 둥그렇게 된 전통적인 집 게르Ger가 눈에 많이 띈다. 보통 게르 하나에 온 가족이 모여 사는데, 그래도 여유가 있는 사람이라면 아들을 결혼시키게 되면 현재의 게르 옆에 새로운 게르를 지어서 살게 한다. 그러니까 게르의 숫자로 몇 세대가 사는지 쉽게 알아 볼 수 있다. 대부분의 게르 안에 들어가면 화덕과 불단, 몇 장의 침구가 있을 뿐 정말 취약한 생활환경이지만 게르 중에는 초호화판 게르도 있다.

몇해 전 울란바토르에 갔을 때 경제 장관의 저녁을 초대받은 일이 있었다. 그런데 나를 데리러 온 그의 직원들은 어디로 간다는 말도 없이 시내를 벗어나더니 전깃불도 없는 깜깜한 산속으로 무작정 달려가고 있었다. 나는 내심 겁이 나기 시작했다. 아무리 보아도 식당이 나타날 것 같지 않아서였다. 약 30여 분이 지나자 불빛이 보이더니 이윽고 크디큰 게르 앞에 도달하였다. 나는 '무슨 식당이 이런 산골짜기의 게르인가?' 하고 약간 의아한 생각을 가지고 안으로 들어선 순간 입을 크게 벌릴 만큼 놀라지 않을 수 없었다. 장관의 설명에 의하면 이곳은 외무장관이 주로 외빈을 접대하는 곳이라 했다. 게르 속의 최고급 카펫은 물론 페치카의 훈훈한 열기로 웃옷을 벗어야 할 정도였고, 몇 백 년 된 왕실의 응접세트와 고급스런 벽화, 차 세트나 주전자등 모든 집기는 어느 국가 원수의 만찬장을 능가하는 수준이었으며 전통적인 몽골 요리는 정말 일품이었다. 단순히 게르는 남루하고 형편없다는 일반적인 생각은 정말 잘못된 것이었다.

울란바토르의 겨울은 영하 30~40도를 오르내리는 혹한이 몇 달간 계속된다. 따라서 그러한 시기에는 추위에 잘 훈련된 몽골 사람들일지라도 함부로 외부에 나가서 활동하기 꺼린다. 그런데도 거리를 지나다가 상점이나 호텔, 심지어 작은 그림 가게에 들르더라도 실내에 들어서면 건물 내부가 너무나도 덥고 땀이 날 지경이어서 입고 들어온 두터운 외투를 즉시 벗어야 할 정도다.

몽골은 풍부한 지하자원, 특히 풍부한 석탄으로 울란바토르의 중심가에 화력발전소를 가지고 있어 무한정 전기 공급이 되기 때문에 한겨울에는 무료로 제공되는 전기를 절약할 필요 없이 자유롭게 난방을 한다고 한다. 그래서 일반 가정이나 상점 내에서는 얇은 티셔츠 정도로 한 겨울을 지낼 수 있다고 한다. 울란바토르의 공기를 너무나도 탁하게 하는 화력발전소에서 나오는 검은 연기를 쳐다보면서, 이들이 저렇게 심한 매연을 참는 대가로 추운 겨울에 따뜻한 생활을 하고 있구나 하는 생각이 들었다.

더 이상 버려진 땅이 아니다

몽골에 가 보면 여름에는 30도가 넘는 불가마 속에서, 겨울에는
영하 30도가 넘는 혹한 속에서 무엇을 하면서 소일할까 의문을
가지게 된다. 또한 관광객이 가면 모래와 초원 그리고 하늘의 별 외에
볼 것이 아무것도 없으리라는 생각을 할지도 모른다.

그러나 고비Gobi 사막의 모래 언덕에서 깔판을 타고 내려오는 '모래
썰매'의 재미는 직접 경험해 보지 않은 사람은 알 수가 없다. 또한 모래
사장을 달리는 특수차를 이용한 드라이브는 정말 가슴 조이는 경주와
같다. 게다가 오토바이를 타면 스릴은 한층 더 커질 것이고 낙타 등에
앉아 사막을 여행하는 체험 또한 잊기 어려운 추억거리가 될 것이다.

사막이 단순히 쓸모없고 버려진 땅이라는 일반적인 생각을 버려야 할 이유라 하겠다.

관광을 시작하면 제일 먼저 후허하오터 시내에 들어서는데 여기서 약 세 시간쯤 가면 대초원에 이르게 된다. 이곳에는 말을 타고 몽골 원주민들의 부락을 찾아가는 관광 프로그램이 있다. 말을 전혀 타보지 않은 사람도 약 10여 분 정도만 현지인들이 말고삐를 잡고 훈련을 해 주면 제법 자유롭게 승마를 즐길 수 있다. 이곳의 말들은 오랫동안 훈련을 받고, 많은 관광객을 경험했기 때문에 어지간해서는 승마 도중에 사고가 나는 일이 없다고 한다. 문제는 이렇게 승마를 즐기다가 갑자기 소나기가 내리는 경우이다. 보통 삼십 분에서 한 시간 동안 내리는 소나기를 그대로 맞을 수밖에 없는 곳이 몽골의 대초원이다. 어디를 둘러보아도 큰 나무 한 그루가 없어 갑자기 내리는 비를 피할 방도가 전혀 없기 때문이다.

게다가 이전까지 따뜻했던 초원의 기후는 비가 내리면서 갑자기 모습을 바꾼다. 바람이 불고 기온이 현저하게 떨어져 어지간히 두꺼운 옷을 입었다 하더라도 30여 분 이상 비를 맞으면 추워서 온몸이 떨릴 수밖에 없다. 그러면 그날 저녁에 감기에 걸려 고생하는 것은 감수해야 한다.

사막이나 대초원 지역을 여행하고 싶은 사람들이라면 아무리 한여름이라 하더라도 비올 때와 한밤중을 대비하여 두꺼운 옷과 우산을 준비하는 것이 필수적이라 하겠다.

지도층의 검소한 생활
도이모이 정책과 베트남에서의 형제라는 말은?

베트남은 사회주의 국가이기 때문에 서민은 물론 지도층에게도 국가에서 약 2~3평 정도의 작은 집을 제공한다. 그중에서 월맹군으로 활약하면서 베트남을 통일한 현 지도층의 경우 일정한 지역에 조성한 단지에 모여 사는 경우가 많다. 그런데 이러한 혁명 지도층의 가정에 외국인들이 방문하면 우선 의아함을 느낀다. 가로 1~2미터 정도의 좁고 길쭉한 1층 위로 2~3층을 쌓은 특이한 집 모양 때문이다.

국토가 좁고 인구가 많은 나라의 특성상 정부로부터 1인당 적은 규모의 평수밖에 제공받지 못해, 할 수 없이 위로 확장할 수밖에 없는 것이다. 이러한 모습은 서민들의 집도 마찬가지이다. 많은 사람이 주택을 달라고 정부에 신청하지만 모든 사람에게 주택을 제공할 수는 없고, 제공되는 주택 규모도 약 3.5제곱미터로 한 평 남짓이다. 결국 이들은 필요할 경우 좁지만 하늘로 높이 올라가면서 주택을 확장할 수밖에 없다.

그리고 집 내부에 들어서면 투박한 소파 하나와 그 사람의 혁명 기념이 될 만한 사진이나 글귀 한 장이 벽에 걸려 있는 것이 고작이다. 손님에게 대접하는 음식 역시 몇 가지 채소와 삶은 닭 한 마리를 대접하면 융숭한 대접이다. 술은 비교적 많이 마시는 편이지만 전반적인 집안 분위기나 일상생활은 매우 검소하여 사치스러운 면을 전혀 발견할 수 없는 것이 인상적이다.

베트남은 열심히 일하는 자에게 혜택을 주는 정책을 시행하고 있으며 베트남의 모든 토지는 정부가 소유하고 있지만, 국가에 이익 되는 일을 하는 국민에게는 일정한 토지를 주어서 그곳에 집을 짓고 농사를

짓게 한다. 대개 20년 정도의 기간을 정해서 토지를 무상으로 제공하지만, 그곳에 제대로 농사를 지어 소득을 올리고 결과적으로 국가에 이익이 된다고 판단되면 그 이익의 정도에 따라 30년, 40년, 또는 최장 70년까지도 토지를 사용하게 한다. 이는 사실상 토지를 받은 자가 평생 그 토지를 자기 소유의 토지와 같이 사용하도록 해주는 소위 인센티브 정책인데, 이를 도이모이Doi Moi 정책이라 부른다.

베트남은 도이모이 정책 덕분에 쌀 수입국에서 쌀 수출국으로, 더 나아가 세계 제2위의 쌀 수출국으로 변모할 수 있었다. 비록 베트남이 사회주의 국가이지만 자유 경쟁에 의한 이점을 최대한 살리면서 이러한 인센티브 정책을 시행하는 것은 최소한 경제적으로는 이미 자유주의 경제체제에 흠뻑 젖어 있다고 생각할 수밖에 없다.

베트남 사람들은 외국인과 사업을 논의하는 등 친근감이 쌓이면 자기의 힘을 과시하기 위해 베트남의 고위층이나 지방의 성장 등 유력 인사들을 소개하면서 자기의 '가족Family' 또는 '형제brother'라고 소개하는 경우가 많다. 이렇게 되면 외국인들은 소개받은 고위층이 실제로 그 사람의 가족이나 형제간이 되는 것으로 믿고 대화를 진행한다. 그러나 얼마 지나지 않아 그들이 가족이나 형제라고 부르는 사람들이 실제로는 피를 나눈 가족이 아니라 사회생활을 하면서 절친하게 지내는 사이인 것으로 밝혀지는 경우가 많다. 따라서 베트남에 진출해서 사회 활동을 시작하려는 사람들은 현지 파트너로부터 고위층이나 각 지방 성장을 비롯한 유지들을 소개받을 경우 세심한 주의를 할 필요가 있다.

베트남 편

베트남의 통일 영웅, 호찌민

1890년에 태어나 1969년에 세상을 떠난 호찌민胡志明은 베트남의 전 국민으로부터 호 선생 또는 호 아저씨라는 애칭으로 불리 우면서 생전에는 물론 사후에도 전 국민의 절대적인 지지와 존경을 받고 있다. '호찌민'이라는 이름은 '빛을 가져오는 사람'이라는 뜻이라고 하니, 그가 분명 베트남인들에게 밝은 빛을 가져온 사람임에 틀림없다.

또한 소련의 스탈린, 중국의 모택동과 함께 소위 코민테른Comintern 을 만든 세계 공산당 3인방 중의 한사람인 호찌민은 중국에 이은 100여 년 간의 프랑스 식민지인 베트남의 처지를 한탄하면서 베트남 민족이 잘 살 수 있는 길을 찾기 위해 해외 유학을 결심한 뒤 영국 선박의 식당 보조원 신분으로 영국에 간 뒤 세계 여러 나라들을 전전 하면서 쓰레기 청소원, 식당 종업원 등 일반인들이 가장 천하다고 생각하는 직업에 종사하면서 어려운 하층민들의 생활을 몸소 경험하며, 이 과정에서 영어, 불어를 비롯한 7개 국어를 독학으로 마스터했다고 한다. 그는 한문에도 능통하여 정약용의 목민심서를 가장 즐겨 읽었다고 알려져 있다.

호찌민의 유명 설화는 모두 알려지지는 않았지만 아주 유명한 일화 몇 개를 소개하자면, 첫째 호찌민은 생전에 신발을 사서신지 않았다고 한다. 언제나 폐타이어로 샌들을 만들어 신고 다녔다고 하니 검소함이 몸에 밴 사람이다. 둘째 호찌민은 가족이 없다고 생각하고 실천하면서 살았다고 한다. 실제로 그는 4남매 중 3남으로 태어났고 많은 형제와 가족이 있었지만 대통령이 된 뒤 자기에게는 가족이 없다고 선언하고 평생 이를 실천했다고 한다. 왜냐하면 가족이 있으면 사사로운 감정이 앞서 그들의 부당한 행위를 눈감아 주어야 하기 때문이었다고 하며, 대통령이 된 뒤 언론보도를 보고 대통령 궁으로 찾아온 누나를 나는 그런 사람 모른다고 만나주지 않았다고 한다. 일주일 넘게 궁 앞에서 울고 있는 누나를 측은하게 여긴 비서에게 호찌민이 외부행사 길에 누나와 마주치게 해주었더니 누나를 붙잡고 한바탕 운 뒤 호찌민은 누나에게 내가 만일 가족을 찾게 되면 국사에 사사로운 감정이 앞설 수 있으니 나는 이 세상에 없는 것으로 알고 살아달라고 부탁한 뒤 돌아섰다고 한다. 셋째 호찌민은 평생 3가지 기본 반찬 외의 음식을 먹지 않았다고 한다. 한번은 호찌민 생일날 비서가 도미찜을 만들어 올렸더니 비서진을 크게 나무라면서 내가 이런 좋은 음식을 먹으면 그만큼 내 백성 누군가는 피해를 보는 것이라면서 물리쳤다고 한다.

호찌민은 대통령 재임 시절에도 검소의 모습을 보였는데 웅장하고 잘 꾸며진 주석궁이 별도로 있었음에도 불구하고 주석궁에서 사는 것을 거절했다. 대신 1958년부터 주석궁의 정원사가 살고 있던, 현재 그의 무덤 곁에 있는 2층의 초라한 집무실을 거처로 삼아 집무를 보며 살았다. 평생 결혼을 하지 않고 독신으로 일생을 마친 호찌민은 현재 남아 있는 집무실만 보아도 단출하고 검소했던 그의 생활을 엿볼 수 있는데, 집무실에는 작은 나무 책상 하나와 시계, 라디오 등 그의 애장품이 전시되어 있다. 또한 그가 세상을 떠나며 남기고 간 것은 지팡이 한 개, 빛바랜 노동복 두 벌 그리고 낡은 타이어로 만든 샌들 한 켤레와 우리나라의 정약용 선생이 지은『목민심서』와 몇 권의 책이 그가 남긴 유물의 전부라고 한다. 그리고 세계 각국의 지도자들이 베트남이 통일된 뒤 호찌민을 국빈으로 초청하거나 그에게 타고 다니라고 호화로운 외제차를 여러 대 선물했지만 그는 한 번도 외국을 방문하거나 외국의 원수들이 그에게 보내준 외제 승용차를 탄 일이 없다고 한다. 지금도 그의 생가에 전시되어 있는 여러 대의 값비싼 외제차들은 호찌민이 한 번도 탄 일이 없는 차들이라고 한다.

책 읽기를 좋아했던 호찌민은 살아생전에 정약용의『목민심서』를 언제나 곁에 두고 시간이 있을 때마다 읽었으며 그는 언제나 당원들에게도 국민에게 헌신과 봉사를 하면서 검소한 생활을 하라고 지시하는 등 『목민심서』의 내용을 손수 실행하려고 노력하였으며 눈을 감을 때에도 『목민심서』한 권이 여전히 그의 머리맡에 놓여 있었다고 한다. 그는 측근들에게 세 가지 유언을 하고 세상을 떠났지만, 아이러니컬하게도 그의 세 가지 유언 중 한 가지도 지켜지지 않았다고 한다. 그의 유언은 첫째, 자기가 죽으면 화장을 해서 베트남의 북부, 중부, 남부 등 전역에 골고루 뿌려 달라는 것이었다. 그러나 그가 죽은 뒤 그의 측근들은 아무리 그의 유언이라고 하더라도 위대한 지도자를 화상할 수 없다는 결론을 내렸다. 결국 그를 영원히 살아 있는 모습으로 보존하기로 결정하여 러시아의 기술을 빌려 방부 처리하여 일반인들에게 전시하고 있다. 일설에는 그의 몸은 현재 그의 무덤에 전시되어 있고 내장은 다른 도시에 안치되어 있다고도 하나 매년 10월에서 12월 사이에 그의 시신을 러시아로 옮겨가 방부처리를 다시 하는 것으로 보아 내장도 그의 무덤 속 그의 시신 속에 같이 있는 것으로 여겨진다. 그의 두 번째 유언은 전쟁미망인들과 고아들에게 선정을 베풀어 달라는 것이었다. 그러나 불행히도 베트남은 경제적인 어려움 때문에 수많은 전쟁미망인이나 고아를 특별히 보살필 여유가 없어 방치하는 현실이다. 그의 세 번째 유언은 모든 정치범에게 보복하지 말고 용서하여 베트남에서 평안히 살 수 있도록 선심을 베풀라는 것이었다. 그러나 그의 유언과는 달리 전 정권에서 활약했던 고위관료나 정치범들은 모두 검거되어 정신 교화 훈련과 사상을 재검토 받는 등 철저한 처벌과 복수를 당하고 있다.

이렇게 보면 살아서 베트남의 통일을 위해 헌신하였고 죽어서까지 적과 동지의 구분 없이 모두를 사랑하려던 그의 유언 세 가지는 하나도 지켜지지 않은 셈이다.

베트남 편

하노이와 호찌민 시

통일된 베트남의 수도 하노이河內는 시내 전체에 3,000개가 넘는
호수가 있는 도시로 '호수의 도시'라고 해도 과언이 아니다. 그
러나 이 많은 호수들을 매립해서 육지로 만들어 가면서 현재는 40여
개 정도의 호수만 남아 있고 모두 매립하였다. 현재 남아 있는 호수
중 30여개 정도는 인공 호수가 아닌 천연 호수로 하노이에서 제일 큰
호수는 호따이西湖로 그 길이가 무려 3.2킬로미터나 되며 주변에는 국
립 하노이 대학을 비롯한 대학가가 밀집되어 있고 자연 환경이 수려
하여 대학생과 젊은이들의 데이트 장소로 유명하다.

하노이는 베트남이 통일되기 전까지 남부 자유주의 베트남의 수
도였던 호찌민胡志明, 구 사이공 시에 비해 개발이 현저히 뒤쳐져 있었
다. 그러나 최근 베트남 정부는 하노이를 호찌민 시보다 더욱 빨리 개
발시키려고 하여, 의욕적인 많은 프로젝트를 동시에 진행하고 있다.
이에 반해 패망한 자유 월남의 수도였던 사이공은 베트남을 통일한
통일의 영웅 호찌민 대통령의 이름을 따서 호찌민 시로 이름이 바뀌
면서 여전히 경제 활동의 중심지 역할을 하고 있으나, 차츰 베트남 정
부의 중심이 수도인 하노이로 옮겨 가면서 전보다 훨씬 발전 속도가
느리다.

화산 이씨 시조 이야기

베트남은 전통적으로 왕조가 바뀌면 전 왕조와 관련된 사람은 모두 처형했다고 한다. 그리고 그들이 어느 곳에 묻혀있는지 조차 무덤의 위치를 알 수 없도록 했다고 한다. 고려시절 베트남에는 화산이씨의 시조인 이용한이라는 왕이 통치하고 있었는데, 이들과 사돈간이었던 진씨 왕조가 쿠데타로 왕조를 몰아내고 정권을 잡게 되면서 왕족은 물론 관련된 모두를 처형하게 되었다. 마침 해군제독으로 바다에 있던 이용상(동생)이 왕의 소식을 듣고 부하들과 함께 살아있는 사람들을 구출하여 가까운 중국으로 망명을 시도했는데 도중에 거친 풍랑을 만나 원치 않는 방향인 고려의 땅, 지금의 황해도 용연군 몽금포 해변에 도착하여 그곳에서 부하들과 함께 부락을 이루고 살았다고 한다. 그런데 몽고군이 바다를 이용하여 몽금포로 쳐들어온다는 첩보를 듣고 이들이 베트남에서 타고 온 함대를 이용하여 몽고군을 물리치는 전과를 올렸고 조정에서 이를 알고 임금명으로 이들에게 화산이씨의 성씨를 하사하여 시조를 이루도록 하였다고 한다. 지금도 몽금포 지역에는 이들 후손들이 많으며, 해마다 베트남에서 열리는 화산이씨 종친회에 대표를 보내는 것으로 알고 있다.

무조건 한국을 좋아하는 베트남

한국에서 생각할 때 베트남은 월남전을 거치면서 최악의 관계가 되었고 심지어 베트남에서 태어나는 아기들의 절반은 라이따이한 이라고 한국 사람이 저질러 놓고 간 반한국인이라 할 정도로 증오하고 미워하기도 했었다. 그러나 베트남 정부 차원에서 한국은 미국의 요청으로 할수 없이 용병으로 왔을 뿐 그들에게는 죄가 없다는 쪽으로 입장을 정리하면서 우호적으로 분위기로 바뀌었고 최근의 한류열풍은 최고조에 달하고 있다.

현재의 베트남 사람들은 한국을 무조건 좋아한다. 그렇게 까다로운 입국비자마저 한국인에게는 면제해 주고 있고 다른 나라들이 100불 전후의 비자 장사를 하고 있는 현실을 감안하면 파격적이라 하겠다. 오는 정이 있으면 가는 정이 있어야 한다고 우리는 그들에게 진정 무엇을 해 주고 있는 지 한번쯤 생각할 때가 아닌지 생각해본다.

베트남 편

하롱베이의 탄생 신비

베트남 북쪽에 위치한 통킹만 해역의 하롱베이는 세계문화유산으로 유네스코가 지정한 절경으로 한국 관광객들에게도 너무 유명한 곳이다. 하롱이란 문자 그대로 아래 하자와 용龍자를 써서 용이 하늘에서 내려온 곳이라는 뜻이다. 중국 함대가 이곳을 침략해 국난이 닥쳤을 때 하늘에서 용이 내려와 침입자의 함대를 물리치고 입에 물고내려온 보석을 내뿜었더니 그 보석이 3,000여 개의 암석 바위로 솟아올라 적군을 물리쳤다는 전설이 있는 곳이다. 형형색색의 바위 모양에 따라 한국 가이드들이 하늘 문, 낙타 바위, 키스 바위, 진돗개 바위, 부채 바위 등 다양한 이름으로 소개하고 있다. 그리고 이곳의 석회 동굴 역시 김구 선생과 호찌민 상, 선녀와 나무꾼, 거북이와 원숭이 등 재미있는 모양의 설명이 뒤따른다. 베트남 관광청 설명자료에는 1,996개의 섬으로 되어있었으나 관광 가이드들은 3,000개로 설명하고 있을 만큼 많은 바위섬으로 중국의 계림이 육지에 있다면 하롱베이는 바다에 있다고 생각하면 될 것이다. 특히 배를 타고 가다가 스피드 보트로 바꿔 타고 다시 7-8인용 목선으로 바꾸어 들어가는 007 네버 다이 촬영지도 유명세를 내고 있는 곳이다.

베트남 편

사회악 척결에 과감히 대처하는 베트남

세계에서 열대기후를 가지고 있는 나라들의 국민성은 급하지 않으며 화를 잘 내지 않고 비교적 관대한 성품을 가지고 있다. 베트남 역시 열대기후의 나라들과 같은 성격과 성품을 유지하고 있지만 마약사범, 성매매, 불량식품 판매업자 등 3가지 분야에서는 원칙적으로 사형제도를 강화하고 있다. 베트남의 사형제도는 우리나라와 같이 집행만 유예하며 계속 감옥에 가둬놓는 것이 아니라 바로 집행할 수 있고 사회악 근절을 위해 공개적으로 사형집행 언도를 내리는 등, 강력범죄 소탕에 일환이 되고 있다. 우리나라가 이런 분야에서 너무 너그럽지 않은지 한번 반성해 볼 때라 생각된다.

베트남 편

패망한 월남의 수도 사이공
티우 대통령 집무실, 통일궁

호 찌민 시 중심부에 있는 통일궁은 프랑스가 베트남을 식민 통치
하던 시절인 1868년, 프랑스의 총독 관저 및 영사관 건물로 처
음 사용하기 시작했다. 이후 1954년 베트남이 남북으로 분단되며 자
유 월남 대통령의 집무실로 이용되었다. 당시 프랑스의 식민 통치에
서 독립된 것을 기념하여 '독립궁'이라고 불렸으나, 현재는 '통일궁'이
라는 이름으로 변경된 월남 대통령 집무실은 1975년 4월 30일 베트콩
탱크 390번이 철문을 밀고 들어오면서 자유 월남 최후의 날을 맞게
되었다.

이 궁전의 지하는 콘크리트로 만든 연결 통로가 있어 비상시에 대
피할 수 있도록 연결되어 있으며, 50킬로그램의 강력한 폭탄에도 파
괴되지 않도록 잘 설계되어 있다. 월남이 패망하고 월맹군이 베트남
을 통일한 현재에도 이곳은 미군이 베트남전쟁 당시 사용했던 종합상
황실이 철거되지 않고 그대로 전시되어 있어 각종의 미군 전자 장비
와 각종 전쟁 관련 자료 볼 수 있다. 또한 6층으로 이루어진 건물의 내
부에는 대통령 집무실과 회의실, 내각 국무회의실, 외국 귀빈 접견실
등이 남아 있어 대통령의 생활상이나 화려한 파티와 무도회 행사 등
을 가늠해 볼 수 있는 곳이기도 하다.

월맹군이 베트남 전쟁에서 이길 수 있었던 요인은 바로 자연을 이
용한 천연 요새 덕분이다. 그 중 구찌 터널Cu Chi Tunnel을 눈여겨 보자.
구찌 터널Cu Chi Tunnel은 호찌민 시로부터 승용차로 약 두 시간 소요되
는 75킬로미터 정도 떨어진 산간 지방에 있는 지하 터널로 세계 최강
국 미국이 B-52전투기로 하루에 80톤 가량의 폭탄 세례를 매일 맹폭을

퍼부었지만 지하에서 대항하던 월맹군들에게 전혀 피해를 줄 수 없었을 정도로 거의 완벽한 요새이다. 또한 베트남 전쟁 말기 미군이 무자비한 고엽제 살포로 식물뿐만 아니라 많은 사람들을 살상한 뒤 구찌 터널을 파괴시키고자 했으나 결국 실패로 돌아가고, 미국에 쓰라린 패전의 상처를 안겨 주었던 곳이기도 하다.

구찌 터널은 프랑스 식민지 시대였던 1840년대부터 식민 통치에 반대한 베트남 게릴라들이 무기를 감추거나 비밀통로를 만들려는 목적으로 만들기 시작하였으며 베트남 전쟁 당시 더욱 확장하고 시설을 보수하였다고 한다. 이 터널은 지하 총연장 길이가 무려 250킬로미터에 달하며 평균 지하 7미터, 가장 깊은 곳은 지하로 30미터까지 들어간 곳도 있다고 한다. 또한 폭 50센티미터, 높이 80센티미터의 굴로서 키가 크거나 약간 통통한 사람들은 들어가기조차 어려운 좁은 통로이다. 그래서 덩치가 큰 미군들은 접근할 수조차 없었다고 한다.

1968년 베트남 전쟁의 클라이맥스였던 구정 대공세의 거점이기도 하였던 구찌 터널 속에 들어가 보면 식당, 지하수, 병원, 수술실은 물론 회의실과 무기나 군복을 직접 만드는 곳, 폐타이어를 이용하여 신발을 만드는 곳, 병사들의 휴식처에 이르기까지 거의 완벽한 독립 도시의 기능을 수행할 수 있을 정도의 기능들을 모두 갖추고 있다. 물론 변변한 약품도 없고 수술실에 진열된 수술 기구도 보잘것 없지만 그래도 전쟁 중에는 지하 터널에서 부상병들에 대한 수술까지 할 수 있는 시설을 갖추었다는 데 대견하기도 했다. 이 터널의 수용인원은 최대 15,000명까지라고 하니 쭈그리고 앉아 일렬로 움직일 수밖에 없는 이 터널의 규모와 크기를 상상할 수 있을 것이다.

특히 250킬로미터에 이르는 긴 터널에 없어서는 안 될 환기 장치가 아주 과학적으로 고안되어 있으면서도 그 환기 구멍 자체는 큰 나무의 뿌리 부분에 자연스럽게 생긴 구멍이라든지, 큰 나뭇잎으로 가려져 있어 현지를 안내한 사람들이 설명해 주기 전에는 전혀 눈치 챌 수 없을 정도이다.

또한 그 부분 일대 곳곳에 설치된 여러 종류의 부비트랩booby trap을 보면 지형에 어두운 미군들이 일단 이 지역에 들어와 월맹군이 설치해 놓은 부비트랩에 걸릴 경우 절대로 살아서는 빠져 나올 수 없게 되어 있어 놀라움을 금치 못한다. 이 터널에서 월맹군들의 생존 철칙을 보면 첫째 발자국 없이 걸어 다니기, 둘째 소리 내지 않고 이야기하기, 셋째 연기 내지 않고 요리하기, 넷째 눈에 띄지 않게 행동하기 등이다. 터널의 모습과 더불어 이러한 철칙을 보면 아무리 현대식 무기로 무장한 미국이라 할지라도 이들을 상대로 전쟁에서 승리하기란 절대적으로 불가능하다는 사실을 쉽게 알 수 있다.

베트남 제일의 휴양도시, 달랏과 천혜의 휴양지, 판티엣

호 찌민 시 북동쪽으로 약 300킬로미터 떨어진 해발 약 1,500미터에 있는 고산도시 달랏Da Lat은 일 년 내내 평균 기온 18~23도를 유지하는 베트남의 유일한 휴양도시이다. '달랏'이라는 이름은 종족 이름에서 유래한 것으로, '라트인의 시내'라는 뜻이다. 1897년 알렉산더 여신 박사가 발견한 뒤 프랑스의 지배를 받으며 1912년부터 휴양지로 개발되기 시작한 곳으로, 이곳에는 프랑스식 빌라가 많고 도시 전체가 프랑스의 정서가 많이 묻어 있다. 특히 프랑스인들이 1918년부터 건설해 골프를 즐긴 달랏의 골프장은 많은 해외 관광객들에게 인기 있는 장소이다.

또 다른 천혜의 휴양지 판티엣Phan Thiet은 호찌민 시로부터 북쪽을 약 200킬로미터 떨어진 바닷가의 휴양지이다. 하지만 고속도로가 없고 기존의 2차선 도로마저 많이 부서졌지만 보수되지 않은 채 방치되어 있고 많은 차들이 다니기 때문에 자동차로 가기에는 오랜 시간이 소요되어 약간 교통이 불편한 것이 흠이다.

베트남 남부 람동성Ramdong Province에 속한 판티엣은 전형적인 베트남 날씨로 덥고 습기가 없어 건조하다. 하지만 바닷가에 접해 있어 바닷바람에 의해 형성된 사구와 바위산의 경이로운 모습에 프랑스 식민지 시절부터 프랑스인들을 비롯한 수많은 유럽인이 겨울이나 여름에 휴가지로서 애용했던 곳이다. 지금도 판티엣 바닷가를 따라 4킬로미터 이상 늘어서 있는 대형 콘도나 숙박시설 등은 최소한 1~2개월 이전에 예약하지 않으면 예약이 불가능할 정도로 많은 유럽인들이 애용하고 있다.

베트남 편

베트남 속의 베트남

베트남을 처음 방문하는 외국인이라면 시가지에 물밀듯이 밀어 닥치는 거대한 오토바이의 물결에 잠시 어리둥절해 한다. 베트남의 주요 교통수단은 오토바이와 스쿠터로 남녀노소 구분 없이 이륜차를 즐겨 타며 특히 자녀들의 통학 수단으로 이용되어 출퇴근 시간에 유심히 보면 오토바이 한 대에 5~6명의 가족 모두가 타고 질주하는 모습을 쉽게 볼 수 있다.

또한 베트남인들의 일상생활에는 팁 문화가 고착되어 있는 듯하다. 관공서는 물론 일상생활 중 대인관계를 갖는 곳이라면 언제나 일정한 사례금이나 팁이 습관화되어 있음을 쉽게 알 수 있다. 베트남에 오래 살고 있는 안내인 한 사람은 이러한 팁 문화가 고착화되면서 이제는 심지어 병원에 들러 처방을 받고 주사를 맞을 때에도 간호사에게 미리 일정한 팁을 주는 것이 제대로 주사를 맞을 수 있는 좋은 방법이라고 말해 주었다. 최근 들어 베트남 정부는 이러한 습관화된 팁문화가 베트남 경제 발전을 저해하는 가장 큰 독소 중의 하나라고 지적하면서 우리나라와 같은 부패 방지 전담 기구를 설치하여 사회 각 분야에 걸쳐 철저한 개혁을 시도하고 있어 그 성과가 주목된다.

베트남을 진정으로 알고 싶다면 밤 10시가 넘는 늦은 시각에 야시장에 들러 보는 것이 좋다. 야시장은 베트남이 얼마나 활기 넘치는 사회로 변화하고 있는지 쉽게 알 수 있는데, 일반 생필품들이 종류별로 수북이 쌓여 있고 가격마저 매우 저렴해 그야말로 발 디딜 틈이 없어 한 번 사람에 파묻히면 맞은편 출입구까지 나오는데 고생할 각오를 해야 할 것이다. 또한 새벽 재래시장에 나가 보면 베트남 농부들이 얼마나 부지런히 살고 있는지도 쉽게 느낄 수 있다. 새벽 한두 시부터 전국 각지에서 생산된 과일이나 채소 등 각종 농산물을 도시의 아침 시장으로 가져오는데, 새벽 4시가 되면 이미 새벽시장은 많은 사람으로 붐빈다. 이러한 부지런하고 근면한 사람들이 모여 만든 활기 넘치는 베트남의 시장 풍경에서 베트남의 밝은 앞날이 기대된다.

끝으로 베트남에는 얼마 전까지 우리나라의 세 손가락 안에 들었던 D그룹 K회장에 대한 존경과 칭송이 아직도 많은 베트남인들에게 남아 있다. 그가 하노이 시에 지은 S호텔은 우리나라의 대통령뿐만 아니라 수많은 외국 원수가 숙박하는 곳으로 유명하며 아직도 수많은 관광객이 즐겨 찾는 호텔이기도 하다. 동남아와 동유럽에서 우리의 국력을 신장시키고 코리아의 이미지를 크게 높였던 D그룹의 몰락이 아쉽기만 한 것은 비단 나에 한한 생각인지 아니면 베트남을 방문한 많은 우리나라 사람이 느꼈던 생각인지는 잘 모르겠다.

이제는 쇠락한 캄보디아

캄보디아는 9세기에서 13세기까지 베트남을 비롯한 동남아시아 여러 나라들을 정복하면서 최고의 전성기를 누렸던 위대한 크메르 제국이었으나, 그 뒤 끊임없는 내전에 시달리면서 대외적으로는 베트남과 태국 사이에서 좌지우지당하는 약소국으로 전락하였다. 또한 19세기 프랑스와 베트남 사이에서 혼란스러운 시절을 보냈으며, 1954년 2월 외세의 간섭으로부터 완전히 벗어나 독립할 수 있었다. 하지만 캄보디아의 시련은 이것으로 끝나지 않았다. 이데올로기의 대립으로 국가는 피와 내전으로 얼룩졌으며, 이제는 세계에서 가장 가난한 나라들의 대열에 끼어 있다.

아버지보다 먼저 왕이 된 시아누크 현대의 캄보디아 역사에서는 노로돔 시아누크 전 국왕을 빼놓고서는 이야기할 수 없을 정도로 그는 그의 조부와 아버지, 본인 그리고 현재 캄보디아 왕으로 있는 그의 아들 시아모니에 이르기까지 캄보디아를 수대에 걸쳐 지배한 사람이다.

1941년 4월 시아누크의 할아버지 모니본 국왕이 사망하자 시아누크는 당시 측근들의 추대로 자신의 아버지를 제치고 왕이 되어 캄보디아를 지배해 왔다. 1955년 3월 그는 아버지 수라마리트에게 왕위를 넘겨주고 자신은 수상 겸 외무장관으로 취임하였다. 명목적인 국왕의 자리는 아버지에게, 실질적인 캄보디아의 통치자 자리는 자신이 차지하게 된 것이다. 그러다 1960년 4월 부친인 수라마리트 국왕이 사망하자 시아누크는 왕이 아닌 캄보디아의 국가 원수로 취임하여 사실상 캄보디아의 정치를 자기 마음대로 주물렀다. 1970년 우파인 론 놀 등의 쿠데타에 의해 중국과 북한 등으로 피신해 있다가 1993년 9월 캄보디아 정부가 입헌군주제로 환원하는 헌법 개정으로 다시 국왕으로 복귀했다. 이후 2004년 10월 14일, 그는 그의 아들 노로돔 시아모니에게 왕위를 물려주었다. 이렇듯 그는 자기의 뜻에 따라 때로는 국왕으로 때로는 국가 원수나 총리로 자리를 바꾸어 가면서 캄보디아의 현대사를 좌지우지한 인물이다.

그는 군사 쿠데타에 의한 망명 기간 중, 평소 가장 친근하게 지내던 북한의 김일성에게 손님으로 초청되어 평양의 고급 저택에서 외국으로부터 수입된 각종 진귀한 요리를 대접받으면서 호화로운 생활을 한 것으로 알려져 있다. 북한의 김일성은 그가 평양에서 다시 캄보디아로 돌아가 국왕이 되자 북한의 현역 군인 40명을 시아누크 왕궁의 경호원으로 파견할 정도로 최대한 친절을 베풀었다고 한다. 북한의 현역 군인들은 그의 아들이 왕으로 있는 현재까지도 왕궁은 매년 40명씩 교대로 근무하며 철저한 경비를 하고 있다고 한다.

현재 국왕이 거주하는 왕궁은 프레아 바롬 레아체아 뱅 차크토무크Preah Barom Reachea Vaeng Chaktomuk 궁전으로, 이 왕궁은 1866년에 시작해서 1870년에 완성된 캄보디아 국왕의 상징이기도 하다.

또한 왕실에서 유명한 사찰이 있는데 실버 파고다Silver Pagoda라는 이름으로 캄보디아의 유일한 왕실 전용 사찰이다. '실버 파고다'라는 이름은 사원의 내부 바닥에 깔린 순은으로 만든 타일 때문인데 그 수가 53,294개에 이른다. 사원 안에는 금과 은으로 만들어진 화려한 불상들이 있으며, 스리랑카에서 넘어온 에메랄드 불상도 있다.

크메르 루주의 주요 처형 대상자
현실을 철저히 무시한 혁명가 폴 포트

폴 포트는 집권하자마자 캄보디아를 개혁한다는 미명 하에 주요 처형 대상자의 조건을 발표했는데, 이 조건을 보면 마음만 먹으면 누구나 영문도 모르고 끌려가 죽게 되어 있음을 알 수 있다. 우선 폴 포트 정권 직전의 캄보디아를 통치했던 론 놀 정권에서 일했던 사람과 외국 정부를 위해서 일한 사람이 첫 번째 대상이었다. 따라서 론 놀 정권에서 일한 고위 관리뿐만 아니라 지방의 동서기에 이르는 많은 공무원이 일차적으로 숙청 대상자였으며, 외국 대사관이나 외국 회사들과의 사업에 종사했던 사람들도 마찬가지였다.

두 번째 숙청 대상자는 각종 분야의 전문인과 지식인으로 그 표현 자체가 극히 애매하기 때문에 어느 일정 분야에서 직업을 가지고 살아왔던 사람이라면 전문인으로 분리되고, 초등학교라도 다녔거나 책을 읽은 사람은 지식인으로 분리되어 모두 처형 대상자였다.

세 번째는 베트남이나 중국, 참족 등 이미 캄보디아의 국적을 취득해서 살고 있는 소수 민족들도 처형 대상자였다. 조상대대로 캄보디아인이 아닌 외국인이라면 비록 그들이 캄보디아의 국적을 취득한 사람이라 할지라도 처형한다는 것이었다.

네 번째로 불교, 기독교, 이슬람교 등 각종 종교의 성직자, 동성연애자 그리고 안경을 착용했거나 손이 부드러운 사람들도 처형 대상자였다. 안경을 착용한 사람은 노동을 하지 않고 공부를 많이 해서 눈이 나빠졌기 때문에 안경을 썼고, 손이 부드러운 사람은 일을 하지 않아 손이 부드럽기 때문에 이들 모두 지식인으로 간주되어 처형 대상자가 되었다.

끝으로 나이 먹은 어른들은 정신이 오염되어 혁명 과업을 수행할 능력이 부족하다는 이유로 처형 대상자의 범주에 넣었으니, 이에 해당되지 않는 사람이 거의 없었으리라고 생각된다.

론 놀 정권을 축출하고 집권하게 된 크메르 루주의 지도자 폴 포트의 본명은 '살로트 사'로 알려져 있다. 그는 집권하자마자 1975년 5월 20일 소위 캄푸치아 공산당 특별 중앙 위원회의 긴급한 현안 8개항을 발표하였는데, 그 내용을 보면 철저히 현실과 시장을 무시한 어처구니없는 과제들이라 하겠다.

첫째는 대도시의 인구를 시골로 이동시키라는 지시로, 이 지시가 떨어지자마자 당시 캄보디아 수도였던 프놈펜에 살고 있던 이백 만명 이상의 시민이 단 사흘 만에 모두 시골로 쫓겨났다 하니 그 추진 방식이 얼마나 잔인한지를 알 수 있겠다. 둘째는 지금까지 있었던 기존의 많은 시장을 폐지하며, 이제까지 통용되던 많은 통화를 무효로 철폐시키고, 승려는 즉위를 박탈하며 승려 직 자체를 폐지시키고, 론 놀 정부의 고위 관리는 빠짐없이 처형하며, 공동 취사 및 협동 농장을 설치해서 운영하며, 베트남인을 추방하고, 크메르 루주의 병력을 베트남 등 국경으로 배치한다는 내용이다. 당시 정부 청사 앞에는 "당신들을 살려두는 것은 아무런 도움이 되지 않고, 당신들을 죽이는 것은 아무런 손실이 아니다"라는 표어를 크게 써 붙여 놓았다고 하니, 이는 살려두는 것을 감지덕지로 생각하라는 무시무시한 표어라 하겠다.

캄보디아 편

살인 지옥, 투슬렝 박물관

캄보디아 수도 프놈펜Phnum Penh 시내에 있는 투슬렝 박물관Tuol Sleng Museum은 1975년 이전까지는 툴스베이 프레이 여자고등학교 건물이었으나, 폴 포트가 이끈 공산혁명 단체인 크메르 루주가 집권을 시작한 뒤 소위 보안 형무소 S-21 Security office-21로 이름이 바뀌면서 그야말로 무시무시한 지옥의 대명사가 된 감옥을 말한다.

이 감옥에는 크메르 루주가 집권한 뒤 전직 관료와 군인, 승려, 학생과 그 가족에 이르기까지 약 17,000여 명이 수용되었으나 단 네 명만이 살아서 다시 나왔다고 알려져 있다.

이곳에 붙잡혀 온 사람들은 특별한 죄가 있거나 사상이 불순한 사람들이라기보다는 대부분 영문도 모른 채 길을 지나다가 끌려온 사람들이 많았다고 한다. 무고로 나쁜 사람으로 고발당하면 그 사람은 일체의 변명이나 합리적인 변호는 허용되지 않았고 무조건 몽둥이와 발길질 등 구타부터 시작해 일방적으로 전 정부를 위해 일했음을 자백하라는 강요만 있을 뿐이었다. 잡혀 온 사람들 입에서 고문에 못 이겨 이들이 강요하는 대로 저지르지 않은 잘못은 시인하면 즉시 감옥으로부터 남서쪽으로 약 15킬로미터 떨어진 소위 '킬링필드Killing Fields'로 알려진 '쯔응아익Cheoung Ek'이라는 벌판으로 끌려가 실탄을 아낀다는 미명하에 얼굴에 비닐봉지를 씌운 채 몽둥이로 때려서 죽였다고 한다. 투슬렝 박물관에 들어가 보면 먼저, 당시에 학살된 캄보디아인들의 해골을 쌓아 올려 캄보디아 지도같이 만들어 놓은 모습이 관광객들을 섬뜩하게 한다. 또한 아직도 수용소 곳곳에 말라붙어 있는 선명한 핏자국이나 자백할 때까지 고문을 가했던 우물물부터 시작해서 여러 가지

뾰족한 꼬챙이나 칼날 그리고 육신이나 뼈까지 뜯기게 하는 각종 고문 도구들을 보노라면 누구라도 간담이 서늘해진다. 또한 이곳 감옥에 걸려 있는 희생자들의 생활 모습과 취침 모습 그리고 일련번호가 가슴에 붙어 있는 사망자들의 사진을 보면 20세 미만의 어린 학생들도 다수가 끼어 있었음을 알 수 있고, 이들이 잠을 잘 때에는 작은 공간에 빈틈이 전혀 없도록 하기 위해 마치 벽돌을 쌓듯이 한 사람 한 사람 지그재그 식으로 서로 반대 방향으로 벌거벗은 채 누워서 자는 모습도 걸려 있다.

교도관들은 약 80퍼센트가 21세 미만의 청년들로 구성되어 있었으며 교도관들마저도 동료의 고자질이나 무고가 있으면 가차 없이 처형되었기 때문에 언제 자신에게 불행이 닥쳐올지 모르는 불안과 초조로 하루하루를 보낸 것으로 알려져 있다.

크메르 루주가 집권한 동안 킬링필드에서 처형된 이들의 수는 120만 명에서 많게는 250만 명 내지 300만 명으로 추정하나, 역사학자 벤 커넌은 폴 포트 집권 3년 9개월 동안 최하 1,671,000명이 사망하였다고 발표하고 있다. 이에 따르면, 대략 사망자를 200만 명으로 추정할 경우 폴 포트 정권은 집권 3년 9개월 동안 매일 하루도 빼지 않고 1,500~2,000명 가량을 죽였다는 계산이 나온다. 2,000명을 총으로 쏘지 않고 몽둥이나 대나무 등으로 매일 3년 9개월 동안 죽인다는 것은 현실적으로 실감이 나지 않을 정도로 엄청난 숫자다.

아무도 처벌받지 않은 폴 포트 정권 학살자들 크메르 루주는 당시 지도부와 알력이 있었던 사단장급 지도자였던 헹 삼린과 당시 크메르 루주 군에서 장교로 있었으며 현재 캄보디아 수상인 훈 센이 위협을 느껴 수천 명의 병사들과 함께 베트남으로 망명한 뒤, 베트남의 절대적인 지원 하에 반 크메르 루주 군을 결성하여 이들에 의해 집권 3년 9개월 만에 모두 토벌되고, 폴 포트를 비롯한 학살 주인공들은 외국으로 망명하거나 밀림에서 숨어 살게 되었다고 한다.

지옥 같은 투슬렝 감옥의 책임자 역시 외국으로 도피하였으나 그를 찾아낸 사람은 캄보디아 정부가 아니라 20여 년 동안 세계 방방곡곡을 돌며 그를 찾아다닌 아일랜드의 사진작가 '던 럽'이었다. 투슬렝 감옥의 책임자의 이름은 '카잉 구엑 에바브'였으나, '도익'이라는 별칭으로 불렸다. 그는 '항뻰'이라는 이름으로 바꾸어 20년이나 숨어 살면서 시골 학교에서 수학과 영어를 가르치기도 하다가 지금은 미국에서 교회 목사로 변신하여 생활하고 있다고 한다. 또한 킬링필드의 주역 폴 포트 역시 캄보디아 밀림의 은둔지에서 여유롭게 지내다가 74세의 일기로 자기의 천수를 다하고 심장마비로 사망하였다고 한다. 이 외에 폴 포트 정권 하에서 반인륜적인 잔인한 학살을 저질렀던 그 누구도 재판에 회부되거나 처벌받은 자가 없다고 하니 억울하게 죽어 간 캄보디아인들의 마음은 아마 우주를 지배하는 절대자나 하느님만이 풀어 줄 수 있을 듯하다. 어떤 이들은 현재의 캄보디아 훈센 총리가 폴 포트를 추출하고 집권하는 과정에서 폴 포트 정권하의 핵심 지도자들의 절대적인 지원을 받았기 때문 아니겠느냐는 의문을 제기하기도 하지만 진실은 당사자들만이 알고 있을 것이다.

캄보디아 편

신이 내린 문화유산, 앙코르와트

캄보디아의 씨엠립Siem Reap에 있는 앙코르와트Angkor Wat는 세계 제7대 불가사의 중의 하나이며 유네스코가 지정한 세계 문화유산이기도 하다. '와트Wat'란 사찰 또는 사원을 뜻하는 캄보디아어이며 '앙코르Angkor'는 '왕도王都'라는 뜻으로, '앙코르와트'는 '사원의 도읍'이라는 뜻이다. 씨엠립에는 백여 개 이상의 사원이 산재하는데, 그 중에서도 앙코르톰Angkor Thom이 있는 앙코르와트는 통상 외국 관광객들이 앙코르와트로 불리는 곳이다. 이곳은 미국의 미녀 여배우 안젤리나 졸리가 열연한 액션 영화 〈툼 레이더〉나 〈인디아나 존스〉등의 영화 촬영지이기도 하다. 특히 이곳에는 '자이언트스퍼'라는 큰 나무가 옆에 있던 사원 쪽으로 뿌리를 뻗어 가면서 건물이 부서지는 장면이 여러 곳이 있는 통칭 귀신나무가 많이 있다. 이 자이언트스퍼 나무뿌리와 건물의 돌기둥이 무너져 내리면서 전체 건물을 휘감고 있는 특이한 모습들을 하고 있다.

앙코르와트는 약 210헥타르 정도의 사각형 땅에 최고 높이 213미터로 12세기 초에 지은 바라문교 사원인데, 후대에 불교도가 바라문교의 성상을 파괴하고 불상을 모셔 놓아, 불교 사원으로 보이기도 한다. 특히 앙코르톰은 크메르 제국의 수리아바르만 2세가 자기의 장례를 위해 1119년에 시작하여 매일 25,000명의 인력을 동원하여 30년간에 걸쳐 공사하여 1150년에 완공한 곳으로 해가 지는 서쪽에 출입구가 있기 때문에 장례를 위한 사원이라는 설이 설득력이 있으나, 단순히 장례를 위한 사원이라고 보기에는 그 규모나 시설이 너무나 방대하다. 이곳은 1981년 프랑스 박물학자 앙리모어가 표본 채집을 하다 밀림 속에서 발견하면서 발굴되기 시작했다.

앙코르톰Angkor Thom 남문으로 들어가기 위해서는 양쪽 다리 난간에 우유 바다 휘젓기 신화의 내용이 조각된 기나긴 해자를 지나야 한다. 우유 바다 휘젓기 신화는 캄보디아에 오래전부터 전해 내려오는 신화이다. 선을 상징하는 수라와 악을 상징하는 아수라가 싸움을 하고 있었는데, 수라가 브라마에게 악의 상징인 아수라를 무찌를 수 있는 방법을 알려 달라고 요청했다. 그러자 그는 우유바다 속에 있는 감로수 '아무리타'를 찾으라고 알려 준다. 그러나 이 우유 바다를 저어서 그 속에 있는 감로수를 찾으려면 우선 우유 바다를 저어야 되는데 이 우유 바다를 젓기 위해서는 아주 큰 '만다라'라는 산이 필요하다고 한다. 그래서 수라는 '난타' 혹은 '아난타'라고 불리는 뱀의 대장과 함께 힘을 합쳐 만다라 산을 뽑고 가장 힘이 센 가로다가 그 산을 이곳으로 날라 왔다. 그리고 날라 온 만다라 산을 머리가 아홉 개 달린 '바수키'라는 뱀으로 동여매여서 마침내 우유 바다를 휘저었다고 한다. 이 사원의 중심 회랑은 모두 3층으로 되어 있는데 1층은 동물들이 사는 축생계이고, 2층은 사람들이 사는 인간계 그리고 탑의 3층은 천상계로 신들이 사는 세상을 의미한다고 한다. 그중에서 특히 뛰어난 구조물로 인정받는 것은 1층의 부조, 2층의 돌로 조형한 샘물, 3층의 화려한 십자형 주랑과 탑 등이다. 1층 부조 회랑은 가로 215미터, 세로 187미터의 넓이로 60개의 기둥이 세워져 있으며 벽에는 수많은 부조가 양각되어 있다. 그 모습은 크메르 제국의 왕이나 귀족들의 생활에서부터 서민들의 잔칫날 풍경뿐만 아니라 당시 여인들의 의상과 미용에 이르기까지 당시 크메르제국의 생활상이 그대로 묘사되어 있다. 또한 남쪽 회랑에는 크메르제국 수리아 바르만 2세가 전쟁에서 승리하고 돌아오는 행진 모습이 자세하게 조각되어 있는데 그가 탄 수레를 끄는 병정들은 베트남 병사들로, 당시 크메르 제국이 베트남을 비롯하여 동남아 제국을 제패한 최강국으로서 전성기를 구가했다는 것이 조각에 선명하게 나타나 있다. 이 부조 회랑의 조각을 둘러보면 어떻게 빈 공간이나 여유 없이 돌에 저렇게 섬세하고 아름답게 조각할 수 있는지 감탄할 수밖에 없다. 돌이 아니고 밀가루 반죽이라 할지라도 그렇게 섬세하게 조각할 수

없는 듯해, 분명 사람의 힘으로는 될 수 없는 일이며 신만이 할 수 있다고 생각될 정도이다.

축생계인 1층은 누구나 다니기 쉽도록 평평하지만 인간계인 2층으로 올라가는 길은 약간 경사져서 힘이 들고, 천상계인 3층으로 올라가는 계단은 폭이 좁고 거의 90도 각도의 수직 계단으로, 사람들은 올라갈 수 없고 신만이 올라갈 수 있다는 의미라고 한다. 많은 관광객이 3층으로 올라가는 길에 엉금엉금 기어오르는 모습을 곁에서 보노라면 금방이라도 대형 사고가 날 것처럼 위태롭지만, 아직까지 한건의 사고도 나지 않았다고 하니 아마 앙코르와트의 기적인가 보다. 또한 앙코르와트는 현재의 과학 기술로도 설명하기 어려울 정도로 과학적인 설계가 돋보이는 곳으로 예를 들어 왕이 자기의 어머니를 그리워하면서 기도하고 어머니의 명복을 위해 우는 소리가 하늘에 닿도록 과학적인 공명 장치까지 계산해서 건물을 지었다.

한 가지 아쉬운 것은 세계 제7대 불가사의 중의 하나이자, 유네스코가 지정한 세계 문화유산인 이 부조화랑 조각들 곳곳에 시멘트로 메워진 부분이 눈에 띄게 많다는 것이다. 이것은 프랑스 등 유럽 강국들이 크메르 제국을 점령한 뒤 그 부조 회랑의 곳곳에 박혀 있던 다이아, 루비, 사파이어 등 진귀한 보석들을 망치나 예리한 쇠붙이로 파내어 가면서 생긴 흉터 자국이라고 한다. 또한 내전과 약탈로 수많은 유물이 훼손되고 외국으로 유출되어, 현재는 완전히 복구할 수 없을 정도라고 하니 이루 말할 수 없이 아쉬웠다.

캄보디아인의 결혼 풍습

캄보디아에서 결혼을 할 때에 당사자들은 전혀 결정권이나 발언권이 없고 양가의 부모들이 전적으로 결정한다. 특히 신부 쪽 부모의 영향력이 강하고, 그중에서도 신부 어머니의 발언권이 막강하다. 이것은 전통적으로 캄보디아가 여성이 많은 것을 결정하는 모계 사회이며, 오랫동안 내전과 전쟁에 시달려 남자들은 대부분 전쟁터에 나가 죽고 여자들만 남아 있었기 때문에 출산할 수 있는 여자측이 남자 측보다 중요한 데에서 기인한 것으로 생각된다.

일단 결혼 대상자에 대해서 양가 부모들이 마음에 들면 상견례를 갖고, 이후 중간 매파를 통해 신부 측이 결혼의 허락할 것인지의 여부와 만일 결혼을 허락하게 될 경우 신랑이 신부 집에 바쳐야 될 지참금

액수와 기한을 정해서 통보한다. 그러면 신랑 측은 결혼식 전날까지 지참금을 신부 측에 보낸 뒤, 신부 측에서 일방적으로 결정한 결혼식 날짜에 결혼식을 올리게 된다. 양가 부모와 매파, 친지들이 참석한 가운데 거행되는 결혼식은 보통 사흘에서 일주일 정도 걸리는데, 그동안 신랑과 신부는 무려 일곱 번이나 옷을 갈아입는다.

우선 결혼식이 시작되면 신부 가족의 대표가 신랑을 환영한다는 인사말을 하고, 신랑은 신부 동네에 있는 '네악따'라는 토지신이 모셔진 재단에 들러 자신이 이 동네의 누구와 결혼하게 되었노라고 알리는 신고식을 갖는다. 다음날 아침 양가의 부모가 서로 음식을 받쳐 들고 인사를 나누고, 승려를 초청해서 설법을 듣고 신랑의 머리 깎기 의식을 갖는다. 이는 불가에서 처음으로 승려가 될 때 머리를 깎는 의식을 본뜬 것으로, 새로운 사람이 된다는 뜻이 담겨 있다. 이러한 의식이 끝나면 지방이나 신위가 없는 제사상을 차려 놓은 뒤, 각종 정령이나 조상신들에게 결혼을 알린다는 의미로 제사를 지낸다. 그 후에 신랑과 신부는 긴 칼날 위에 두 손을 얹고 붉은 색실로 서로의 손목을 묶는다. 이는 지금부터 두 사람은 한 몸이고 절대 헤어질 수 없다는 뜻인데, 붉은 색실은 두 사람에게 행운을 가져다주는 동시에 사악한 귀신으로부터 보호해 달라는 의미가 담겨 있다. 붉은 색실로 손목을 묶은 두 사람이 긴 칼을 받쳐 들고 승려 앞에 서면 승려는 여러 가지 축복의 말을 들려준다. 우리나라 결혼식의 주례사가 이에 해당된다. 주례사가 끝나면 하객들은 자신들이 가져온 재스민 꽃잎을 두 사람에게 던지면서 공식적인 결혼식은 끝난다. 마지막으로 신랑이 신부가 기다리고 있는 신방 입구에 들어서면 신부는 신랑의 발을 씻어 주는 흉내를 낸 뒤 수건으로 발을 닦아 주고 신랑은 신부의 엉덩이 쪽에 매달린 긴 천을 붙잡고 신부 방으로 들어가 초야를 보낸다.

이러한 절차들은 과거에는 통상 일주일 이상 걸렸으나 최근에는 그 절차를 보다 간소화하면서 하루 만에 결혼식을 끝내기도 한다. 하지만 결혼식 절차는 50여 년 전에는 사뭇 다른 모습이었다. 처녀가

13~15세가 되어 사춘기가 되면 일단 '쭐물릅'이라는 행사를 하게 되는데, 이는 결혼 적령기가 된 처녀가 부모를 떠나 햇빛이 없는 어두운 곳에서 나이 많은 여성의 시중을 들면서 전문적인 신부 수업을 받는 것이라고 한다. 그러나 실제로는 그동안 야외에서 일하면서 까맣게 탄 얼굴을 결혼하기 전에 더 이상 햇볕을 쪼이지 않고 하얗게 만든 뒤 시집을 보내기 위한 방편이라고 알려져 있다. 이러한 처녀가 마음에 드는 총각이 있으면 그 총각은 처녀의 집으로 부모를 찾아가 그 집에서 3개월 내지 1년 동안 보수 없이 머슴살이를 자청 한다고 한다. 머슴살이하는 동안 신부의 부모가 그 총각이 사윗감으로 적당한지 여부를 잘 관찰한 뒤 사윗감으로 적당하다고 판단되면 결혼 절차를 시작하고 만일 부적당하다고 판단되면 그냥 자기 집으로 돌려보낸다. 물론 1년 동안 머슴살이 한 대가를 한 푼도 지불하지 않았다고 한다.

캄보디아의 현실

캄보디아의 프놈펜 공항에 도착한 외국인들은 공항 현장에서 입국
비자를 받아야만 한다. 입국 비자를 처리해 주는 데스크에는 책
임자를 비롯하여 대개 네댓 명 정도의 캄보디아 관리들이 앉아 있다.

소정 양식에 따라 비자 신청을 한 뒤 줄을 서서 기다리는 관광객들
은 자기의 이름이 호명되면 비자가 찍힌 여권을 받아 프놈펜 시내로
들어선다. 그러나 어떤 사람은 기다린지 한 시간이 넘어도 비자가 나
오지 않는데 어떤 사람은 비자 신청 후 1분도 안 되어 비자가 나오는
모습을 많이 볼 수 있다. 이곳은 10~20달러 정도의 수고비나 소위급행
료가 위력을 발휘하는 현장이기 때문이다. 비자 신청 서류와 같이 정해
진 비자 신청료에 10달러나 20달러를 얹어 제출하면 즉석에서 "Yes sir"
라는 대답과 함께 비자가 발급된다. 정해진 시간을 쪼개어 한 곳이라
도 더 가 보려는 관광객들로서는 비자를 받기 위해 오랜 시간 공항에서

기다리기보다는 그 시간에 한 곳이라도 더 관광을 할 수 있다는 소위 경제학적인 기회비용을 생각한다면 이 정도의 팁은 부정이라기보다는 일종의 애교로 보아 넘기는 것이 좋을 것이다.

프놈펜에 들어서 묵게 될 호텔에 도착한 관광객들은 대부분 그 호텔의 규모나 화려함에 놀라움을 금치 못한다. 전반적인 캄보디아의 경제 사정이나 생활수준과는 너무나도 동떨어진 초호화 호텔 시설과 비싼 호텔 숙박비는 미국 등 선진 자본들이 외국인 투자라는 혜택을 입으면서 호화로운 시설을 해 놓았기 때문이다. 프놈펜뿐 아니라 앙코르와트에 있는 호텔들도 역시 초호화판 호텔 시설을 갖추고 있다.

프놈펜은 전 산업의 90퍼센트 이상을 농업이 차지할 정도로 농업에 대한 의존도가 큰 나라로, 차후 과학적인 영농을 어떻게 계획하고 실행해 나가느냐에 따라 국가의 운명이 좌우될 수 있는 나라이다. 그러나 프놈펜에서 만난 정부의 최고위급 관리는 폴 포트 정권 당시 조금이라도 공부한 사람은 모두 처형되어 인재가 절대적으로 부족해 어디서부터 어떻게 계획을 세우고 경제 문제를 해결해야 될지 모르겠다는 솔직한 의견을 피력했다. 그의 하소연을 듣고 보니 잘 교육받고 훈련된 인재가 국가 발전에 얼마나 절실히 필요한지를 새삼 느꼈다.

프놈펜 시내 중심가에 한국 정부가 캄보디아 정부에 250만 달러를 기증하여 지은 과학기술 대학교가 있는데 이 대학은 잘 설계된 외형은 물론 내부의 컴퓨터 시설이나 교육 장비들이 캄보디아에서는 보기드물게 현대화된 유일한 대학이다. 이 대학교는 현재 한국에서 파견된 선교사들이 거의 무보수로 헌신적인 노력을 기울이면서 이제 한국과 캄보디아 간의 전통적인 우호관계를 증진시켜 가는 하나의 상징적인 교육 중심지가 되어 가고 있다. 그러나 이 학교를 지은 뒤 한국에서 부임한 총장의 가장 큰 걱정은 학교 수업이나 운영보다는 한밤중에 나타나 학교 시설이나 심지어 담벼락까지 뜯어가는 도둑들로부터 학교를 지키는 일이었다고 한다. 결국 지금은 군부대의 협조를 얻어 학교를 지키고 있다.

태국 편

상하의 나라, 소승불교의 종주국

동남아시아의 인도차이나 반도 중앙부에 위치한 태국은 몇 안 되는 6·25전쟁 참전국으로 우리와는 전통적으로 매우 친밀하고 우호적인 나라이다. 열대몬순기후로 일 년 중 절반은 우기로 매일 한 번씩 비가 오고, 절반은 건기로 전혀 비가 오지 않지만 습기가 많지 않아 음식이나 과일을 냉장고에 넣지 않아도 우리나라와 같이 쉽게 상하거나 변질되지 않는다. 또한 일 년 중 우기가 시작되기 직전인 4, 5월이 가장 더워 섭씨 40도를 오르내리고 10월이 우리나라의 겨울에 해당된다.

태국은 불교가 국가로 정해져 있어 소승불교의 전통을 가장 잘 이어오고 있다. 그래서 태국의 성년 남자라면 일생에 한 번쯤은 누구나 승려 생활을 해야만 하는 것이 관행처럼 되어 있는 나라이다. 또한 태국인들의 승려에 대한 존경과 동경은 우리가 상상할 수 없을 정도로 경건하고 진실 된다.

태국의 승려는 오전 12시까지만 식사를 하고 그 이후에는 기도를 하면서 금식을 해야 하기 때문에 대개 아침 7시경이면 각 집 앞을 지나면서 밥이나 물건 등 공양물을 받아 간다. 우리나라와 같이 스님들이 집 앞에서 목탁을 치면서 공양을 요청하는 것이 아니고 스님이 지나가는 시간에 맞춰 태국 사람들은 집에서 가장 깨끗한 그릇 대개는 은그릇에 밥이나 반찬 등 음식을 담아 간이 식탁이나 벤치 위에 올려놓고 스님이 지나가기를 기다린다. 스님이 자기 문 앞에 다다르면 두 손을 합장하고 경배한 뒤 스님을 따르는 시자의 그릇에 음식물을 건네준다. 스님은 그들과 맞절을 하거나 손을 잡아 주는 등의 행위는 일체 하지 않고 앞만 보고 걸어간다. 이들은 신발도 신지 않은 채 가능하면 석가의 고행을 그대로 실현하고 있다. 또한 사업자, 고위 공무원, 은행장 등 태국의 사회 지도급 인사들은 사업이 잘 풀리지 않거나 직장에서 어려움이 있을 경우 삭발하고 약 6개월 동안 사찰로 들어가 수행을 하며 승려 생활을 한다. 종종 사회 지도층 인사들과 약속이 있는 날 그들이 나타나지 않아 확인해보면 엊그제 삭발하고 사찰로 들어갔다는 답변을 받는 경우가 많다.

태국 사회에서는 이들이 삭발하고 승려 생활을 하는 동안에도 직장은 아무 탈 없이 보장되며 월급도 고스란히 받는다. 이렇게 일시적으로 승려 생활을 하는 이들도 직업적인 승려와 마찬가지로 삭발을 하거나 고행의 시간을 갖는다.

태국 편

세계에서 가장 존경받는 태국의 국왕

현재 세계에서 가장 오랫동안 왕위에 있는 사람은 무려 65년이나 왕의 자리를 지키고 있는 태국의 푸미폰 아둔야뎃 국왕이다. 태국은 잘 알려진 대로 쿠데타가 빈번히 일어나고 밀림 지역에는 반군들이 여전히 활동하는 등 외부에서 보기에는 상당히 정정이 불안한 국가 같다. 그러나 태국에는 전 국민으로부터 절대적인 신임을 받는 국왕이 중심을 잡고 있기 때문에 매우 안정된 나라라고 하겠다.

일 년이 멀다하고 군인들의 쿠데타가 일어나지만 새로 정권을 잡는 쿠데타의 주동자는 제일 먼저 왕궁으로 푸미폰 국왕을 배알하고 쿠데타의 성공을 알리면서 국왕에게 승인을 요청한다. 어떠한 쿠데타도 국왕이 인정하지 않으면 성공할 수 없는 것이 태국의 현실이다. 태국의 국왕을 알현하려면 수상이나 장관은 물론 외국인들도 그의 발등에 이마를 대는 등 절대적인 존경심을 표시해야 한다. 이 때문에 이에 익숙하지 않은 외국인들은 가끔씩 불편할 때도 있다.

태국의 왕은 밀림 지역이나 시골길을 여행할 때도 거창한 경호원이나 수행원을 거느리지 않고 자신이 직접 카메라를 메고 공주를 데리고 단출하게 다닌다. 반정부의 게릴라라 할지라도 밀림에서 국왕과 마주치면 바로 무릎을 꿇고 국왕을 존경하고 보호하기 때문에 경호원이나 수행원이 필요 없다. 만일 그들이 국왕에게 털끝만큼이라도 잘못 대한다면, 즉시 태국 국민 모두가 그들을 적으로 삼는다.

태국의 국왕이 국민으로부터 존경받는 또 다른 이유는 국왕이 국민을 마음속으로부터 진실로 사랑하고 그들의 어려움을 하나하나 듣고 해결해 주기 때문이다. 태국 국왕에게는 세계 각국의 정상들이 보낸 초청장들이 수북이 쌓여 있으나, 태국의 국왕은 일주일 넘게 외국을 방문하여 외국 정상과 만나기보다는 대신 그 시간을 아껴 고통 받는 태국 국민의 어려움을 한 가지라도 더 들어줘야 한다는 생각을 갖고 있다. 그래서 지금까지 한 번도 외국에 방문하지 않았으며, 그 시간을 쪼개어 산간벽지를 돌아다니면서 국민을 사랑하고 어루만져 준다. 또한 푸미폰 국왕 내외에게는 왕자 한 명과 공주 두 명이 있는데 왕자보다 공주들이 더 국민으로부터 인기가 높음을 실감할 수 있다. 그도 그럴 것이 왕자는 공개적으로 여러 여성들과 놀아나거나 제2, 제3의 와이프가 있다는 등 자주 구설수에 오르내리지만 공주들은 국왕을 따라다니면서 농촌이나 산간벽지의 어려운 사람들의 고통을 덜어 주는 데 앞장서고 있기 때문이다.

국왕과 왕비가 국민들을 전적으로 돌볼 수 있게 하는 이유는 바로 충성스러운 신하들이 있다는 측면도 있다. 실제로 왕가에 평생 충성을 바치는 프렘 틴술라논다 수상을 말할 수 있다. 프렘 틴술라논다 수상은 육군 참모 총장과 내무부 장관을 거쳐 총리에 오르면서 청렴성과 강직성 때문에 많은 태국 국민으로부터 존경을 받았던 사람이다. 그는 평생 결혼을 하지 않고 독신으로 살았는데, 그에게 왜 결혼을 하지 않았냐고 물으면 자신은 이미 국가와 국왕 내외를 위한 업무와 결혼했노라고 답변할 정도로 국가에 대한 충성심과 국왕 내외에 대한 존경심이 지극한 사람이었다. 그가 북유럽 유학 중 같은 시기에 유학 중이었던 왕비와 만나 절친한 사이가 되었던 것으로 알려져 있는데, 일설에 의하면 일부 사람들은 그가 평생을 독신으로 지내는 이유가 왕비 때문이라는 확인되지 않은 이야기를 하기도 한다. 어쨌든 그는 철저한 군인정신과 국가에 대한 충성심 그리고 국왕 내외에 대한 지극한 존경심을 가진 대표적인 태국인으로 손꼽힌다.

태국 국민이 살아 있는 신처럼 존경하고 추앙하는 국왕과 왕비가 살고 있는 타이 왕궁Grand Palace과 옥으로 만든 부처가 있는 에메랄드 사원 왓 프라 깨오Wat Phra Kaew는 태국 관광 코스 중 가장 인기 있는 곳이다.

우선 '그랜드Grand'라는 이름에 어울릴 정도로 엄청난 규모의 황금빛 찬란한 타이 왕궁은 높이 10미터 정도의 흰 담이 주위를 둘러싸고 있다. 대개 관광객들은 1782년에 세워진 타이 왕궁을 보면서 감탄하며 왕궁 앞 잔디밭에서 왕궁을 배경으로 몇 장의 사진을 찍는다. 그런 다음 왕궁 옆의 사원 건물로 들어서면 정면에 방탄유리로 잘 모셔진 부처님 좌상을 대하게 된다. 높이 75센티미터, 폭 45센티미터의 이 부처는 값으로는 환산할 수 없을 정도의 순도 높은 옥으로 만들어졌는데, 태국인이라면 누구나 이 에메랄드 부처상이 태국을 지켜 주는 수호신 역할을 하고 있다고 굳게 믿고 있다. 한때 이 에메랄드 부처를 미얀마에서 찬탈해 갔는데, 그때가 태국 국민에게는 가장 견디기 어려웠던 고통의 시절이라고 할 정도로 태국에서 가장 신성시되는 곳이다. 그렇기에 노출이 심한 옷을 입거나 반바지, 슬리퍼 등을 신고 들어갈 수 없으니, 관광을 위해서는 유의해야 한다.

태국의 보디마사지와 모기 대행진

태국을 방문하는 관광객들은 최소한 세 가지를 하고 싶어 한다. 보디마사지, 코브라 탕 먹기 그리고 '방콕의 명동'이라 할 수 있는 팟퐁Patpong 거리에서 술 한잔하는 것이다.

팟퐁 거리에 가면 일본 사람이 경영하는 유명한 사교 클럽인 코마치 클럽이 있다. 이곳에는 많은 일본인이 들러 술을 마시기 때문에 그곳의 밴드가 연주하는 곡목들은 모두 일본 노래뿐이어서 내가 기업가나 지인들을 데리고 코마치 클럽에 들를 때마다 기분이 별로 좋지 않았다. 그래서 하루는 H건설 회장을 모시고 클럽에 들러 밴드마스터를 불러 무조건 100달러를 주면서 내가 가지고 간 아리랑 악보를 건넸다. 그리고 오늘 이 악보를 보고 아리랑을 연주하고 다음부터 내가 오면 연주하던 일본 노래를 멈추고 즉각 아리랑을 연주해주면 그때마다 100달러씩 주겠다고 제의했다. 밴드마스터는 두 손으로 고맙다는 의미의 합장을 하고 가더니, 즉시 노래를 아리랑으로 바꾸어 연주하기 시작했다. 동행했던 H회장 등 우리 관광객들이 박수치면서 흥겹게 놀았음은 물론이다. 그 뒤 대학 총장이나 언론사 회장 또는 본국의 고위 관리가 방콕을 방문할 때마다 나는 이들을 코마치 클럽으로 데리고 갔으며, 매번 문에 들어서자마자 연주하던 일본 노래를 멈추고 아리랑이 연주되어 정말 기분 좋은 관광 안내를 할 수 있었다.

코마치 클럽 옆에는 아담하고 작은 찻집이 있어, 클럽에서 술을 마신 뒤에는 찻집으로 자리를 옮겨 커피 한잔을 하는 경우가 많았다. 그런데 이 찻집은 태국인이 운영하는 찻집으로 언어 때문에 가끔 일본 관광객들이 망신을 당하는 경우가 종종 있다. 일본인들은 '커피coffee'라는

발음을 하지 못해 '코히'라고 말을
한다. 그래서 일본 관광객이 젊은
태국 여성에게 "헬로우, 코히"라
고 주문하면, 태국 여성은 심하게
욕설을 하거나 심한 경우에는 뺨
을 때리려고까지 한다. 왜냐하면
태국어로 '코'는 영어로 '플리즈
Please'라는 뜻이고 '히'는 여성의 은
밀한 부분을 의미하기 때문에 '코
히'라고 하면 처음 만난 여성에게
무조건 호텔에 같이 가자는 뜻으
로 해석되기 때문이다. 이는 각국
언어의 차이에서 오는 해프닝이
라 하겠다.

태국을 방문한 관광객들은 대부분 다음날 아침 일찍 방콕 시내를
가로질러 흐르고 있는 차오프라야Chao Phraya 강의 수상시장 관광길에
오른다. 이 수상시장은 새벽부터 방콕 근처에 사는 농민들이 자기가
직접 재배한 각종 과일이나 채소 등을 작은 조각배에 싣고 관광객들
이 많이 모이는 에메랄드 사원 근처로 모여든다. 대개 아침 6시에서 8
시 사이 물 위에 시장이 형성되기 때문에 대부분의 관광객들은 호텔
에서 일찍 나오느라 미처 아침 식사를 못하는 경우가 많아 이곳에서
바나나, 사과 등의 과일, 옥수수 껍질이나 바나나 잎사귀에 싼 찰밥
등 간단한 스낵으로 아침 식사를 때운다.

수상시장이 열리는 차오프라야 강물은 아마 이곳을 처음 방문하
는 사람들에게는 '세상에 이렇게 더러운 물이 또 있을까?' 하고 고개
를 갸우뚱할 정도로 더럽고 오염이 심해 구정물이라는 표현이 적합
하다. 그런데도 관광선을 타고 지나다 보면 이 강물에서 빨래에 양치
질, 세수, 수영하는 모습을 볼 수 있으며, 더 나아가 이 물을 항아리에

담아 두었다가 식수로 사용한다는 사실을 알면 놀라 자빠질 것이다. 정말 이곳에서 병 걸리지 않고 산다는 것이 기적처럼 느껴진다. 더 재미있는 이야기는 세계보건기구WHO에서 이 차오프라야 깅의 오염도를 조사하면서 동행한 태국 정부 관리에게 '이 물을 보니 대장균 수를 조사할 필요도 없겠다'고 말하자 그 말을 들은 태국의 관리는 '강물에 사는 대장균이 너무 많아 먹을 것이 없어 서로 잡아먹어서 오히려 대장균이 없다'고 했다는 이야기를 듣고 그 태국 관리의 위트에 감탄했다.

또한 태국 관광청이 발간한 관광 안내 책자를 보면 방콕 시내에 '도둑시장Theft Market'이라는 관광 명소가 버젓이 소개되어 있다. 이곳은 일종의 벼룩시장 같은 곳으로 국립 타마사트 대학 앞의 광장에서 매일 아침 일찍 열어 9시 정도면 끝나는 반짝 시장이다. 이곳에서는 전국 각지에서 모인 각양각색의 물건들을 파는데, 헌 구두에서부터 각종 옷가지는 물론 강아지와 새, 닭, 병아리에 이르는 각종 동물 그리고 여성용 장신구, 과일, 야채, 식료품에 이르기까지 정말 다양한 물건이 있으며, 대개 도둑질해서 가져온 물건들이기 때문에 '도둑시장'이라 불린다. 특히 태국의 앤티크에 대해 관심 있는 사람들이라면 이 도둑시장을 빼놓을 수 없을 것이다. 부지런히 계속 찾아다니다 보면 상당히 좋은 물건을 아주 싼 값으로 살 가능성이 높다. 이곳의 물건은 비정상적인 경로를 통해 온 물건인데다, 장사하는 시간도 두 시간 남짓 짧은 시간뿐이기 때문에 정가가 없고 서로 부르는 것이 값이다. 따라서 방콕에 오래 거주하는 사람은 그 속성을 잘 알고 있어 마음에 드는 물건의 값을 계속 낮추어 부르면서 시장이 끝날 즈음까지 인내심 있게 기다리다가 아주 싼 값에 사 간다. 어쨌든 도둑질한 물건이 팔리는 시장이 공공연히 열리고 또 이 시장을 정부가 만든 책자에도 안내하고 있다니 이를 어떻게 해석해야 할지 어리둥절할 따름이다.

더운 날씨에 하루 종일 관광을 하거나 골프로 지친 관광객들은 오후에 보디마사지를 받길 원한다. 그래서 내가 자주 찾던 가게가 있는데, 그 집에는 내가 3년간 대사관에 근무하는 동안 매일 하루에 적게는

두세 번, 많게는 일고여덟 번까지 손님을 데리고 마사지를 받으러 갔으니, 그 가게에서는 내가 최고의 단골손님이다. 그래서 값도 반으로 깎아 주고 손님이 마사지를 받는 동안 시원한 소파에 앉아 음료수를 무료로 계속 가져다주면서 자기 가게를 애용해 달라는 부탁을 할 정도였다.

우리나라의 목욕탕과는 달리 마사지 팔라에 도착하면 마사지 걸들이 유리창 너머 안이 들여다보이는 큰 방에서 왼쪽 가슴에 번호를 붙인 채 앉아서, 밖에 있는 손님들이 자신의 번호를 불러 주기를 기다린다. 관광객들은 그 유리창 너머에서 자신의 마음에 드는 마사지 걸을 골라 그 번호를 알려 주면 그 마사지 걸의 서비스를 받는다. 대개 관광객들은 겉모습만 보고 예쁜 얼굴의 여성을 고르는 경우가 대부분이지만 실제로는 예쁜 여성일수록 하루 종일 불려 다녀 힘이 모두 빠져 마사지를 제대로 하지 못하는 경우가 많다. 따라서 마사지를 제대로 받으려면 몇 백 명의 여성 중 가장 못생기고 뚱뚱한 여성을 고르는 것이 좋다. 그런 여성들은 길면 한 달 내내 손님을 차지하지 못해 돈을 못 버는 경우가 허다하기 때문에 어쩌다 자신을 택해 주는 손님이 생기면 온갖 정성을 다해 마사지 서비스를 해 주기 때문이다. 태국의 마사지 시설은 대개 그곳을 관할하는 경찰 책임자가 직접 운영하거나 적어도 그들과 깊은 관련이 있는 사람들이 운영한다고 한다. 전국 각지에서 마사지 걸들이 모여들고 관광객들이 주요 고객이기 때문에 치안을 최고로 확보하는 것이 가장 중요하기 때문이란다.

진기, 명기, 성기 쇼 태국

마사지가 끝나면 우리나라 TV에서 종종 보는 소위 묘기 대행진 같은 쇼를 하는 장소로 이동한다. 이곳 역시 나의 3년 동안의 단골 집이기 때문에 같이 가는 손님들에게 입장료를 50퍼센트로 할인해 주고 주스도 한잔씩 서비스해 준다. 이곳은 약 100여 명 정도가 원형의 무대를 중앙으로 둘러앉아 여러 가지의 묘기를 보는 곳이다. 우선 제일 먼저 여성들이 붓으로 그림 그리기와 담배를 피우는 묘기가 펼쳐진다. 물론 손으로 그림을 그리거나 입으로 담배를 피우는 것이 아니고 성기에 붓을 꽂거나 담배를 끼워 아름다운 풍경화를 그리고 담배를 태우는 것이다. 그 프로그램이 끝나면 면도날을 실로 연결한 뭉치를 자기의 성기에 집어넣은 뒤 아무 탈 없이 줄줄 빼내는 연기를 한다.

이곳의 클라이맥스는 사이다나 콜라의 병마개를 따는 것이다. 사이다나 콜라를 제일 앞쪽에 앉아 있는 관광객들에게 돌리면서 손으로 따 보라고 한다. 물론 아무도 손으로 병마개를 따는 사람은 없다. 그 콜라나 사이다를 건네받은 여성이 콜라를 바닥에 세운 채 엉거주춤 주저앉아 자신의 성기 속에 밀어 넣는다. 그리고 하나, 둘, 셋 기합 소리와 함께 병마개를 딱 하고 따면 거품이 쏟아져 나온다. 그 병마개를 딴 사이다를 자기의 질 속에 다 부어넣은 뒤 이삼 분간 춤을 추고, 다시 병속에 담아서 앞에 앉은 관광객에게 마시라고 건네준다. 내가 수없이 이 광경을 보았으나 동양인 중에서는 아무도 그 콜라를 마시는 사람이 없었지만, 종종 서양인들은 과감하게 마시는 경우가 있어 이역시 동서양의 인식의 차이인가 싶다.

얼마 전에 타계한 나의 아주 절친한 미대교수가 있었는데 내가

방콕에 있는 동안 그 친구가 전화를 걸어 자신의 제자들이 오늘 방콕에 도착하니 밥이라도 사 주라고 부탁했다. 내 방으로 찾아온 그 친구의 제자들은 D여대 학생회장 등 네 명이었다. 이들을 식당으로 데려가 밥을 사 준 뒤 숙소로 데려다 주려 하였으나 이들은 '교수님이 그러는데 방콕에 가면 반드시 쇼를 보고 오라는 말씀이 있었다'며 방콕의 쇼를 보여 달라고 졸라댔다. 나는 난감하기 이를 데 없었다. 그렇다고 학생들을 데리고 쇼하는 곳을 보여 줄 순 없었다. 막무가내로 요청하는 그들의 요구를 거절했으나 그들은 어떤 것도 좋으니 걱정하지 말고 한 교수님이 말한 대로 쇼를 보여 달라는 것이었다.

나는 할 수 없이 퇴근한 태국 비서를 잠시 나오라고 연락했다. 왜냐하면 학생들만 그곳에 데려갈 수가 없어 대사관 비서로 하여금 데려가도록 할 의향이었다. 비서가 나와 할 수 없이 그 곳으로 데리고 가서 쇼를 모두 보여 주었다. 쇼가 끝나고 불이 켜지는 순간 나는 학생들의 얼굴을 어떻게 보나 하고 걱정이 태산이었는데, 그들의 반응은 의외였다. 별 것도 아닌 것을 괜히 안 보여 준다고 해서 호기심만 잔뜩 생겨 실망했다는 질책(?)이었다. 그 순간 나도 벌써 나이가 들어 이들과 세대차가 아주 크구나 하는 것을 실감했다.

악어와 뱀을 기르는 희귀 농장

태국을 여행하는 관광객들은 여행 기간 중 핸드백이나 지갑 등 악어가죽으로 만든 제품을 몇 개씩 구입하게 된다. 가격도 저렴하거니와 모양이나 품질도 그런대로 괜찮기 때문이다. 이러한 악어가죽 제품에 사용되는 원자재의 공급처가 바로 방콕 시내 중심가에서 멀지 않은 곳에 있는 악어 농장이다. 이곳 악어 농장에서는 매일 오전과 오후 두 차례씩 정해진 시간에 악어 쇼를 하는데, 덩치가 아주 큰 악어가 닭고기 등 사육사가 던져 주는 먹이를 날렵하게 받아먹는 모습을 보면 그렇게 덩치 큰 악어가 그렇게 재빠르게 움직인다는 것을 실제로 본 사람이 아니면 믿기 어려울 것이다. 쇼의 클라이맥스는 아무래도 악어와 사람의 싸움이라 하겠다. 또한 이 악어 농장에는 잘 정돈된 박물관처럼 새끼 악어가 태어나서 큰 악어가 되기까지 성장 과정에 따라 관광 코스를 마련해 놓아 남국의 이색적인 분위기를 만끽 할 수 있는 곳이라 하겠다.

악어 농장에 이어 세계 각국의 희귀한 뱀들을 모아 놓은 뱀 농장 역시 빼놓을 수 없는 관광 코스이다. 이곳에는 아프리카는 물론 이 지구상에 존재하는 거의 모든 종류의 뱀을 기르고 있다. 예를 들어 한 번 물리면 즉시 잠이 들어 변변한 치료조차 받지 못하고 자다가 죽게 되는 슬리핑 스네이크sleeping snake를 비롯해 보호색이 너무나 완벽해서 안내인이 직접 이곳에 뱀이 숨어 있다고 알려 주어야만 비로소 분간할 수 있는 아주 강한 독을 가진 뱀 등 매우 희귀한 뱀들을 많이 모아 놓고 있다.

태국의 옛 수도, 아유타야

태국의 역사를 한눈에 보려면 방콕에서 북쪽으로 64킬로미터 정도 떨어진, 기차로는 약 두 시간 거리에 있는 아유타야Ayutthaya에가 보기를 권하고 싶다. 이곳은 1350년부터 태국의 수도를 방콕으로 옮기기 전까지 약 400년 동안 수도로 번영하여 태국의 정치·경제·사회·문화의 중심지였던 곳이다.

아유타야에는 많은 부분이 부서져 있기는 하나 옛 도시의 모습이 온전하게 남아 있다. 전성기에는 왕궁 3개, 사원 375개, 요새 29개 등 많은 유적이 있었던 곳으로 건물들의 웅대함과 남국 특유의 화려한 색채가 돋보인다. 특히 대표적인 유적으로는 '왓 프라시 산펫Wat PhraSi Sanphet'이라는 왕궁 안 사원이 있는데, 이곳은 아유타야의 사원 중 가장 규모가 크고 아름다운 사원으로, 사원의 크기와 화려함에 역시 소승불교의 원조국이라는 감탄이 나올 수밖에 없다. 또한 42미터의 대형 청동 불상이 있는 왓 프라몽콘 보핏, 캄보디아의 앙코르와트를 모델로 한 사원 왓 차이왓타 나람, 왕족의 여름궁전이었던 방파인 별궁 등 많은 유적으로 역사 지구를 형성하고 있다. 1767년 미얀마의 침입으로 유적이 많이 소실되었으나, 1991년 유네스코 세계문화유산으로 지정되었으며, 옛 유산을 중요시하는 태국인 특유의 국민성에서 우러나오는 계속적인 발굴과 보존 활동은 우리도 배워야 할 점이라고 생각된다.

태국 문화를 한눈에 보는 로즈가든

대다수, 우리나라의 관광객들은 타국의 관광객과 달리, 짧은 시간 안에 되도록 많은 곳을 관광하려고 욕심을 내어 아주 타이트한 여행계획을 짜며, 관광 도중에도 무척 성미가 급해 기다리지 못하고 안내자를 다그치는 경향이 있는 듯하다. 또한 관광을 주목적으로 하는 사람도 있지만 회의나 업무 차 왔다가 하루쯤 짬을 내어 번개 관광을 하는 사람들에게는 특히 짧은 시간에 집중적인 관광을 할 필요가 있다. 이렇게 시간은 없고 태국을 많이 보고 싶은 관광객들에게 태국을 한눈에 보여 줄 수 있는 곳이 바로 방콕에서 승용차로 한 시간 거리에 있는 로즈가든Rose Garden이다. 물론 이곳을 느긋하게 다녀오려면 하루가 꼬박 걸리지만 이곳만 갔다 오면 태국을 대충 다 보았다고 말할 수 있을 것이다.

우선 골프를 즐기는 사람들이라면 새벽에 출발하여 명문 골프 코스 중의 하나인 로즈가든 골프 클럽에서 한 라운드를 돌고 로즈가든 공연 시간에 맞추어 들어가면 금상첨화이다. 로즈가든에서 제일 먼저 볼 수 있는 공연은 광장에서 벌어지는 코끼리들의 여러 가지 묘기이다. 큰 통나무를 코끼리가 코를 이용해 이리저리 운반하는 것은 물론 두발로 서서 걷기, 물구나무 서기 등 큰 덩치에 안 어울리는 각종 묘기를 하는데, 공연장 곳곳에 사진사가 대기하고 있다가 관광객들이 코끼리를 타는 모습이라든지 대형 구렁이를 목에 걸어 주면서 사진을 찍으라는 성화도 대단하다. 서양 사람들은 4~5미터 길이의 대형 구렁이를 태연하게 목에 걸고 사진 찍는 모습을 쉽게 볼 수 있으나 동양 사람들은 대개의 경우 용기를 내지 못하고 그냥 지나치는 경우가 많다.

오전과 오후 2회 정해진 시간에 시작되는 관광객들만을 위한 태국의 전통 공연도 빼놓을 수 없는 볼거리이다. 공연 시작을 알리는 징소리와 함께 손가락에 기다란 손톱을 낀 손톱 무용을 시작으로 노래, 칼과 창 싸움, 킥복싱 등 다양한 태국의 전통 놀이를 한 곳에서 볼 수 있다. 공연 중 가장 인기를 끄는 것은 닭싸움이다. 싸움닭의 발에 날카로운 면도날을 묶어 놓고 싸우는 것으로, 도중에 날카로운 면도날에 찢겨 피를 흘리다가 쓰러지는 닭의 모습을 보면서 환호하는 태국인들이 외국인들에게는 신기하게 보이기도 한다.

태국 편

휴양지의 여왕, 파타야

태국에는 유명한 관광지가 많지만 특히 파타야Pattaya는 빼놓을 수 없는 관광지라 하겠다. 방콕에서 동남쪽으로 145킬로미터, 승용차로 약 세 시간 정도 달리면 태국 사람들이 제일 자랑으로 여기는 파타야 해변에 도착한다. 이곳은 외국인은 물론 태국 각지에서 놀려는 수많은 관광객으로 일 년 내내 붐비는 곳이다. 처음부터 파타야가 이렇게 붐비지는 않았다. 작은 어촌 마을에 불과했던 파타야를 오늘날 '아시아 휴양지의 여왕'이라고 불리게 된 것은 베트남전쟁 때 미군들이 휴가를 즐기러 온 것이 시작이었다. 파타야는 아름다운 바닷가와 따뜻한 바닷물로 일 년 내내 다양한 해양 스포츠를 즐기기에 손색이 없다.

태국은 초현대식 문명과 원시 문명, 최고의 부자와 알몸의 거지가 공존하는 극단적인 곳이다. 태국 사람들이 휴양을 위해 파타야로 떠날 때부터 빈부의 격차는 뚜렷이 보인다. 한 마을 사람들 모두가 파타야로 떠날 때 부자는 고급 벤츠에 온 식구를 싣고 기분 좋게 달리지만, 그 옆집에 사는 가난한 사람은 우리나라의 이삿짐 트럭이나 용달차와 비슷한 화물칸에 온 식구들이 쭈그리고 앉아 장구나 징을 치면서 달린다. 이들은 파타야에 도착해서도 서로 다른 모습을 보이는데, 벤츠 족은 일류 호텔에 투숙하고 용달차 족은 야자수 나무 아래에서 노숙을 한다. 하지만 이들은 아무런 갈등이나 시기심 없이 서로 어우러져 즐겁게 놀면서 즐긴다. 아마 우리나라 같으면 옆집 친구는 자가용 타고 놀러 가는데 자기는 용달차나 자전거를 타고 같이 가자고 한다면 따라갈 아내나 아이들이 없을 것이다. 어쨌든 파타야는 태국인들의 자랑이요, 열대 지방에서 드문 휴양지다.

콰이 강의 다리

제2차 세계대전 말기 일본군이 동남아 각국을 침략하면서 일본은 태국을 통해 미얀마로 건너가기 위해 태국과 미얀마 국경을 가르는 콰이Kwai 강 계곡에 다리를 놓기 위해 일본군 포로수용소에 포로로 잡혀 온 영국군 대령이 다리를 건설했으나, 포로수용소에서 도망친 미군이 영국군 유격대와 함께 이를 폭파한다는 내용으로 제국주의의 붕괴를 암시하는 영화 〈콰이 강의 다리〉를 많은 이들이 기억하고 있을 것이다. 태국에 사나흘 정도 체류하는 관광객이라면 비록 하루 종일 걸리는 관광 코스지만 영화의 배경이 되었던 콰이 강에 가 보는 것이 좋다. 콰이 강은 태국과 미얀마의 국경선인 칸차나부리 주에 위치한 강으로 영화에 등장하듯, 일본군과 연합군이 콰이 강 위의 다리를 놓고 치열한 공방전을 벌였던 전쟁의 참화가 깃든 곳이다.

콰이 강의 다리에 도착하면 우선 당시의 참상을 다소나마 예측할 수 있는 소형 전시실이 있다. 당시 이곳에서 일본군의 포로가 되어 다리 건설에 종사하던 태국, 중국, 한국인들은 극심한 식량난과 각종질병으로부터 엄청난 고통을 받았다고 한다. 특히 만연된 피부병으로 피부가 썩어 가고 있었지만 적당한 치료를 해 주지 않았기 때문에 할 수 없이 물고기를 잡아 이들로 하여금 상처 부위를 뜯어 먹게 했던 사진을 보면 당시 일본군의 만행과 전쟁의 비극을 다시 한 번 되새겨 볼 수 있다. 전시실을 나오면 걸어서 콰이 강의 다리를 직접 건너갔다 돌아온다. 지금도 곳곳이 파인 전흔의 상처를 보면서 뻥 뚫린 다리 밑에 흐르는 콰이 강은 얼마나 많은 사람의 생명을 앗아 갔는지 말없이 무심하게 흐르고 있다.

태국 편

치앙마이

태국은 연중 더운 상하의 나라이다. 그래서 일 년 중 가장 더운 4
월이 되면 태국 국왕 내외는 여름궁전이 있는 북부 지방의 치앙
마이Chiang Mai로 떠난다. 이곳은 방콕에서 비행기로는 한 시간 남짓, 승
용차로는 내여섯 시간 정도 걸리는 북쪽 지방의 비교적 서늘한 도시
이다. 아름다운 자연과 오랜 역사가 어우러진 이곳 치앙마이는 전통
적으로 태국의 미인들이 많이 태어나는 곳으로도 유명하다. 동양 최
초의 미스유니버스 대회에 선발된 태국의 '아파사라 홍사쿨라' 역시
이곳 치앙마이 출신이다.

이곳에 도착하면 우선 시원한 기후에 한결 기분이 상쾌해지며, 저
녁 6시쯤 시작되는 민족색이 짙은 쇼에 기대를 갖게 된다. 일종의 대
형 야외 식당인 공연장의 입장권을 예약한 뒤 시간에 맞춰 들어서면
강당처럼 넓은 마룻바닥에 일행과 둘러앉아 태국의 전통적인 저녁식
사를 한다. 저녁 식사라고 하니 서양식 요리나 중국식 풀코스 등 거창
한 요리를 생각할지 모르지만, 실은 작은 대바구니에 담은 찰밥을 젓
가락이나 포크도 없이 왼손으로 집어서 몇 번 주물러 먹기 좋게 만든
다음 입에 넣는 것이 고작이다. 물론 이 찰밥은 소금 간이 되어 있어
별다른 반찬이 필요 없지만 희망하는 사람은 태국식의 특이한 카레를
곁들일 수도 있다. 어쨌든 이 만찬이 끝나면 곧이어 공연이 시작되는
데 이곳에 사는 원주민들인 고산족의 무용과 합창으로 공원 같은 야
외극장은 기쁨의 열기로 점차 뜨겁게 달아오른다.

태국의 특이한 공휴일과 행사

태국에는 태국만이 가지는 특이한 공휴일과 행사가 있다. 우리나라와 마찬가지로 태국도 신정 연휴 등 일반적인 공휴일이 있지만, 이외에 가장 성대한 공휴일은 태국 국왕 내외의 탄신일이다. 국왕 내외의 탄신일에는 전 국민이 자기 집에 놓여 있는 국왕 사진 앞에 오키드 꽃다발을 놓고 경건하게 경배를 하면서 축하함은 물론 총리를 비롯한 삼부의 고급 관료들이 궁전으로 찾아가 머리를 조아리면서 국왕 내외의 생일을 축하한다. 앞에서도 이야기한 바 있지만 태국 국왕은 국민으로부터 절대적인 존경과 신뢰를 받고 있기 때문에 국왕 내외 탄신일의 공휴일 풍경은 가히 상상을 할 수 있으리라 생각한다.

또 다른 태국의 명절에는 로이끄라통Loi Krathong이 있다. 4월 말을 전후해 즐기는 이 명절날에는 온 식구가 정성스럽게 종이나 나무로 작은 배를 만들어 자기 가족의 소원을 써 붙인다. 소원은 대개 아들을 낳거나 취직, 건강, 대학 합격 등 우리나라의 가정과 비슷하다. 저녁이 되면 강물이 있는 곳으로 나와 촛불을 켜 배를 띄우고 떠내려가는 배를 보면서 두 손 모아 자신의 소원을 비는데 이 배가 촛불도 꺼지지 않고 불이 붙어 타지도 않으면서 오래오래 떠내려갈수록 소원이 이루어질 확률이 크다고 한다.

4월에 로이끄라통이 있다면, 5월 우리나라의 어린이날 무렵 태국에는 완 쏭크란Wan Songkran이라는 아주 특이한 행사가 있다. '송크란Songkran'이라는 말은 산스크리트어로 '이동'을 뜻하는데, 이는 태양의 위치가 바뀐다는 것으로 타이력의 정월 초하루를 가리킨다. 송크란에는 다양한 행사를 하지만 가장 유명한 행사는 집집마다 큰 양동이에

물을 담아가지고 있다가 지나가는 행인들에게 물세례를 퍼붓는 것이다. 물론 아는 사람들뿐만 아니라 처음 보는 사람 그리고 외국인들에게까지도 무차별적으로 물세례를 퍼붓는다. 이날 길거리를 다니다가 옷을 입은 채로 물세례를 많이 받으면 받을수록 복을 많이 받게 된다니 태국인들에게는 즐겁고 신명나는 행사인지 모르겠지만 모처럼 태국을 방문한 외국인들, 특히 중요한 약속이나 행사 때문에 고가의 옷을 잘 차려입고 나갔다가 영문도 모른 채 물벼락을 받는 외국인들에게는 이해가 가지 않는 날이라 하겠다.

이밖에도 태국에는 열대 지방답게 여러 가지의 싱싱한 과일이 풍부할 뿐만 아니라 값도 아주 저렴하다. 서울에서는 대개 중국집에서 후식으로 통조림 형태로밖에 먹을 수 없는 리치에서부터 망고, 파파야, 퀸, 살구, 포도 등 질 좋은 과일들이 즐비하다. 그렇지만 이 많은 과일 중에서 과일의 왕은 단연코 '두리안'으로 특히 남성들에게는 산삼이나 비아그라만큼 좋다고 소문 난 과일이다. 태국은 이 두리안을 일종의 국가를 상징하는 과일로 생각하고 있고 매년 가을 수확철이 되면 전국에서 생산된 두리안 중에서 가장 잘생기고 큰 소위 '미스터 두리안 선발 대회'를 가지면서 많은 사람이 두리안을 사 먹는 시발점이 되기도 한다.

이렇게 몸에 좋은 과일이라지만 태국을 처음 방문하는 외국인은 그렇게 쉽게 먹을 수 있는 과일이 아니다. 아마 비위가 어지간히 좋은 사람이 아니면 먹기는 고사하고 곁에 가기조차 어려울 것이다. 딱딱한 껍질을 반으로 자르면 속에서 노란색의 열매가 나오는데, 그 냄새가 우리 시골집의 재래식 화장실 냄새와 비슷하여 역겨울 정도이기 때문이다. 그래서 두리안은 비행기에도 몰래 숨겨 올 수조차 없는 금지 품목이다. 아무리 비닐로 싸고 가방 속에 깊이 넣어 비행기 화물칸에 실었다고 할지라도 그 냄새가 객실까지 스며들기 때문이다. 그러나 사람의 입맛이란 쉽게 변하는 것인지 처음에는 곁에 갈 수도 없었던 두리안이 태국에 오래 살다 보면 점차 친숙해지고, 일 년 정도 지나면

아주 자연스럽게 맛을 즐기며 먹을 수 있게 되고, 차츰 그 참 맛을 알게 되면서 질 좋은 두리안을 골라서 사 먹게 된다. 대개 외교관이나 상사 주재원들의 근무 기간이 3년이기 때문에 태국에 3년간 살다가 귀국하게 되면 한국에 돌아와서도 두리안 타령을 하게 되고 틈만 나면 두리안을 먹고 싶어 하니 사람의 식성이 간사하다고 할까 웃어넘길 수만은 없는 두리안의 독특한 매력인지 모르겠다.

태국의 교육제도

태국의 학생들은 초등학교나 중, 고등학생뿐만 아니라 대학생들도 교수에 대한 존경심이 아주 큰 것이 부러웠다. 내가 대사관에 근무하는 동안 태국 정부의 요청에 따라 우리나라의 새마을 운동과 경제 발전에 대해서 태국의 유명한 국립대학인 타마사트 대학에서 2년 정도 초빙 교수로 강의를 한 적이 있었다. 하지만 대사관 일 때문에 매일 강의를 할 수 없어 일주일 분의 강의를 몰아서 하루에 해야 했다. 그러다 보니 세 시간 내지 네 시간 동안 연속해서 강의를 하게 되었다. 휴식 시간 없이 강의를 하다 보면 학생들이 화장실을 가게 되는데 이들이 화장실을 갈 때에는 앞에 앉아 있는 학생뿐만 아니라 제일 뒤에 앉아 있는 학생들도 발소리를 내지 않고 앞에까지 걸어 나와 두 손으로 합장하면서 외국인 교수인 나에게 경의를 표한 뒤 다시 소리 없이 걸어가 뒷문으로 화장실을 가게 되고 화장실에서 돌아올 때면 또다시 나갈 때와 마찬가지로 앞에 있는 교단까지 나와 공손히 인사를 한 뒤 자기 자리에 돌아가게 된다. 그 모습은 단순한 의례적인 존경의 표시가 아니라 그들의 마음속으로부터 우러나오는 교수에 대한 존경심이라고 느껴질 때 태국의 저력이 바로 이것이 아닌가 하는 생각이 들었다.

태국에서의 교육제도 중 눈여겨 볼만한 제도는 대학교 졸업식이다. 태국 대학 졸업식은 짧게는 하루 종일, 길게는 사흘 정도 걸리는 경우가 종종 있다. 특히 국립대학의 졸업식에는 태국의 국왕이 직접 참석하여 졸업생 전원에게 일일이 졸업장을 직접 수여하기 때문이다. 우리나라에서는 아무리 졸업생이 많아도 그중 대표 학생 한명에게 졸업장을

주고 '이하동문'이라고 하지만, 태국에서는 졸업생이 몇 명이 되었든 한 명 한 명 그들의 이름을 호명하고 졸업장 내용을 읽어 주고 국왕이 직접 졸업장을 수여한다.

우선 졸업식장 단상에는 교수 전원과 국왕이 앉고 단상 밑으로 총리 이하 전 국무 위원들이 자리를 잡는다. 아무리 총리나 장관이라 하더라도 졸업식장에서는 단상에는 올라갈 수 없으며, 그곳에는 오직 교수들과 국왕만이 앉을 수 있으니 태국 대학의 사회적인 지위나 권위를 짐작할 수 있을 것이다. 또한 졸업장을 일일이 수여하는 국왕이나 졸업장을 받는 졸업생도 반드시 왼손만을 사용할 뿐 절대로 오른손을 사용하지 않는다. 태국 사람들은 오른손은 화장실에서 사용하는 손이라 왼손만이 신성하고 깨끗하다고 여기기 때문이다. 이때 국왕은 왼손을 직접 내밀지만 졸업장을 받는 학생은 왼손 손목을 한 바퀴 돌려 국왕에게 존경을 표한 뒤 받는다.

국왕은 대개 두 시간 정도 이러한 졸업식을 진행하다 휴식하고 다시 졸업생 한 명 한 명이 직접 졸업장을 받을 뿐만 아니라 그 순간을 사진사가 촬영해야 하기 때문에 2,000~3,000명의 졸업생이 있다면 2~3일 동안 졸업식을 할 수밖에 없게 된다. 그래서 태국 지도층이나 부유층 가정은 물론 산비탈에 있는 통나무집이나 조그만 조각배 위에서 생활하는 수상가옥에도 어김없이 국왕 사진 옆에는 국왕으로부터 직접 졸업장을 수여받는 사진이 나란히 걸려 있다. 그래서 태국을 처음 방문하는 외국인들에게는 아마 그 사람이 졸업생 전원을 대표하여 졸업장을 수여받았을 거라고 생각하기가 십상이다.

태국 편

장군이 유난히 많은 태국 나라
월급 차이 나는 국회의원

태국에는 장군이 유난히 많은 나라이다. 우리나라 광복절인 8월 15일이 되면 한국 대사관은 광복절 기념 축하 파티를 열어 각국의 외교 사절은 물론 태국의 군 관계 주요 인사들도 많이 참석하는데 현역뿐만 아니라 예비역 장성들까지 초대하면 그날 초대된 태국인 대부분은 육군 대장이 대다수이다. 물론 우리 군 체계와 달리 일정한 기간이 되면 자동으로 승진이 되어 상대적으로 장군이 많이 배출되기 때문이다. 그래서 육군 참모총장도 대장이고 그의 비서실장도 대장이 맡는 등 유난히 장군이 많은 나라가 태국인 듯하다.

태국과 우리나라의 또 다른 점은 바로 월급차이가 나는 국회의원 정치제도이다. 태국에는 국민이 직접 선거로 뽑아 구성되는 하원과 각 직장이나 직능 대표로 구성되는 상원이 있는데 이 상원의원 중에는 노동조합이나 교수 대표는 물론 현역 공무원들도 속해 있다. 이들은 평상시에는 자신의 직장에서 근무하다가 국회가 개원되면 국회 회의 기간 동안에는 국회의원 신분으로 일하게 된다.

지역구를 가진 국회의원은 지역구 사무실 관리와 지역 국민의 애경사 참여 등 많은 비용을 소비하지만, 지역구가 없는 상원의원들은 지역구를 가진 하원의원들에 비해 상대적으로 경비가 적게 드는 것이 엄연한 현실이다. 그래서 태국의 상원의원 세비는 지역구를 가진 하원의원의 1/4 수준으로 크게 차이가 나는데 지역구 의원과 전국구 의원의 구분 없이 일률적으로 높은 세비를 받는 우리나라의 국회의원들에게도 한 번쯤은 생각해 볼만한 합리적인 제도가 아닌가 싶다.

태국은 전통적으로 군인들의 쿠데타가 잦은 나라이다. 사관학교에 입학하여 장래에 상대적으로 풍요롭게 살기를 원하는 사람은 졸업 후 경찰을 지망하고, 총리를 한 번 하고자 하는 사람은 군인 쪽을 지원할 정도로 사관학교를 나와 정규 코스를 밟은 군인들의 정치에 대한 관심이 지대하다. 심지어 태국 신문을 보노라면 어젯밤 2군 사령관이 다음 주에 쿠데타를 일으킬 것이며, 그 모의 자리에는 누가 참석했으며 또한 쿠데타가 성공한 뒤 각부 장관의 이름까지 종종 언급된다. 그렇다고 그 사람들에 대해서 조사나 처벌하는 경우도 전혀 없다고 한다. 또한 비록 쿠데타에 성공하더라도 전임자를 절대로 해치거나 구속하지 않고 별도로 비행기 등을 마련하여 잠시 외국이나 시골에 가 있게 하는 등 배려를 해 주기 때문에 다른 나라에서 흔한 유혈 쿠데타가 아니라 다치는 사람이 전혀 없는 무혈 쿠데타가 특징이라 하니 태국인의 국민성 때문인지, 너무 쿠데타가 자주 일어나 면역이 되어서인지는 모르겠다. 내가 잘 알고 지내던 국립 타마사트 대학의 교수도 만날 때마다 자신이 어떤 사람과 쿠데타 모의를 하고 있으며 성공만 하면 문교부 장관이 되겠노라고 큰소리치는 것을 여러 번 들었는데, 참으로 쿠데타에 너그러운 나라임에 틀림없다.

또 다른 사회제도는 공무원들의 신분 보장이 선진국 수준으로 철저하고 그 사생활도 잘 보호되는 나라라는 점이다. 예를 들어 현직 총리 비서실장이 기자회견을 열어 자기가 모시고 있는 총리가 무리하게 법을 개정하면서까지 정년을 연장하려 한다고 비난하면서 총리 비서실장 입장에서는 총리의 정년 연장을 반대한다는 입장을 밝혔지만 그 비서실장은 그 이후에도 계속해서 임기 연장을 반대한 총리를 모시면서 공직 생활을 하고 있는 모습에서 태국의 공직 사회가 대부분의 개발도상국과는 달리 자유스럽고 신분이 철저하게 보장되었음을 알 수 있었다. 또한 건설공사 입찰과 관련 현직 내무부 차관이 수뢰 혐의로 검찰의 조사를 받고 법원에 뇌물죄로 정식 기소되어 재판을 받고 있는 도중에도 내무차관은 계속해서 현직을 유지하면서 재판을 받을 때에도

자기 비서관의 도움을 받으면서까지 자기의 입장을 철저하게 방어할
수 있는 기회가 보장되기도 했다.

  우리나라 같으면 공무원이 조그마한 비리에 연루되었다는 혐의만
있어도 즉각 그 자리에서 해임되거나 사표를 내야 되는 현실과 비교
해 보면 태국의 공무원들은 보다 많은 자유와 신분 보장을 철저하게
받고 있는 셈이다. 또한 지방 정부를 총괄하는 내무부 지방 국장의 집
을 방문한 적이 있었는데 약 3,000여 평의 넓은 잔디밭에 파3홀까지
갖춘 호화판 저택이었다. 아마 우리나라 같으면 정부의 국장은 물론
장관이라 하더라도 그런 호화판 저택에서 살게 되면 공직을 내놓을
수밖에 없었을 것이다.

태국 편

세계에서 외국인이 가장 적응하기 힘든 나라

태국은 프랑스 파리에 못지않게 교통 혼잡이 극심한 나라 중의 하나이다. 또한 운전석이 우측에 있어 많은 외국인이 태국에 처음 정착해서 운전하는 동안 사고를 많이 당한다. 이런 상황에서 태국 국민이 운전하는 자동차와 접촉사고를 내면, 일반 외국인들은 말할 것도 없고 외교관이라 하더라도 일단 현장에 달려온 태국 경찰에게 아무리 합리적인 설명을 해도 결과는 언제나 외국인이 잘못했다는 판명이 나게 되어 있다. 어떻게 보면 자국민 우선 보호정책이 너무 지나치지 않나 하는 생각도 해 보지만 그렇다고 외국인이나 외교관이라면 무조건 관대하게 대해 주는 우리나라의 실정과 너무나 대조적이다. 그래서 언젠가 태국 주재 미국 대사가 골프 클럽에서 골프가 끝난 뒤 농담조로 내게 어떻게 한국 대사는 태국 정부로부터 그렇게 융숭한 대접을 받느냐고 물으며, 아마 각국에 파견된 미국 대사 중 태국에와 있는 자신이 주재국으로부터 가장 대우를 못 받는 대사일 것이라고 말하였다. 그러면서 그는 예를 들어 당연히 세금 없이 자유롭게 통관되어야 하는 대사나 대사관에서 쓰는 물품마저 세관에서 이런저런 핑계를 대면서 통관을 며칠씩 끌거나 아예 통관을 거절하는 사례가 너무나 많다고 불평했다. 또한 태국인들은 전통적으로 자존심이 강해서 평상시에는 온순하고 항상 웃는 얼굴을 하고 있지만 만일 자신들의 자존심을 건드리면 극단적인 행동을 할 정도로 자존심이 강하다. 그래서 태국에서 살려면 외국인들은 절대 태국인들과 일정한 도를 넘어 다투는 것은 절대금물이며 그들의 자존심을 건드려서는 안 될 것이다. 일례로, 방콕에서 중소기업 제품을 생산하는 우리나라 사장에게 벌어진 일을 들 수 있다. 어느 날 일하다가 잠시 쉬고 있던 직공의 어깨를 살짝 치면서 사장이 왜 일하지 않느냐고 핀잔을 준 일이 있었다. 그러자 여러 사람이 보는 현장에서 그 직공은 아무 말 없이 고개를 숙이고 다시 일을 시작했는데 다음 날 아침 그 사장은 직공에 의해 살해된 채 발견되었고 그 사람은 어디론지 행적을 감춰 버린 사건이 있었다. 대사관에서 그 범인을 잡아 달라고 경찰서에 정식 신고했지만 경찰의 답변은 우리도 이 넓은 땅덩어리에 그 사람이 어디로 숨었는지 어떻게 찾아내겠느냐면서 혹시 대사관에서 그 사람이 어디에 있는지 알면 경찰서로 알려 달라는 답변이었다. 이런 점을 보면 아마 태국이 외국 사람들이 적응하기에 가장 어려운 나라 중의 하나일 것이다. 또 다른 태국인의 국민성은 친절과 봉사에 대한 값어치다. 태국은 일 년 중 6개월은 매일 한 번씩 비가 온다. 특히 수도 방콕은 퇴적물이 모여 생긴 땅으로 지대가 낮기 때문에 비가 조금만 와도 물이 넘치고 홍수가 나기 십상이고, 순식간에 도로마저 물에 잠겨 도로를 달리던 승용차들은 물속에서 엔진이 꺼지거나 잠기는 수난을 겪는다. 이럴 때면 어김없이 두세 명의 어린 꼬마들이 쏜살같이 나타나 물에 빠진 차를 밀어서 언덕 위까지 올려준 뒤, 깨끗한 천으로 엔진의 속까지 물기를 닦아 다시 시동이 걸리게 해 준다. 이 꼬마들은 갑자기 물속에 빠져 엔진이 꺼져서 고생하는 운전자들에게는 정말 반갑고 친근한 존재이며, 이들에게 주는 팁이 겨우 1달러 내외이기 때문에 아깝지도 않다. 오히려 갑자기 물속에서 엔진이 꺼졌을 때 이들이 없으면 정말 고생한다. 한 번은 친구와 같이 골프장에 가다가 갑자기 물속에서 차의 엔진이 꺼졌는데 이날따라 차를 밀어 주는 애들이 없었기 때문에 나와 친구는 차 밖으로 나와 옆 동네에서 새끼줄을 얻어 차에 묶은 뒤 한사람은 앞에서 끌고 한 사람은 뒤에서 밀면서 엄청난 고생을 했다. '이럴 때에 차를 밀어 주는 소년들이 있었더라면 얼마나 좋았을까' 지금도 생각해 본다.

태국에서의 1달러는 앞서 비속에서 차를 밀어주는 값어치를 말했다면 다른 값어치는 바로 골프 캐디에게 지불하는 1달러의 위력이다.

　태국은 너무 더운 나라이기 때문에 자칫하면 냉방이 잘 된 방이나 사무실 등에 앉아 있게 되기 쉽다. 그러나 너무 움직이지 않고 에어컨 속에 살다 보면 소위 냉방병을 얻거나 감기가 떨어지지 않는 등 무력증을 유발하게 된다. 그래서 태국에서 사는 사람들은 아무리 날씨가 덥다 하더라도 야외에 나가 산책을 하거나 골프를 친다. 내가 방콕Bangkok에 있을 당시에는 골프장 이용료도 아주 저렴했을 뿐만 아니라 캐디에게 지불하는 팁도 1달러면 충분할 때였다. 그래서 골프장에 도착하면 손님을 기다리고 있는 캐디들 중 네 명 정도 고른다. 먼저 제일 건장하고 힘이 셀 것 같은 캐디에게는 골프백을 메고 다니게 하고, 날렵하고 재빠르게 생긴 캐디는 내가 치는 볼을 잘 찾아 주는 일을 맡기고, 세 번째는 적당한 키에 우산을 잘 받치고 다닐 수 있는 캐디를, 네 번째는 가장 예쁘고 말을 잘하게 생긴 캐디를 골라 필드에 걸어가는 동안 이야기 상대를 한다. 그래서 골프를 치는 동안 네 명의 캐디를 거느리고 다니면서 볼을 때리기만 하면 볼이 어느 방향으로 갔는지 신경 쓸 필요도 없는, 소위 대통령 골프를 치면서 국제회의에서 받았던 스트레스를 해소한다. 골프가 끝나면 각각의 캐디에게 1달러씩 팁으로 주면 그들은 두 손을 합장하면서 너무도 고마워하는 모습에 1달러의 위력이 이렇게 큰 것인가 새삼스럽게 생각해 보곤 한다.

껌을 씹지 못하는 나라

싱가포르는 세계에서 가장 치안 유지가 잘되고 질서를 잘 지키는 나라로 유명하다. 예를 들어, 길거리에 껌을 함부로 뱉으면 벌금을 내게 하는 나라는 있어도 싱가포르와 같이 아예 껌 자체를 팔지도, 씹지도 못하게 하는 나라는 아마 지구상에 없을 것이다.

싱가포르에서는 법률이나 사회적인 규칙을 어기고는 절대 살아남을 수 없다. 얼마 전 호주 인이 마약 거래를 하다가 싱가포르 경찰에 붙잡혀 재판에 회부되어 사형 선고를 받을 처지에 놓인 적이 있었다. 그러자 오스트레일리아 수상이 직접 싱가포르를 방문하여 구명을 호소하였고 미국의 부시 대통령을 비롯한 각국의 지도자들도 죄인의 본국 추방 등의 선처를 부탁하였다. 그러나 싱가포르 정부는 한 번 예외를 만들면 앞으로도 계속해서 예외를 인정해 주어야 한다는 이유로 끝내 각국 원수들의 선처 요망을 거절하고 그 오스트레일리아인 마약사범을 사형 집행했다. 이는 우리나라 매스컴에서도 여러 번 소개되어 널리 알려진 사건이다.

싱가포르에는 아직도 사회적인 중대 범죄 네 가지에 대해서는 곤장 세 대를 때리도록 되어 있다. 이 곤장은 가느다란 버드나무 가지를 오랫동안 기름에 담가 특수 제작한 것으로 한 대를 맞으면 살이 터지고 피가 나올 정도로 그 고통이 지극히 크다고 한다. 게다가 이 곤장을 때릴 때에는 한 번에 세 대를 다 때리는 것이 아니라 특정한 날을 정해서 한 대 때리고 그 장소에 입회한 의사가 그 터진 엉덩이를 치료한 뒤 집에 돌려보내면, 그 상처가 완전히 나을 때까지 대개 1개월 정도 기다린다고 한다. 그 뒤 또 다시 불러 두 번째 태형을 가하고 상처가

완전히 나을 때까지 기다렸다가 세 번째 태형을 가한다고 한다. 그러니까 고통을 최대한으로 길고 그리고 많이 느끼게 하는 셈이다. 이 곤장을 맞아야 하는 대표적인 범죄는 국가 모독죄 예를 들어 싱가포르 국기를 찢는 행위, 절도 행위, 성범죄 행위 그리고 마약 사용 등이라고 한다.

몇 해 전 우리나라의 할아버지로 구성된 효도 관광단이 싱가포르 에어라인을 이용하여 싱가포르를 방문한 적이 있었는데, 자식들의 효도로 난생 처음 비행기를 타 본 시골 할아버지들이 싱가포르 에어라인의 아리따운 스튜어디스들에게 호감을 가진 것은 물론이다. 그 중 용기 있는 할아버지가 양주를 한 잔 마신 뒤 자신에게 서브하러 다가온 싱가포르 에어라인의 스튜어디스 엉덩이를 쓰다듬으면서 참 예쁘다고 말했다. 놀란 스튜어디스의 신고로 비행기 안은 술렁였고, 싱가포르에 도착한 비행기의 승객들은 내리지도 못한 채 싱가포르 경찰들이 오기만을 기다려야만 했다.

얼마 뒤 비행기의 문이 열리고 싱가포르 경찰이 기내로 들어와 그 할아버지를 연행해 갔다. 효도 관광을 주선한 여행사 대표가 한국 대사관에 연락을 한 뒤 대사관 직원과 함께 경찰에 찾아가 한국에서는 나이 드신 어른들이 젊고 예쁜 처자를 보면 의례적으로 몸을 가볍게 만지면서 예쁘다고 이야기하는 것이 오래전부터 내려오는 전통으로, 이 할아버지 역시 손녀 뻘 되는 스튜어디스를 귀엽고 예쁘다고 일반적으로 말한 것일 뿐 성희롱할 의도가 전혀 없었다고 아무리 통사정을 해도 싱가포르 경찰은 이를 이해해 주려 하지 않았고 해당 스튜어디스에게도 통사정을 했으나 자신은 어쩔 수 없으며 법이 알아서 처리할 것이라고 대답할 뿐이었다. 80여 명의 관광단들은 그 할아버지 때문에 관광 일정 자체가 취소되었고 이 할아버지를 재판에 회부하여 태형을 행하겠다는 싱가포르 당국과 우리나라의 풍습과 미덕이니 선처해 달라는 대사관의 통사정이 일주일 넘게 계속되었다. 결국 스튜어디스 장본인이 할아버지의 처벌을 원치 않고 금전으로 손해배상을 받는 데 합의해 주었고 싱가포르 경찰에서도 그 할아버지가 노령이고 외국에 처음 나왔음을 감안하여 특별히 합의금 3천만 원을 물고 풀려났다. 싱가포르를 여행할 때에는 사소한 일이라도 절대로 상식에서 벗어나는 행동을 해서는 안 될 좋은 사례라 하겠다.

40도가 넘는 열대에서도 밍크 목도리가 불티나게 팔리는 나라

싱가포르는 연중 온도가 30도를 오르내리는 더운 지방으로 한여름에는 40도가 넘는 불볕더위가 지속되는 나라이다. 그런데도 몇해 전 일본을 시작으로 세차게 불기 시작한 소위 욘사마 바람이 싱가포르에서도 열기가 붙었던 적이 있다. 당시 배용준이 계약 차 잠시 들렀던 싱가포르에는 그를 기념하기 위해서 중심가 거리 이름마저 배용준 거리라고 고쳤고, 〈겨울연가〉에 나오는 배용준의 목도리를 모방하여 만든 밍크 목도리가 없어서 못 팔정도로 불티나게 팔리고 특히 중년 여성들이 불볕더위에도 아랑곳하지 않고 배용준 목도리를 두르고 다니는 것을 자랑스럽게 생각한다니 그 때의 배용준 인기는 국내보다 해외에서 훨씬 높았던 것 같다.

또 다른 인기있는 한국 제품은 바로 라면이다. 중동으로 가는 많은 선박의 경유지이며 우리나라를 비롯하여 아시아의 선박들이 중동 국가로 가려면 반드시 들러 중간 급유를 받거나 선박 수리를 받아야 하는 등 싱가포르는 세계 각국 선박들의 중간 정착지로서 역할을 해왔고 이것이 싱가포르 경제 발전의 한 축이 된 것도 사실이다. 특히 싱가포르에서는 한국산 라면이 가장 인기 있는 품목 중의 하나이기 때문에 한국 선박들이 중동으로 가면서 싱가포르 항에 들를 때에는 한국에서 가져간 라면을 선박 수리공들이나 관계자들에게 선물하면 최고의 대우를 받는다고 한다. 선원들뿐만 아니라 한국을 단체로 관광하는 싱가포르 관광객들도 인천공항을 빠져 나갈 때에는 최소한 라면 몇 상자씩을 필수적으로 가져간다는데 현지에서 팔리는 일본이나 중국산 라면에 비해 우리 라면의 시원하고 얼큰한 맛 때문에 더욱 인기가 높다고 한다.

싱가포르 수호신, 머라이언
외국인이 출퇴근 하는 나라

싱가포르는 수호신으로 머리는 사자, 몸통은 물고기로 된 '머라이언'이라는 상상의 동물을 만들어 곳곳에 세우고 있다. 특히 싱가포르 중심지의 오페라 극장 앞의 거대한 머라이언 상은 싱가포르를 찾는 많은 외국인들이 사진 촬영을 하는 단골 장소이다. 그곳에 갔을때 머라이언 입에서 분수가 쏟아져 나오는 것을 보면 그 사람은 앞으로 복을 많이 받는다는 이야기가 퍼지면서 많은 관광객이 머라이언 입에서 분수가 나올 때를 기다리면서 그곳에서 커피를 마시거나 휴식을 취하기도 한다. 싱가포르처럼 작은 나라에서 머라이언 같은 수호신을 만들어 관광객들을 매료시키는 것도 관광 진흥을 위한 좋은 방법이라고 생각한다.

싱가포르로 출퇴근하는 말레이시아와 인도네시아 근로자들 매일 이른 아침과 저녁 출퇴근 시간이면 싱가포르와 말레이시아 그리고 싱가포르와 인도네시아 국경을 넘으려는 오토바이를 탄 사람들이 수백 미터의 줄을 지어 기다리고 있다. 이들은 상대적으로 임금이 쌀 뿐만 아니라 일자리도 얻기 어려운 자기 나라보다는 일자리 많고 임금도 3~4배나 높은 싱가포르에서 일을 하기 위해 매일 자기 나라에서 오토바이를 타고 출퇴근하는 말레이시아와 인도네시아 근로자들이 대부분이다.

싱가포르는 큰 수도관을 통해 말레이시아로부터 먹는 물을 공급받고 석유 등 에너지 역시 이들 나라에 의존하고 있으면서도 경제적으로 이들과는 비교도 할 수 없을 정도로 부유한 나라로 만들어 이웃 나라에서 매일 출퇴근하게 하는 이 지역의 리더 역할을 하고 있다. 그리고

최근에는 산토사Santosa 지역에 대규모 카지노 단지를 만들어 중국과
홍콩을 상대로 카지노와 관광을 함께 즐기는 관광 사업을 시작한 것
도 싱가포르가 작은 국토와 빈약한 자연 자원으로부터 구속되지 않고
장기적으로 국가 경제를 발전시키려는 큰 안목을 가졌음을 보여주는
일례이다.

빈부격차가 극심한 마닐라, 노후를 필리핀에서 보내는 한국인 퇴직자들

필리핀은 일반적으로 치안이 매우 불안한 것으로 알려져 있고 요 즘도 가끔 한국의 관광객이나 사업자가 납치되었다는 기사를 종종 읽을 수 있다. 그래서 마닐라Manila 현지에 가면 정부 지도층이나 기업을 하는 부유층이 사는 지역은 사설 경호 회사들이 삼엄한 경비를 서고 있는 모습을 쉽게 볼 수 있다. 이러한 지역은 안전을 위해 부유층이 사설 용역 회사와 용역 계약을 맺고 입구에서부터 철저한 신원 확인 작업을 끝낸 뒤에야 들어갈 수 있도록 허가해 주기 때문에 일단 정부나 사설 용역 업체가 경비를 맡는 지역은 안전지대라고 생각해도 좋을 듯하다. 그러나 많은 서민들이 사는 지역은 마닐라 중심지를 제외하고는 주택 수준이나 생활여건이 너무도 열악하고 부자들과의 격차가 너무나도 커, 자연히 치안이 불안하고 많은 사고가 일어나게 된다. 많은 신흥 국가들이 비슷한 여건에 처해 있지만 특히 필리핀의 빈부격차는 너무나도 큰 것 같다. 정부가 적당한 해결점을 찾기가 쉽지 않을 듯하다.

요즘 마닐라 근처에는 주로 우리나라 사람들을 대상으로 한 콘도 건축 붐이 상당하다고 한다. 필리핀은 우리나라로부터 비행시간도 적당하고, 물가도 저렴해서 월 200만 원 정도만 있다면 좋은 집에 골프 멤버십까지 구해 퇴직한 친구 서너 명 정도가 인근 콘도에 살면서 여생을 편안하게 즐길 수 있어 부쩍 필리핀을 찾는 사람들이 많아졌다고 한다. 더구나 공직에서 평생 근무했거나 공기업이나 대기업체 임원으로 근무하고 퇴직한 사람들은 본인이 원하면 매월 일정액을 월급처럼 받을 수 있기 때문에 최소한 한 달에 200만 원 정도의 퇴직금을 받는 사람들은 국내에서 여러 가지 복잡한 사연에 끼어들지 않고 필리핀에서 매일 골프를 즐기면서 여유롭게 살 수 있다는 장점 때문에 가족 모두가 필리핀에 이주하여 사는 전직 관료나 기업인들이 느는 추세이다. 다만 필리핀은 치안 상태가 만족스럽지 않기 때문에 외국인들이 모여 사는 비교적 치안이 안전한 지역을 선택해서 노후를 편안히 보낼 수 있도록 필리핀에서 생활 정착지를 선택할 때에 보다 신중한 고려를 해야 될 것이다.

필리핀은 물가가 저렴해 일반적인 생활필수품 가격뿐만 아니라 인건비도 낮아 필리핀에서 노후를 보내는 우리나라 사람들은 대개 필수적으로 운전기사와 가정부를 두고 있으며 약간 여유가 있는 집에서는 운전기사 한 명을 더 두어 필요할 때는 운전하게 하고, 그렇지 않으면 정원이나 잔디 청소 등을 시키며, 가정부 역시 한 명을 더 두어 아이들을 전적으로 보살피게 하는 등 너덧 명까지 운전기사와 가정부를 고용하기도 한다. 이들에게 주는 1개월 월급은 50달러에서 100달러 정도이기 때문에 우리나라 기준에서는 네 사람을 고용한다 하더라도 경제적으로 큰 부담이 없을 것이다. 나도 마닐라에 머무는 동안 평소 가깝게 지내던 지인의 집에 묵었는데 기사를 비롯하여 가정부들의 서비스가 매우 친절하고 소위 꾀를 부리지 않아 일하는 모습이 진지하기까지 했다. 그 집에서 사흘을 머문 뒤 서울로 돌아오는 날 아침, 두 명의 운전기사와 두 명의 가정부를 모두 불러 놓고 팁으로 1인당 50페소씩 지불했는데, 당시 50페소는 약 10달러 정도에 해당되는 적은 돈이었다. 그런데도 그 사람들은 그 자리에서 무릎을 꿇고 두 손을 합장하면서 무척이나 고마워하여, 새삼스럽게 필리핀에서 10달러의 위력은 너무나도 크구나 하는 생각이 들었다.

코코넛에 얽힌 이야기

마닐라 시내를 돌아다니거나 골프장을 가기 위해 교외로 벗어날 경우 길가에 코코넛을 수북하게 쌓아 놓고 파는 상인들을 쉽게 만날 수 있다. 코코넛 즙은 100퍼센트 천연 과일즙이기 때문에 사이다나 콜라 등 탄산음료에 비해 건강에도 좋고 마시기도 편해서 많은 사람이 길가에 서서 코코넛을 사 먹는다. 그런데 동행하고 있던 현지에 오래 살고 있는 지인은 코코넛은 그렇게 스트로우로 물만 마시기도 하지만 코코넛으로 만든 코코넛 기름은 그 성분이 매우 우수하여 이를 마시면 성인병 치료에 좋고 머릿기름 대용으로도 사용할 수 있고, 피부에 바르면 어느 화장품 못지않은 효과가 있어 피부가 부드러워진다는 설명이었다. 그의 말을 듣고 코코넛 기름을 두세 차례 마셔보았는데 맛은 그런대로 괜찮은 듯했다. 그러나 그날 밤 기온이 약간 내려가니 낮에 몸에 좋다고 많이 사와서 마셨던 코코넛 기름이 하얗게 응고되는 모습을 우연히 발견하였다. 왜 코코넛 기름이 이렇게 응고되었냐고 물었더니 그 집 주인은 따뜻하면 액체가 되고 조금만 추우면 고체로 변한다고 설명해 주었다. 순간 코코넛 기름을 두세 차례 마셨던 나는 아차 싶은 생각이 들었다. 물론 사람의 체온이 36.5도이기 때문에 몸속에서 코코넛 기름이 엉겨 붙는 일은 없겠지만 추운 겨울에 코코넛 유를 마시고 밖을 돌아다니다 보면 자기도 모르게 코코넛 유가 응고되면서 건강상 아주 나쁠 것이라는 생각이 들었다. 코코넛은 사용처가 매우 다양하지만 화학적으로 증명되지 않은 상태에서 질병을 고치거나 피부에 좋다는 이유로 과도하게 마시거나 피부에 바르는 일은 세심한 주위가 필요하지 않을까 생각된다.

필리핀 편
닭싸움에 열광하는 필리핀 사람들

따갈로그어로 'WALA'는 '없다'라는 말인데 이는 꼭 영원한 패자도 영원한 승자도 없는 필리핀의 닭싸움을 두고 한말 같이 생각된다. 필리핀의 남성들은 닭싸움에 열광하는 모습이 너무 지나칠 정도로 보여서 우리가 보기에는 응원열기가 어리둥절할 정도라 하겠다. 닭싸움에 열광하는 이들은 금요일부터 일요일까지 3일간은 아예 닭싸움하는 경기장에서 살다시피 하고 닭싸움에 선수로 출전하는 닭들은 그야말로 귀하신 몸 중에 몸이다. 예전에 외교관계로 방문 할 때 상대에게 무엇을 선물로 하면 좋으냐고 물으니 필리핀 사람이라면 누구나 우리나라 인삼을 좋아한다는 말을 들었다. 우리나라 인삼이 세계적으로 우수해서 그런 것이라 막연히 생각이 되지만 우리가 필리핀 사람에게 인삼을 선물하면 자기들이 먹지 않고 닭에게 먹일 정도로 필리핀의 닭싸움 경기는 보편적으로 서민층에서도 즐길 수 있는 스포츠라고 말한다. 또한 닭들은 평소에 각종 보약을 많이 먹고 근육강화 운동을 많이 해서 경기에 대비하고 출전한다. 출전하는 닭은 그야말로 보물단지이고 싸움에서 우승하면 일확천금을 거둘 수 있으니 항상 출전할 때마다 이기길 빈다고 한다. 이 닭싸움 스포츠의 인기는 필리핀 사람 누구에나 길을 막고 돈을 벌어 어디에 쓰겠느냐고 물으면 십에 팔은 닭을 먼저 사겠다고 한다. 그만큼 닭싸움이 누구에게는 놀이거리가 되기도 하고 누구에게는 인생을 역전할 기회인지도 모르겠다.

필리핀에는 공식적인 닭싸움 경기장이 약 5,000여개 있다고 한다. 출전하는 닭들은 양쪽 발에 날카로운 칼날을 차고 출전해 어느 한쪽이 죽어야 승부가 결판나는 그야말로 생명을 걸고하는 싸움이다.

필리핀 사람들은 아무리 돈이 없어도 닭싸움에 걸 돈은 있다고 한다.
출전할 닭이 정해지면 경마와 마찬가지로 승리가 예상되는 닭 쪽에
돈을 걸게 된다. 당연히 경기 내내 자기편 닭을 위해 강렬히 응원하는
것은 말할 필요도 없다. 경기는 하루에 180회 정도의 경기가 이루어
지며 금, 토, 일 3일간 계속되니 한 경기장에서 3일 동안 적어도 540
마리의 닭이 죽게 되는 셈이며 전국적으로는 540 * 5000 = 270만 마리
의 닭이 죽게 되는 셈이다.

그런데 그렇게 애지중지하는 닭도 경기에 패배하고 죽게 되면 말
그대로 닭고기가 된다. 경기장 옆에는 경기도중 죽은 닭으로 만들어
주는 닭요리가 보통 닭요리보다 약 두 배의 가격으로 불티나게 팔리
고 있다니 아이러니하다. 살아있을 때는 중요한 선수지만 죽으면 그
야말로 먹어 치워야 하는 양계장 닭 신세를 면하기 힘들다. 값이 비싼
이유는 짐작한데로 앞에 이야기처럼 인삼은 물론 각종 보약들은 먹여
기른 닭이기 때문이다. 주인도 먹지 못한 산해진미를 먹여서 키웠으
니 아마 보약 중의 보약임에 틀림 없을 것이다.

필리핀 사람들이 열띤 응원을 하면서 닭싸움을 즐기는 것은 아마
도 닭싸움을 통해 원초적인 쾌감을 대리만족하는 것으로 인간내면에
숨겨진 잔혹성을 우리는 숨기고 살지만 이 사람들은 조그맣게 표출하
며 살아가고 있는지 모르겠다.

라오스 편

3무(無)의 나라, 라오스

라오스 정식명칭은 라오인민주주의공화국으로 국토는 약23만 제곱미터이며 인구는 약 667만 명 정도이다. 라오스의 특징은 바다가 없고 집배원(우체국 직원) 그리고 철도와 기차가 없는 3무無의 나라다. 태국, 미얀마, 중국, 베트남 및 캄보디아로 둘러싸여 바다와 접해있지 않다. 그러나 집배원과 철도의 경우 엄밀히 말하면 전혀 없다고 하기에는 어려울 것 같다. 우리나라와 같이 우편가방을 메고 집배원 복장을 한 집배원이 없다는 뜻이지 승용차를 타고 다니면서 편지를 전해주는 집배원은 있기 때문이다. 기차의 경우도 태국 국경지방의 일부구간에서 기차가 다니며 최근 중국정부가 중국에서 라오스 수도 비엔티안에 이르는 철로를 건설하고 있어 머지않아 3무의 나라에서 1무의 나라로 될 수 있으리라.

라오스를 관광하다 보면 이색적인 주차관경을 볼 수 있는데 얼마 전까지만 해도 자동차는 주차비를 받지 않았지만 오토바이에 대해서는 주차비를 받아왔다는 것이다. 그 이유가 상당히 재미있고 그럴듯하다. 자동차는 덩치가 크고 무거워서 지키지 않아도 누가 훔쳐갈 수 없지만 오토바이는 작기 때문에 아무나 훔쳐가기 쉬워 옆에서 지켜줘야 하기 때문에 주차비를 받는다는 것이다. 그러나 최근에는 차량에 현금을 많이 가지고 있다거나 귀중품을 콘트롤 박스에 보관하면 차량의 창문을 깨고 훔쳐가는 절도사건이 비일비재하게 일어난다고 하니 각별히 주의해야겠다.

라오스의 상징, 빠뚜사이 독립 기념탑

비엔티안 메인 중앙으로 내 걷다보면 빠뚜사이 독립기념탑이 나온다. 이 탑은 라오스가 식민지 지배를 받아온 프랑스로부터 독립을 기념하기 위해 세워진 비엔티안 제일의 관광명소라 하겠다. 그런데 그 모양을 보면 프랑스 파리에 있는 개선문을 그대로 모방하여 세운 뒤 개선문 위에 라오스 전통양식의 건물을 올려놓아 마치 라오스가 프랑스를 위에서 깔아뭉개면서 짓누르는 형상을 하고 있다. 특이한 것은 이 탑을 건립할 때 외국에서 지원한 자금으로 지었다는 설과 시공할 때 시멘트와 사암으로 건립하였다는데 언뜻 볼 때는 앙코르와트의 양식과 비슷해 보였다. 건물 외벽의 양식도 조각이 섬세하고 아름다웠으며 특히 외벽의 연꽃무늬와 둥근 천장에 새겨진 수많은 불상이 볼거리를 더했다. 그러나 군데군데 칠이 벗겨지거나 보존의 방식이 허술하여 몇 년이 지나면 복원작업을 해야 하거나 아니면 볼 수 없을지도 모른다는 생각이 들었다. 비가 많이 오는 지역이니 더욱 세심한 관리가 필요한 것이 인지상정이거늘 주변의 벤치나 경관을 죄다 콘크리트로 도배하는 것으로 끝냈으니 보는 마음이 더욱 안타까웠다.

소금 마을 '반 끄아'

수도 비엔티안에서 방비엔 방향으로 약 1시간쯤 가다보면 '반 끄아'라는 소금 만드는 마을이 나타나는데 라오스 말로 '반'은 마을이고 '끄아'는 소금이라는 뜻이다. 처음 방문한 관광객들은 라오스에 바다가 없는데 어디서 바닷물을 끌어다가 소금을 만드는지 의아하게 생각할 것이다. 이곳에서는 지하 200m의 암반수를 끌어올려 장작불로 끓이거나 햇볕에 자연적으로 건조시켜 소금을 만들고 있다. 불에 굽는 방법은 약 1-2일 정도 소요되며 주로 공업용으로 사용되고, 햇볕에 의한 증류방법은 3-4일 소요되며 주로 식용으로 사용 된다고 한다. 전에 이곳이 바다였다는 이야기가 있으며 밑에 있는 암염이 녹아 나오는 지하수라는 이야기도 있는데 벌써 10년 이상 매년 약 8,000톤의 소금을 생산하고도 계속 지하수가 나온다니 신기하기도 하다. 그리고 더욱 인상적인 것은 그 넓은 염전에 일하는 일꾼을 두지 않고 내외간이나 가족 중 단 한 두 사람의 일꾼만 있을 뿐 너무 한적하다는 것이다. 반끄아를 뒤로하고 돌아오는 도중에 아이의 엄마인 듯 보이는 사람이 노곤한 육신을 통나무에 기대앉아 쉬고 있는 것을 보았다. 하늘의 축복으로 일거리를 받아 가족의 생계를 꾸리고 아이를 먹이고 가르치는 것이 전쟁이 끝난 어머니들의 마음이 보이는 것 같아 가슴이 뭉클해 졌다.

금은 좋아하면서
금 같은 서비스가 없는 라오스 사람들

이 지구상에 금을 싫어할 사람은 없겠지만 라오스 사람들의 금사랑은 아주 유별난 듯하다. 우리나라 동대문 시장 같은 시장건물 2층 전체가 금을 파는 상점인데 각상점마다 금을 사려는 사람들로 북새통을 이루어 마치 서로 배급받으려고 아우성치는 모습에 놀라지 않을 수 없었다. 필자는 처음에 순금이 아니고 금을 도금한 물건을 파는 줄 알았다. 옷차림이 허름한 사람들이 입추의 여지없이 서로 먼저 사려고 아우성치는 모습이 신기하기까지 했다.

　기이한 모습을 뒤로하고 상점골목에 들어서자 목이 마르기도 하고 시장기가 있는 것 같아서 모처럼 과일가게가 들러 두리안이 먹고 싶었다. 그런데 두리안 철이 아니라서 한 가게에 몇 개 안되는 두리안만 있었다. 그 중에서 가장 큰 것을 집어 계산을 한 뒤 칼로 잘라 달라 했는데 안에 들어가서 잘라 나온 알맹이를 보니 아주 작은 두 개 정도의 알갱이만 있기에 왜 이렇게 속이 적으냐고 물었더니 껍질을 가지고와 보이면서 썩어서 그렇다고 한다. 그러면 다른 것으로 바꾸어 달라했더니 당신이 집어서 골랐으니 바꾸어 줄 수 없다고 막무가네였다. 관광을 하려면 태국에 가고 유적을 보려면 미얀마에 가고 사람을 만나려면 라오스에 가라는 얘기가 있는데 이 주인장의 태도는 라오스의 때 묻지 않은 순수한 인간성을 왜곡하여 자신의 이익만으로 가득차 있는걸 보니 아무래도 라오스인은 아니라는 생각이 들었다. 어쩐지 씁쓸하고 불쾌한 경험이었다.

라오스의 명물
루앙프라방 꽝시폭포, 왕국 박물관

라 오스 옛 수도인 루앙프라방의 명물은 옛 왕궁 터에 위치한 박물
관과 그곳에서 약 70여키로 떨어진 곳에 있는 꽝시 폭포라 하겠
다. 박물관은 1904년 '시사왕웡' 왕과 왕비를 비롯한 그 가족들이 살
았던 곳이다. 조용히 감상하는 서양 사람들과 달리 떠들면서 가이드
의 장황한 설명을 듣는 중국인과 한국인 관광모습이 무척이나 대조적
이었다. 꽝시 폭포는 입구에서 입장료를 지불하고 무성한 숲길을 지
나야 나오는데 숲길을 지날 때 구경거리로 어린 야생 곰 보호소를 볼
수 있다. 라오스 정부는 야생동물 보호를 위해 티셔츠를 팔거나 기부
금을 받고 있는데 이 돈으로 야생 곰의 먹이나 관리하는 사람들의 비
용을 지불하는 듯 보였다. 상쾌한 숲길을 지나면 아름다운 빛깔의 계
단식 웅덩이가 나오는데 카르스트 지형 덕분에 버섯 모양의 바위들이
많은 폭포로 에메랄드 빛 웅덩이들이 계단식으로 보였다. 폭포라 하
여 웅장한 모습과는 상반되는 모습이었으며 물이 어찌나 차던지 한여
름에도 발만 담그는 수준밖에 안되는데 유럽인이나 서양 사람들은 그
곳에서 수영을 하거나 몸 전체를 넣고 땀을 식히는 모습이 눈에 들어
왔다. 왜 이곳을 유독 서양인들이 좋아하는지 대충 알듯했다. 꽝시 폭
포는 다른 폭포와 달리 계단식으로 6계단을 거치면서 내려오는 장관
이 특색이며 아름다운 폭포였다.

라오스 편

블루라군과 골든트라이 앵글의 미래

방비엔에 가면 누구나 탐쌍 동굴과 블루라군을 찾게 되는데 막상 찾아가보면 여행사에 의해 너무 과장되게 알려진 감이 들것이다. 탐쌍 동굴의 경우 동굴보다는 오히려 그 배경의 산세가 너무 아름다웠고 막상 동굴 속은 너무 허술하게 관리하다보니 많이 훼손된 것이 아까웠다. 블루 라군은 각종 모험을 즐기는 사람에게는 좋을지 모르나 산세를 보면서 조용히 쉬고 싶은 사람들에게는 별로 마음에 들지 않을 수도 있다는 생각이 들었다.

블루라군을 돌아보고 방비엔에 있는 초등학교에 들렀다. 나이에 따라 3개 반으로 나누어 세 명의 선생님들이 수업하고 있었다. 그런데 더운 날씨에 책상도 없이 땅바닥에 엎드려 공부하고 있는 초롱초롱한 눈망울을 보면서 그 어린애들이 책상에 앉아 수업 받는 날이 빨리 오기를 빌었다.

중국과 태국 등 3개국이 만나는 소위 골든트라이앵글 라오스의 훼이싸이는 최근 들어 특히 중국 관광객이 급증하면서 새로운 투자 유망지역으로 떠오르고 있다. 특히 중국과 태국간의 물류 이동량이 급증하는데 태국은 핸들이 오른쪽에 있고 중국은 왼쪽에 있어 반드시 훼이싸이에서 차량을 바꾸어야 하는 특이한 곳이기도 하다. 지금은 주로 카지노 등으로 중국관광객을 끌어드리지만 앞으로 물류와 면세점, 호텔 등도 전망이 좋아 보였다.

순백의 나라
트레이닝이 아직 안 된 나라

미얀마는 태국, 라오스, 중국, 인도 및 방글라데시와 인접해 있는 나라로 당초 인도의 퓨족, 캄보디아의 몬족, 히말라야의 몽골 버마족, 태국북부의 타이족 등 4개 민족이 미얀마로 이주해 형성된 국가로 한마디로 다민족 국가에 속한다 할 것이다.

미얀마를 여행하려면 가능하면 슬리퍼와 물티슈를 항상 가지고 다니는 게 필요하다. 어딜 가나 사원으로 둘러쌓여 있으며 대부분의 관광 명소가 사원인데, 사원을 관광하기 위해서는 신발을 신고 들어가지 못하고 맨발로 들어가야 되는데 대부분 바닥이 깨끗하지 못하기 때문에 사원에서 나오면 더러워진 발바닥을 씻기 위해 물티슈가 있다면 아주 편리할 것이다.

미얀마에 가면 지구상 어느 곳에서도 맛보지 못한 순백의 인간미를 느끼게 될 것이다. 그리고 일상 업무에 지친 현대인들이 편안하게 휴식할 수 있는 안식처를 맛보게 될 것이다. 순수한 그들의 미소를 상상하면서….

미얀마는 20년이 넘게 군부 통치를 하면서 소위 깨우친 엘리트 그룹의 양성에 매우 소극적이었지 않나하는 생각을 해보았다. 어딜 가든 사원만 보이고 사원에 가면 기도하고 식사도 해결된다니 어렵게 노력하지 않고도 생활할 수 있는 여건 때문에 어렵고 힘든 일을 않하고 살아서인지 거의 모든 분야에서 트레이닝이 안 된 감을 쉽게 느낄 수 있다. 미얀마에 진출한 외국기업들이 가장 어려운 점으로 숙련된 인재를 구할 수 없다고 하소연 하는 것도 아마 이 때문이라 생각 된다. 이는 다른 각도로 보면 기회의 땅이라 생각할 수도 있을 것이다.

상상을 초월하는 거대한 쉐다곤 사원

미얀마에 들리는 관광객이라면 누구나 양곤 시내에 있는 쉐다곤 사원을 들리게 될 것이다. 우선 웅장한 규모에 놀라지 않을 수 없을 것이다. 현존하는 부처님 송곳니 사리 4개중 1개가 모셔져있는 곳(1개는 미얀마 만델레이, 그리고 중국과 스리랑카에 각1개씩)으로 2,500여 년 전에 세워진 세계최대 사찰이다. 꼭대기 황금장식을 보려면 덥지만 낮에 방문해야 되고 더위를 피해 시원한 관광을 원한다면 밤에 방문하는 것이 좋다. 3-4시간동안 바닥에 앉아 쉬면서 천천히 구경하면 아주 좋은 곳이다. 특히 월요일에서 일요일까지 요일별로 기도하는 부처님이 다르게 모셔진 것을 기억하면서 자기가 방문한 요일 부처님을 찾아 기도해보거나 관람하는 것도 기억에 남을 것이다.

미얀마 편

부처님이 위대한 도시출현을 예언한 곳

미얀마 제 2의 도시인 만달레이에 가면 언덕위에 만달레이 사원을 볼 수 있는데 이사원은 부처님께서 이곳 언덕에 오르셔서 드넓은 벌판을 바라보시면서 주위 제자들에게 이곳에 위대한 대 도시가 세워질 것이라고 예언하셨다는 이야기가 전해지고 있는 곳이다.

미얀마 동북부지역 고원 지대에 있는 인레 호수는 미얀마 필수 관광코스 중의 하나다. 호수에 막대기로 기둥을 세우고 집을 짓고 사는 호수 위의 시장과 주거공간을 볼 수 있는 곳이다. 이곳에는 특히 미얀마 전국에 10여만 명 밖에 없는 소수민족인 인타족('호수의 아들'이라는 뜻) 들이 모여 사는 곳으로 인타족의 약 75%인 8만여 명이 이곳에 사는데 이들은 태어나서 죽을 때까지 평생을 이곳 호수 위에서 생활한다.

미얀마 편

미얀마의 아름다움

미얀마 관광의 백미는 바간지역의 탑들의 숲을 보는 것이라 생각한다. 당초 13,000여 개의 탑들로 구성된 탑들의 숲으로 장관이었으나 지금은 3,000여 개의 탑들만 남아있지만 그래도 현존하는 세계 최대의 탑들의 숲으로 미얀마 사람들의 불교 생활화를 쉽게 피부로 느껴볼 수 있는 곳이다.

미얀마 필수 관광코스의 하나는 역시 기하학적으로 설명되지 않는 미얀마 짜익 토산 꼭대기 깎아지른 절벽에 있는 짜익티요라 불리우는 황금으로 뒤덮인 황금 바위라 하겠다. 황금색으로 뒤덮인 바위라는 사실보다 그 크나큰 바위가 어떻게 절벽에 떨어지지 않고 놓여있는지 그 위치가 더 수수께끼라 생각된다. 아마 기하학적으로 무게중심이 교묘하게 맞아 떨어지지 않았나 하는 생각이 든다.

미얀마 편

양곤의 쇼핑지역 보족마켓

아 마 미얀마에 온 관광객들은 대게 관광코스의 하나로 보족 마켓
을 들르게 될 것이다. 이 시장은 영국 식민 통치시절 개발된 시
장으로 당시 영국 행정관의 이름을 따서 "scott 마켓"이라 부르다가 미
얀마 독립의 영웅 아웅산 장군의 이름을 따서 아웅산 마켓이라 부르
게 되었다. 이곳에서는 신용 카드 사용이 자유로운 유일한 시장이지
만 홍정이 가능한 시장이라는 것도 관광객들에게는 또 하나의 매력이
아닌가 생각된다.

제3부 중동, 아프리카, 아메리카 외 그 밖의 대륙들

사우디아라비아 편

세상이 공평함을 느끼게 해 주는 나라

중동을 여행하다 보면 조물주는 정말 공평하신 분이라는 생각이 절로 든다. 전 국토가 모래로 덮인 사막의 나라 사우디아라비아에는 대대손손 먹고 살 석유가 풍부하게 나오는 반면 이웃에 있는 작은 나라 요르단은 우리나라와 마찬가지로 4계절이 뚜렷하면서 살기 좋은 기후 조건을 가지고 있지만 기름 한 방울 나오지 않는 것을 보면 조물주는 인간들에게 많은 것을 다 주는 경우는 없는가 보다.

사우디아라비아는 제다Jeddah에서 메카로 가는 중간 지점 등을 포함하여 전국에 다섯 개의 대규모 새로운 경제도시를 건설할 계획을 세워 이미 도시 건설을 착공하였다. 특히 제다와 메카 중간에 있는 새로운 경제도시는 매년 메카로 성지 순례를 오는 이슬람교도들이 제다항에 내려 메카까지 약 200킬로미터를 이동하는 번거로움을 덜어 주기 위해 메카에서 가까운 중간 지점에 약 100만 평에 달하는 대규모 경제도시이다. 이 새로운 경제도시는 모래사막 두바이에 기적을 일으킨 '에마르'라는 업체가 전체적인 개발 업무를 수행하고 있는데, 현장에 직접 가보면 누구나 그 개발 계획의 웅장함과 규모에 혀를 내두르지 않을 수 없을 것이다. 모래밭 시가지 중심까지 홍해의 물을 끌어들여 수로를 만들고 그곳에 공항, 항구, 화물 터미널을 비롯하여 호텔, 병원, 상가, 학교, 고급 빌라 및 서민용 아파트 등 각종 편의시설을 건설 중이다. 모든 설계는 미국과 영국 등 초일류기업에 의뢰하여 설계하였고, 투자 액수를 고려하지 않고 오직 기능과 아름다움에 치중한 모습이 역력하다. 역시 무한정한 오일달러oil dollar의 힘을 여지없이 발휘하는 현장이다.

사우디아라비아 편

사막보다 못한 고급 아파트와 Only four라는 의미는?

사우디아라비아 정부는 막대한 석유 자원을 바탕으로 국민의 의식 주를 한 단계 높이기 위해 제일 먼저 사막에 천막을 치고 생활하는 사우디 원주민인 베두인족에게 시내 중심가에 고급 아파트를 지어 무상으로 제공하고 있다. 하지만 아파트에 입주한 베두인족은 며칠 지나지 않아 사막의 생활에 향수를 느껴 아파트에 낙타나 염소 등 동물 넣어 놓고 자기들은 다시 사막으로 돌아가 모래 바람 속에서 텐트 생활을 즐긴다 하니 인간의 습성은 쉽게 고치기 어려운 것인가 보다.

사우디아라비아는 이슬람교의 맹주로 이슬람 경전인 『코란』에 따라 철저하게 율법을 지키며 생활한다. 그래서 술과 돼지고기의 판매를 금지하고, 여성들의 사회생활이 철저하게 배제된 사회이기도 하다. 사우디아라비아의 여성들은 외부 활동이 전면적으로 금지되어 있고 외출할 경우에도 '차도르chador'라는 검은 천으로 얼굴을 가리고 눈만 보이도록 하고 다니는 등 자기의 남편 이외의 남자들과 만나거나 어울릴 기회가 전혀 없다. 그렇기에 어쩌면 태생적으로 남성 우위의 사회에 태어난 것은 운명으로 받아들일 수밖에 없을 것 같다. 이뿐만이 아니라, 사우디아라비아는 이슬람 율법에 따라 합법적으로 네 명의 부인을 둘 수 있다. 그래서 사우디의 지도층이나 부유한 사업가들과 어느 정도 친해진 뒤 부인이 몇 명이냐고 물어볼 경우 'Only'라는 단어에 특히 악센트를 주어 "Only four"라며 네 명의 부인이 자기에게는 너무 적어 불만이라는 듯이 답변한다. 물론 농담이 섞인 답변이기는 하지만 많은 사람이 "Only four"라고 답변하는 경우가 많은 걸 보면 아마 이들에게는 네 명의 부인도 부족한가 보다.

사우디아라비아 편

누구나 하루에 다섯 번씩 기도해야

사우디아라비아를 방문하여 공식적인 회담이나 또는 사업적인 상담을 할 때, 갑자기 대화하던 상대방이 메카Mecca 쪽을 향해 이마를 땅에다 대고 기도하면서 10~20분 동안 일어나지 않으면, 아무리 이슬람교에 대한 이야기를 많이 들었던 사람이라 할지라도 이슬람교의 기도 풍습에 익숙하지 않은 외국인은 순간적으로 당황할 수밖에 없다. 이들은 '살라트Salat'라고 하는 이슬람 율법에 따라 해뜨기 전, 오전 11시, 오후 2시경, 해가 진 직후, 저녁의 정해진 시간에 모두 다섯 차례 마호메트 성지가 있는 메카 쪽을 향해 반드시 기도해야 한다. 그래서 많은 사우디아라비아인들은 손수건 크기의 카펫을 언제나 휴대하고 다니면서 장소가 어디든, 심지어 화장실에 있는 순간에도 기도 시간이 되면 가지고 있던 손바닥 크기의 기도용 카펫을 바닥에 깔고 이마를 대고 기도를 드린다. 어떻게 보면 공식적인 회의 도중에까지 기도를 올리는 것은 너무하다고 생각할 수 있겠지만 『코란』에 적힌 대로 몸소 실천하는 사우디아라비아인들의 절대적인 종교의식에 경의를 표하지 않을 수 없다.

만일 외국 관광객이 길거리에 있는 환전상에서 돈을 바꾸려다 환전상이 곁에 돈을 수북이 쌓아 놓은 채 이마를 땅에 대고 기도하면서 오랫동안 일어나지 않으면, 견물생심見物生心으로 그 돈을 훔쳐서 달아나고픈 유혹이 많이 따를 수밖에 없다. 실제로 이러한 기도 시간을 이용해 환전상이나 보석을 파는 가게에서 귀금속 또는 고급 시계 등의 물건을 훔치다가 붙잡혀 무슬림 형벌 방식에 따라 매주 금요일 이슬람교는 일요일에 해당 공개적인 장소에서 손목을 잘리는 형을 받는 사람도 많았다고 한다.

사우디아라비아 편

한 달간 굶으면서 기도만 하는 '라마단'

사우디아라비아는 모범적인 이슬람교 국가이기 때문에 전 국민이 율법에 어긋나지 않게 생활하는 것이 몸에 배어 있다. 예를 들어 이슬람교도는 모두 형제이기 때문에 돈을 빌려 줄 때에도 형제의 마음으로 이자 없이 빌려 주어야 한다. 따라서 은행도 공식적으로 '이자'라는 말을 쓰지 않고 관리비나 협찬금 등 적당한 이름을 붙여 사실상 이자를 받고 있다.

이들은 이슬람력으로 9월 한 달 동안 '라마단ramadan'이라는 기도 시간을 갖는데, 라마단 기간에는 일출에서 일몰까지 금식을 하며 기도에만 열중해야 하기 때문에 해뜨기 전 음식을 먹고 매일 다섯 번의 기도를 드린다. 그리고 이 기간 동안에는 음식뿐만 아니라 담배, 물, 성관계는 물론 사업도 하지 않고 오직 기도에 몰두하기 때문에 사우디아라비아 등 중동 국가와 사업을 하거나 교류를 원하는 사람들은 해마다 조금씩 빨라지는 라마단 기간을 피해서 모든 계획을 세워야만 차질이 없을 것이다. 또한 혼잡을 피해 이 기간 동안 가능하다면 이슬람교의 창시자 마호메트 성지가 있는 메카로 성지 순례를 다녀오는 것도 한 방법이다.

그러나 메카 순례는 이슬람교도라면 누구나 일생에 적어도 한 번은 참가해야 하는 '핫즈'라는 순례 기간이 별도로 정해져 있다. 능력이 없는 자는 이를 지키지 못해도 죄가 되지는 않지만 가능하면 지키려고 하여 사우디아라비아인들 뿐만 아니라 인근에 있는 많은 이슬람교도들이 일시에 메카로 밀려들어 큰 혼잡을 빚기도 하고 때로는 앞사람이 넘어지면서 깔려 많은 사람이 죽는 사고가 나기도 한다.

사우디아라비아 편

'인샬라'의 의미를 잘 알아야

사우디아라비아의 관리나 사업가들과 특정 프로젝트를 놓고 협상을 하고 계약서까지 체결한 뒤 여러 가지 약속을 받았다 하더라도 그 내용들이 약속한 대로 추진되지 않거나 시일이 오래 걸리는 경우가 많이 있다. 시간이 오래 걸리더라도 사업이 당초 약속대로 이행되기만 하면 다행이겠지만, 외국 투자가들이 열심히 준비하여 사업이 거의 마무리 단계에 가다가 갑자기 일방적으로 계약이 취소되거나 모든 것을 없었던 일로 하자고 통보받으면 더 이상 손쓸 도리가 없다. 이때 외국인들은 약속을 하고 계약까지 했는데 이럴 수가 있느냐고 항의하면서 따져 보지만 그들은 대개 '인샬라inshallah'라고 답변한다. '인샬라'란 아랍어의 '신의 뜻'이라는 말로, 모든 것이 신이 결정한 일이고 사람인 우리가 결정할 일이 아니니 나를 원망하지 말라는 의미가 담겨 있다.

실제로 이들은 태어날 때부터 이슬람 경전인 『코란』의 가르침에 따라 신의 뜻대로 생활하고 있기 때문에 어떠한 일이 계획대로 되지 않았다고 해서 실망하거나 고통스러워하기보다는 신의 뜻에 따라 정해진 일이라고 쉽게 받아들이는 것이 생활화되었는데, 이는 현명한 생활 방식인지도 모르겠다. 어느 나라, 어느 민족이건 각자의 문화와 문명이 서로 다르기 때문에 이질적인 문화를 배경으로 가진 외국인과의 협상이나 상담에는 언제나 상대방의 문화적 배경을 존중하는 마음 자세를 가지고 대하는 것이 좋을 것이다.

사우디아라비아 편

한국 근로자들의 고민

1970년대 말 우리나라는 중동 건설 붐을 틈타 특히 사우디아라비아에서 대형 공사를 수행하면서 많은 우리나라 근로자들이 사우디에서 근무하게 되었다. 이들은 열사의 나라 사우디아라비아에서 오직 조금이라도 돈을 더 벌겠다는 생각에 견디기 힘든 더위도 무릅쓰고 시간 외 수당을 받으려고 오버타임으로 일하여 사우디 국민에게 부지런한 근면성을 심어 주기도 했다. 당시 건설 현장에서 일하던 많은 우리나라 근로자들이 생활하는 데 무엇보다 어려운 일은 이슬람교 율법에 따라 판매가 일체 금지된 돼지고기를 공급받는 문제였다. 건설 현장에서 나오는 시멘트 가루 등 미세한 먼지들은 아무리 마스크를 쓴 채 일한다 할지라도 오랫동안 일을 하면 몸속에 시멘트 가루 등이 쌓일 수밖에 없다. 그래서 우리나라의 오래된 속설에 따라 이러한 시멘트 가루나 먼지는 돼지고기 특히 삼겹살에 붙어 있는 기름기를 먹어야만 체내에서 녹아 없어질 수 있다는 믿음이 너무나도 강했고, 실제로 건설 현장에서 오랫동안 일해 본 사람들은 자기들이 경험했노라 하면서 돼지고기를 요구했기 때문이다. 이는 과학적으로도 검증된 내용인데, 돼지고기에는 탄산가스를 중화하는 불포화지방산이 풍부해 폐에 쌓인 공해 물질을 중화시키고, 몸속의 카드뮴과 납 등 환경오염성 중금속을 배출하는 데 도움이 된다.

공개적으로 어떠한 루트에 따라 어떠한 방식으로 돼지고기가 사우디의 건설 현장에 공급되었는지는 자세히 밝힐 수 없지만, 어쨌든 우리 근로자들에게는 매일 일정량의 삼겹살이 정기적으로 제공되었고, 이들은 삼겹살 덕분에 건강한 모습으로 일을 마치고 귀국할 수 있었으니 돼지고기의 효능에 다시 한 번 감사해야 할 것 같다.

사우디아라비아 편

화물 트럭 운전기사들의 수난

사우디아라비아는 대도시를 벗어나기만 하면 양옆에 모래사막 사이를 뚫고 끝없이 뻗어 있는 고속도로 외에는 아무것도 보이는 것이 없는, 가도 가도 끝없는 사막 길의 연속이다. 이 사막을 운전하는 화물 트럭 운전기사들에게는 곧게 뻗은 고속도로의 단조로움에서 오는 졸음도 무섭지만 그보다 무서운 것은 갑자기 길을 막고 서서 차를 세우는 현지인을 만나는 것이라 한다.

손을 들어 차를 세우는 사람이 남자일 경우 차를 세우면 칼로 운전기사를 위협하며 내리게 한 뒤, 자신이 운전석에 앉은 뒤 바지를 내리고 운전기사에게 자위행위를 강요한다고 한다. 섭씨 40~50도가 넘는 불가마 속 같은 사막 한가운데서 차를 세운 현지인이 만족할 때까지 한 시간 이상 자위행위를 시켜 준다고 생각을 해 보면 지옥이 따로 없다고 생각될 것이다. 왜냐하면 사우디아라비아인 들은 어려서부터 사막에 살면서 소변이나 대변 등 용변이 끝난 뒤 자기의 성기를 모래 속에 저어서 소독 겸 단련을 해 왔기 때문에 그들이 자위행위로 사정에 이르기까지는 최소한 한 시간 이상 걸린다고 한다. 그래서 트럭기사는 온몸에 땀을 뻘뻘 흘리고 두 손이 퉁퉁 부어오를 정도로 고통을 받은 뒤에야 풀려나게 된다고 한다. 차를 세우는 사람이 여성일 경우에는 더욱 끔찍하다고 한다. 사우디아라비아는 합법적으로 네 사람까지 부인을 둘 수 있기 때문에 성비가 맞지 않아 남성이 모자라거나, 지역에 따라서는 여성이 모자라는 경우가 많기 때문에 결혼을 하지 않았거나 또는 대부분 미망인들 2~3명이 같이 차를 세우게 된다고 한다. 그 후에는 역시 칼을 들이대고 운전기사를 내리게 한 뒤 운전기사에게

강제로 섹스를 강요하게 되고 운전기사는 40~50도가 넘는 폭염 속에서 자기의 의사와 관계없이 강제로 두세 명의 여성들을 상대해 주어야 하니 얼마나 고통스러운 일이겠는지 상상이 잘되지 않을 것이다. 그리고 섹스가 끝나면 운전기사가 경찰서에 신고할 것이 두려워 대개 그를 죽인 뒤 모래로 덮어 버린다고 한다. 실제로 중동에 진출한 우리 근로자 중 아무런 연락 없이 갑자기 행방불명이 된 사람 중에는 이렇게 해서 희생된 사람이 상당수일 것이라고 한다.

사형 당할래? 세 여자와 살래?

사우디아라비아에 진출한 D산업 소속의 트럭 운전사가 운전 도중 부주의로 교통사고를 내어 현지인 남자를 사망에 이르게 한 사고가 있었다. 사우디아라비아에서는 이슬람 율법에 따라 '눈에는 눈, 이에는 이'라는 원칙이 철저하게 지켜지기 때문에 사람을 죽인 자는 이유 없이 반드시 사형에 처하게 된다. 따라서 이 트럭 운전사도 일정한 재판을 거친 뒤 사형을 당할 수밖에 없는 운명에 처했다. 그 소식을 들은 우리나라의 대사관 직원들이 백방으로 노력했으나 결국 그의 운명을 결정할 재판의 날이 돌아왔다.

재판장에는 피고는 물론 사고로 죽은 남자의 부인 세 명이 출정하였다. 재판이 진행되고, 트럭 운전사가 사람을 죽인 것이 확실하기 때문에 재판장의 사형이라는 최후의 판결만 남아 있었다. 재판장은 최후 판결을 내리기 전에 죽은 남자의 부인들에게 최종 진술권을 부여하면서 하고 싶은 이야기가 있으면 이야기하라고 명령하였다. 이때세 명의 부인은 잠깐 상의한 뒤 재판장에게 자기들 세 사람 의견을 통일할 필요가 있으니 잠시 여유를 달라고 요청하였다. 재판장의 허가를 받은 부인 세 사람이 약 10분간 이야기 한 뒤 그중 첫 번째 부인이대표로 일어나 자신들의 의견을 진술하였다. 진술의 요지는 어차피자기 남편은 죽어 이 세상에 없고, 자기들은 다시 결혼할 수도 없는처지에 있으니, 피고인을 죽인다 하더라도 자신들에게는 아무런 도움이 되지 않는다면서 차라리 저 사람을 우리 셋과 같이 살게 해달라는 요청이었다. 세 사람의 진술 내용을 통역을 통해 들은 피고인은 그때까지 거의 다 죽어 가는 얼굴 표정에서 이제 살았구나하는 생각에

웃음마저 띠었다. 그도 그럴 것이 죽기는커녕 갑자기 현지 부인이 세 명이나 생기게 되었으니 다행이라 생각했던 모양이다. 최후의 진술을 들은 재판장은 마지막 선고를 하였는데, 주요 내용은 첫째, 부인 세 명의 의사를 존중하여 피고인을 세 명의 부인들과 같이 살도록 명하며 둘째, 지금부터 7년 동안은 의무적으로 반드시 살아야 하고 셋째, 부인 세 사람을 차별하지 말고 일정한 순서를 정해 일주일에 하루 이상은 반드시 정해진 부인과 같이 자도록 하고 남은 요일은 자기가 좋아하는 부인과 알아서 자도록 하며 넷째, 봉급의 25퍼센트는 본국에 있는 부인에게 보내고 나머지 75퍼센트는 세 부인에게 골고루 분배할 것을 명령하였다. 그는 재판정에서 나오자마자 환호성을 지르면서 좋아했다.

그러나 약 1개월 정도 지나 한국 대사관에 찾아온 이 운전사는 자기는 자살을 하든지 해야지 지금 같은 상태로는 도저히 살 수가 없다는 고충을 털어놓았다고 한다. 아마 세 부인을 거느리면서 육체적, 정신적으로 피로가 한계점에 도달했던 모양이다. 그 뒤 그는 소리 소문 없이 현지에서 사라졌으며 밀항 등의 방법으로 한국에 돌아왔다고 하나 그 경위 등은 당사자들만이 알고 있을 것이다.

영어를 못한다고 용기 잃지 말고
임기응변에 대처하라

사우디아라비아에는 왕자만 약 400여 명 이상이 있어, 만일 왕자 회의를 개최하면 그날은 온통 벤츠600의 물결이 길거리를 휩쓴다. 물론 왕위 계승권이 정해져 있기 때문에 보다 중요한 역할을 하는 왕자와 그렇지 못한 왕자 사이에는 차이가 있지만 어쨌든 세계에서 가장 왕자가 많은 나라라고 하겠다.

우리나라 업체들이 사우디아라비아에 진출하던 시기에 양국 간에는 경제협력 문제를 협의하기 위해 한-사우디아라비아 경제협력 위원회가 설치되어 있었다. 이 회의는 우리나라와 사우디아라비아가 번갈아 가며 열게 되어 있었는데, 특히 인상에 남는 우리 측 수석대표 두 사람의 이야기를 소개하고자 한다.

한 사람은 무척 술을 좋아하는 사람이었는데 현지에 도착한 뒤 공식적으로는 술을 구할 수 없어, 대사관에 부탁하여 대사관 직원들의 집에 있는 술을 모두 가져오라고 한 뒤 호텔에서 밤새 술을 마셨다고 한다. 다음 날은 아침 10시부터 공식적인 회의가 열리며, 회의 전에 사우디아라비아의 최고 지도자와 면담이 예정되어 있었다. 그날 아침 8시경이 되자 현지 경찰들이 우리 측 대표단을 에스코트하기 위해 사이드카를 가지고 호텔 앞에서 대기하고 있었다고 한다. 동행한 대표단들이 수석대표 방을 노크하고 문을 열어보았으나 그때까지 그는 술에 곯아 떨어져 일어날 생각을 하지 않았다고 한다. 9시까지 기다리던 수행원들은 할 수 없이 술에 취한 그를 흔들어 깨운 뒤 지금 출발하지 않으면 시간을 도저히 맞출 수 없다고 통사정했다. 겨우 일어난 그는 대충 양치질을 끝낸 뒤 회담장으로 갔다.

회의가 시작되면 양측의 수석대표들이 기조연설을 하게 되어 있었는데 사우디아라비아 측 수석대표의 연설이 끝난 뒤 그의 연설 차례가 되었다. 옆에서 동행한 우리 측 대표가 건네준 연설문을 받은 그는 천천히 연설문을 읽어 내려갔다. 그런데 한 장을 읽은 뒤 다음 장을 넘기면서 두 장을 함께 넘겨 버렸는데, 그런 줄도 모르고 그냥 읽으니 듣고 있던 사우디 대표단들은 미리 받은 연설문 어디를 읽고 있는지 도저히 따라갈 수 없었음은 당연했다. 당황한 수석대표 곁에 있던 대표가 두 장이 한꺼번에 넘어갔노라고 귀띔해 주자 그는 "그래, 그렇다면 처음부터 다시Repeat again"라고 말하더니 첫 페이지부터 다시 읽어 내려갔다고 한다. 두 장을 같이 넘긴 사실을 뒤에 알게 된 사우디 대표단들은 웃으면서 다시 첫 페이지부터 연설문을 들은 뒤 연설이 끝나자 박수를 크게 치면서 역시 한국 대표는 스케일이 크고 대단한 배짱을 가져 존경한다고 말했다고 한다. 물론 전날에 과음한 잘못도 있지만 어려운 시점에 슬기롭게 임기응변으로 어려움을 넘길 수 있었던 우리 측 수석대표의 배짱과 용기에 감탄할 뿐이다.

또 한 사람의 수석대표는 영어를 전혀 하지 못하는 사람이었는데도 불구하고 그는 대표단 중 자기의 계급이 가장 높기 때문에 꼭 수석대표를 하겠다고 고집하였다고 한다. 그래서 할 수 없이 그 사람을 수석대표로 사우디에 통보하고 현지로 갔다. 그런데 현지로 떠나기 전 그는 자기의 비서관과 직원들을 한 달 전부터 매일 모아놓고 연설문 작성과 그 연설문을 영어로 읽는 연습을 하였는데, 이 사람은 정규 교육을 제대로 받지 못했기 때문에 영어의 기초조차 없었다고 한다. 그래서 회의를 담당하는 직원이 우선 한글로 연설문을 만든 뒤 한 구절 한 구절마다 영어로 번역을 하고 번역한 영어 위에 한글로 영어 발음을 적어서 그를 연습시켰다. 그러나 직원들이 영어발음을 아무리 완벽하게 한글로 적어 놓는다고 해도 영어 연설이 제대로 될 리가 없었을 것이다.

어쨌든 약 1개월 동안의 집중적인 연습을 마친 수석대표는 사우디

회의에 참석하여 수석대표 연설을 하게 되었는데 문제는 발음은 물론 띄어야 할 곳과 붙여야 할 곳을 제대로 구분하지 않고 읽는 바람에 곁에서 듣는 사람들은 도저히 그 말을 알아들을 수 없었다고 한다. 예를 들면 'Ladies and gentlemen'이라고 읽어야 되는데 '레이디 스앤 제틀맨'이라고 읽으면 누가 그 사람의 영어를 알아들을 수 있을지 우스운 일이다. 그러나 그 역시 영어를 못한다는 약점을 무릅쓰고 자기 업무에 대한 열성으로 피나는 노력 끝에 양국 간의 경제위원회 수석대표를 하고, 후에는 우리나라 정부 모 부처의 책임자까지 지내고 은퇴하였으니 그분의 노력과 집념은 후배들에게 큰 귀감으로서 존경해야 마땅하다.

두바이 편

중동의 떠오르는 샛별, 두바이

두바이는 아부다비Abu Dhabi, 샤르자Sharjah, 아지만Ajman, 움알 카이와인 Umm al-Qaiwain, 라스알카이마Ras al-Khaimah, 푸자이라Fujairah와 함께 일곱 개 국가들의 연합인 아랍에미리트연방UAE 국가 중의 하나이다. 아랍에미리트 연방의 수도는 아부다비이지만 최근 '사막의 기적'이라고 세계적인 칭찬을 받고 있는 두바이가 아랍에미리트 연방에서는 물론 중동 전체 지역에서 단연코 앞서가는 선진국가라 하겠다.

두바이가 이렇게 발전할 수 있었던 데에는 석유가 무엇보다 큰 원동력이 되었다. 그렇지만 다른 산유국에 비해 매장량이 적어, 이를 극복하기 위해 자유무역단지 등을 조성해 '중동의 뉴욕'이라 불릴 정도로 국제 무역항 역할을 톡톡히 해내고 있다.

또한 두바이는 독특한 이야기를 담고 있는 나라이기도 한데 세계의 미혼 여성이라면 누구나 백마 탄 왕자님이 나타나 갑자기 신분상승하는 신데렐라의 꿈을 가지고 있을 것이다. 최근 두바이에서는 이러한 옛날이야기에서나 나오는 신데렐라가 현실이 되어 많은 화제가 되었고 많은 미혼 여성들의 부러움을 사기도 했다. 약 10조 원이 넘는 재산가인 현 두바이 국왕의 아들인 30살의 알막툼 왕자가 벨라지오를 여행하면서 겨우 주급 18,000원을 받고 있는 19세의 호텔 견습생이었던 나타샤와 전격적으로 결혼하면서 이 신데렐라의 출연은 세계적인 이목을 끌었고 우리나라의 언론에서도 크게 보도된 바 있다. 알막툼 왕자는 벨라지오를 여행하면서 쉴 틈 없는 일정 때문에 몹시 지치고 피로했었는데 호텔의 견습생으로 일하던 미모의 여인 나타샤가 아주 친절하고 편하게 대해 준 데 호감을 갖고 즉석에서 구혼을 한 뒤 직접 두바이로 데려왔다고 한다. 가히 현대판 신데렐라의 출현이라고 할 만하다.

세계에서 가장 높은 빌딩을 지은 S건설, 1일 숙박료 200만원

두바이에 가면 누구나 바다 속에 있는 것처럼 보이는 선박의 돛 모양을 한 세계 최초의 7성급 호텔인 '버즈 알 아랍' 호텔을 관광하게 될 것이다. 이 호텔은 1994년 착공해, 1999년 개장하였다. 총 38층에 높이는 321미터로 호텔 중에서는 세계에서 가장 높이가 높다.

이 호텔의 내부는 순금 800톤으로 완전 도배를 했기 때문에 내부에 들어가면 황금빛이 눈부시다. 객실은 총 202개인데, 모두 해변을 바라보는 전망으로 복층 구조이다. 이러한 일반실의 하루 숙박료가 1,000달러이며, 가장 비싼 특실은 하루 숙박료만도 15,000달러에 달하는 방도 있다고 한다. 이 호텔의 커피숍이나 레스토랑은 투숙객이 아니면 아무나 마음대로 이용할 수 없다. 지하에 있는 레스토랑 '알 마하라Al Mahara'는 버즈 알 아랍의 명물로서, 엘리베이터를 이용해 입장할 수도 있으나 소형 잠수함을 이용하여 약 5분간 달린 뒤 잠수함 문을 열고 나오면 식당 문 앞으로 들어가게 되어 있다고 한다. 또한 이 유명한 식당의 주방장은 자랑스럽게도 한국인이 맡았다고 하여 화제가 되기도 했다.

무엇보다도 이 호텔이 세계적으로 유명하게 된 것은 골프 황제 타이거우즈가 헬기를 타고 이 호텔의 28층에 위치한 헬기 착륙장에 내린 뒤 그곳에서 드라이버로 바다를 향해 골프공을 멋지게 티샷하고, 테니스 선수 로저 페더러와 안드레 아가시가 비공식적인 경기를 가지면서 더욱 유명해졌다.

또 다른 볼거리를 소개하자면 두바이에 도착하여 누구나 하늘 높이 올라간 110층 규모의 부르즈 칼리파Burj Khalifa 건물을 보게 된다.

이 건물은 물어 찾아 가기보다는 두바이 시내를 돌아다니다 보면 건물 모양이 특이하고 고층건물이기 때문에 누구나 관심을 가지고 보게 된다.

부르즈 칼리파는 개장되기 전까지는 '부르즈 두바이burj dubai'로 불렸으며, 전체 높이는 828미터로 세계에서 가장 높은 인공 구조물이다. 부르즈 칼리파의 건물은 모든 설계와 공사를 오마르 그룹이 책임지고 했으며 S건설은 에마르로부터 하청 형식으로 참여하였다고 한다. 특히 우리나라의 기업이 사흘에 1층씩 올리는 최단 공기工期 수행으로 세계의 주목을 끌었는데, 중동의 중심부에 한국 업체가 두바이의 상징적인 건물을 지었다는 데 두바이를 방문하는 모든 한국인의 가슴을 뿌듯하게 할 것이다.

두바이 편

사막에서 스키를 즐기는 두바이 사람들

두바이를 방문하는 관광객은 '에미리트몰Mall of the Emirates'이라는 거
대한 쇼핑센터를 들르게 된다. 이 쇼핑센터는 규모뿐만 아니라
영국 최고급 백화점인 하비니콜스Harvey Nichols 백화점, 버진 메가스토어
Virgin Mega Store, 프랑스에서 가장 오래된 빵집인 '폴FAUL'의 분점도 있는 등
세계 초일류 명품 매장과 상점이 집중된 곳이다.

그러나 에미리트몰의 가장 핵심적이며 인기 있는 시설은 무려 400
미터 이상의 슬로프를 갖춘 실내 스키장이 있다는 것이다. 바로 '스키
두바이Ski Dubai'인데, 외부 온도가 섭씨 30~40도를 오르내리지만 스키

장 내부는 언제나 영하 2~6도 정
도를 유지하면서 인공으로 만든
질 좋은 눈이 계속 공급된다니,
오일달러의 위력이 여지없이 발
휘되는 곳이라 할 수 있다. 현지
인뿐만 아니라 그곳을 방문한 관
광객 누구든 스키를 타고 싶다
면, 스키복을 포함한 모든 스키
장비를 대여해 두 시간 동안 스
키를 즐길 수 있는데 가격도 40
달러 정도면 충분하기 때문에 사
막의 나라 중동에서 하얀 눈 위
를 가르면서 스키를 즐겨 보는 것
도 좋은 추억거리가 될 것이다.

두바이 편

쇼핑 천국 두바이

두바이는 넓은 공항 전체가 면세점이라 할 정도로 공항 내에 거대한 면세점을 가지고 있을 뿐만 아니라 공항 역시 24시간 쉬지 않고 운영된다. 따라서 두바이를 찾거나 다른 지역으로 여행하기 위해 잠시 경유하는 여행객들에게 두바이 공항은 가히 쇼핑 천국이라 하겠다. 그래서 언제나 많은 사람이 북적거리며 면세점에서 물건을 산 뒤 계산을 하려면 5~10분 이상 기다려야 계산을 할 수 있을 정도로 붐비는 곳이다. 두바이 공항뿐만 아니라 두바이 시내에 있는 쇼핑센터들도 거의 면세에 가깝기 때문에 세계 각지에서 모여든 관광객들이 면세 가격으로 명품을 사기 위해 언제나 북적거리는 모습을 볼 수 있다.

특히 쌍둥이 빌딩인 에미리트 타워Emirates Towers에 있는 명품 백화점은 세계 초특급 명품들이 즐비하게 쌓인 곳으로 유명하지만, 백화점의 실내 장식이 매우 섬세하고 예술적이어서 세계 각국의 건축학도들이 이곳으로 견학을 올 정도로 뛰어난 아름다움을 갖춘 건축물로서도 유명하다. 그러나 이러한 명품이 집결된 곳에서도 살 수 없는 특정한 브랜드가 몇 개 있으며, 이 특정 브랜드만 살 수 있는 부르즈 칼리파 백화점이 따로 있다. 이 건물 역시 세계적인 영국의 건축가가 설계한 건물의 모습이 아름다워 많은 건축학도들의 견학 대상이다.

두바이 편

중동에서 가장 자유로운 나라 두바이

사우디아라비아를 포함한 중동 지역은 모두가 이슬람교를 신봉하는 국가들로 술과 돼지고기가 엄격하게 금지되어 있을 뿐만 아니라 여성의 활동이 극히 제한되어 있고 따라서 여성이 동석하는 까페나 술집은 말할 것도 없고 남성만 있는 술집마저 있을 수 없다. 그러나 많은 무슬림들이 너무나 단조롭고 꽉 막힌 삶의 틀에서 벗어나고 싶을 때에는 두바이를 찾는다고 한다. 두바이 역시 이슬람교를 신봉하는 국가임에는 틀림없다. 그러나 두바이는 세계 각국의 자본을 과감하게 투자 유치하기 위해 보다 개방적이고 적극적인 정책을 펴고 있다. 따라서 여성들도 얼굴을 가리는 검은 천을 쓸 필요가 없으며 자유롭게 회사를 다니거나 운전을 하거나 사회 활동에 참여 할 수 있다. 또한 공개된 장소가 아니라면, 예를 들어 호텔 내에서라면 어떠한 일이라도 아무 제한 없이 할 수 있도록 허용된다. 따라서 호텔 내에서는 술을 마시거나 노래방 이용도 가능하고, 때에 따라서는 여성과 함께 호텔에 투숙할 수도 있기 때문에 숨 막힐 정도로 제한된 생활을 하는 무슬림들이 다소나마 여유를 가지고 생활을 즐길 수 있으며 마음에 드는 세계 각국의 명품들도 마음대로 살 수 있는 곳이기 때문에 두바이는 가히 중동의 천국이라 하겠다.

거대사막에서 거대도시로 향하고 있는 두바이

두바이를 관광하기 위해 가는 사람뿐만 아니라 아프리카나 사우디 아라비아 등 다른 중동 지역을 가려면 반드시 두바이 공항에서 비행기를 갈아타야 한다. 이때 기다리는 시간이 다섯 시간이 넘는다면 공항 바로 앞에 있는 골프클럽에서 한 라운딩을 하고 비행기를 갈아타면 시간을 최대한 활용할 수 있을 것이다. 이 골프장은 비록 모래 위에 만들어져 있지만 일단 골프장 안에 들어서면 이곳이 사막 위에 만들어진 골프장이라고는 도저히 생각할 수 없을 만큼 잔디가 잘 가꾸어져 있으며, 조경 등 시설 어느 것 하나 다른 나라의 일류 골프장에 비해 전혀 손색이 없다. 이곳에서는 매년 세계 프로 골프 대회인 PGA가 정기적으로 개최되었고, 특히 타이거 우즈가 우승하면서 골프를 사랑하는 많은 골퍼들에게 잘 알려져 있으며 많은 사람이 모래 위의 골프장에서 라운딩을 해 봤으면 하는 부러움의 대상이 되기도 하는 골프장이다.

두바이는 모래 위에 인간의 힘으로 만든 거대한 도시로, 뉴욕의 맨해튼과 같은 고층 빌딩을 가진 빌딩 숲으로 바뀌어 가고 있다. 이렇게 두바이와 빠른 시일 내에 눈부신 발전을 할 수 있는 이유는 무엇보다도 두바이 국왕의 확고한 신념과 국왕의 뜻에 따라 도시 개발을 적극적으로 추진하고 있는 에마르 그룹과 주메이라 그룹 등 두 그룹사의 경쟁적인 개발 계획 때문이라 하겠다.

두바이에 가본 사람이라면 누구나 느끼겠지만 모든 건물이나 시설들이 경제적인 투자에 대한 이윤이나 비용을 따져서 건축했다기보다는 숫자의 개념 없이 무작정 돈을 퍼부었거나 다닥다닥 발랐다고 해도 과언이 아닐 것이다. 일설에 의하면 이러한 거대한 투자는 필연적으로 엄청난 손실을 가져오는데, 그러한 손실을 모두 두바이 정부가 보상해 주고 있다는 확인되지 않은 이야기도 있다.

어쨌든 두바이는 모래사막을 거대한 도시로 개발하면서 기능별로 섹션을 나누어 개발하는 것이 특징이라 하겠다. 예를 들면 언론 매스컴 단지, 스포츠 단지, 상가 단지, 레저 단지, 주거 단지, 쇼핑 단지 등 같은 기능을 가진 건물들이 한 곳에 모이도록 개발하고 있다. 또한 육지가 제한되어 있어 야자수 모양으로 바다를 매립하여 만든 팜주메이라Palm Jumeirah 아파트 단지, 세계지도 모양을 한 더월드the World 인공 섬 등은 공중에서 바라보면 그 단지 자체가 마치 다섯 손가락을 펴고 있는 손바닥 또는 야자수 모양이나 세계 지도 모양으로 보이도록 특이하게 개발하고 있다. 그리고 두바이에서 약 40분쯤 가노라면 독립 국가인 샤르자 주가 나온다. 샤르자 주는 두바이와는 달리 시내 중심에 큰 인공 호수를 두 개나 가지고 있으며 호수 주변 전체를 야자수 나무로 가득 메우는 등 도저히 사막이라고는 생각할 수 없을 만큼 아름다운 도시를 만들어 놓고 있다.

파키스탄 편

천연 사우나탕의 나라, 파키스탄의 공항 풍경

처음 파키스탄을 방문하는 관광객들은 펀자브Punjab 지방 북부에 위치한 이슬라마바드Islamabad나 그보다 남쪽에 위치한 라호르 Lahore 또는 아삼Assam 지역에 도착하면 숨 막히는 더위에 깜짝 놀랄 것이다. 한여름에는 섭씨 50도를 넘는 살인적인 날씨가 계속되기 때문에 더위를 견디지 못하는 관광객이나 사업가들은 한여름에 파키스탄을 방문하려면 세심한 주위가 필요하다.

파키스탄 제2의 도시인 라호르에 내려 밖으로 나오는 순간 나는 마치 큰 방망이로 머리를 한 대 맞은 듯 멍한 느낌에 다시 에어컨이 켜진 자동차 안으로 뛰어 들어간 일이 있다. 파키스탄은 전력 사정이 별로 좋지 않아, 전기가 수시로 끊어져 건물 안에 비치해 놓은 에어컨마저 제대로 돌아가지 않는 현실에서 가장 안전한 피서처는 그래도 에어컨이 잘 돌아가는 차 안이라고 생각했기 때문이다. 이러한 더위 속에서 공식적인 행사를 하기 위해 정장을 한다면 정말 견디기 힘든 고통이 따르게 될 것이다.

대부분의 파키스탄 고위 관리나 지도층을 만나면 그들은 헐렁한 흰색 천으로 된 전통 복장을 입고 손님을 맞는데, 이곳에서는 이러한 전통 복장이 공식적인 복장이라고 한다. 날씨가 너무도 덥기 때문에 발끝까지 닿으면서도 옆으로 바람이 들어올 수 있도록 고안된 전통 의상은 상당히 현명한 생활 수단이다.

또 다른 이색적인 풍경은 파키스탄 공항이다. 파키스탄의 공항을 이용해 본 경험이 있는 사람이라면 너무나도 혼잡한 공항 모습에 당황하게 될 것이다. 특히 입국 때보다는 출국 때 더욱 혼잡해서 늦어도

항공기 출발 다섯 시간 전에 공항에 도착해야 비행기를 놓치지 않고 탈 수 있다고 한다. 왜냐하면 차를 타고 공항 근처에 내려서 체크인을 하는 항공사 카운터까지 가기가 결코 쉬운 일이 아니기 때문이다. 그 원인은 파키스탄의 가족 중 한사람이 출국하면, 네 명의 부인을 포함하여 아들, 딸, 친척들 10~20명 정도의 환송객들이 나오기 때문이다. 그래서 공항은 그야말로 도떼기시장을 방불케 한다. 또한 체크인을 하려면 한국과 같이 아무나 항공사 데스크로 갈 수 있게 허용되지 않으며, 먼저 수화물 검색과 세관 신고 등 수속이 끝나고 담당 관리의 허가가 있어야 카운터로 갈 수 있는데, 그러한 수속을 받기 위해 늘어선 줄이 100~200미터가 넘기 때문에 공항 입구에 도착해서 항공사 카운터까지 가는 데 두세 시간이 소요된다고 한다.

물론 공항의 안전 지역 입구까지 무장 경찰관이 경호해 주고, 특별 창구를 이용한 우리 일행은 불과 10분 만에 공항 귀빈실에 도착할 수 있었다. 하지만 많은 파키스탄 인이 공항 이용에 불편을 겪는 모습을 보면서 공항 확장도 중요하지만 우선 출영객수를 한 명이나 두 명 정도로 대폭 줄이고 출국 절차를 간소화하는 선진 시스템이 시급히 필요하다는 생각이 들었다.

파키스탄 편

핵 보유가 제일의 자랑인 나라

파 키스탄은 인접한 국가 인도와 1947년 이래로 카슈미르Kashmir 지역에서 국경 분쟁이 끊임없이 계속되고 있으며 때로는 전쟁을 하거나 전쟁 직전까지 가는 긴장 상태가 지속되고 있다. 인도가 핵무기를 개발하자 파키스탄 역시 어려운 경제 여건에도 불구하고 핵무기 개발에 성공하면서 인도의 위협에 당당히 맞서고 있다. 파키스탄은 특히 일류 호텔이나 사회 지도층의 집에 방문할 때 대개 호텔 로비나 지도층 집안의 응접실에는 핵무기를 싣고 하늘로 치솟는 로켓 발사 모습을 모형으로 만들어 전시해 놓고 우리는 핵무기 보유를 자랑스럽게 생각한다고 이야기하는 모습을 쉽게 볼 수 있다. 역시 '눈에는 눈, 이에는 이'라는 이슬람 교리를 철저하게 지키는 셈이다. 현재 카슈미르 분쟁은 대부분 정규군 사이의 전쟁으로 어느 정도 수위가 조절되고 있지만, 문제는 폭동과 테러, 이로 인한 보복전이다. 이러한 양상은 끊임없이 지속되고 있어 현재 이를 평화적으로 해결하기에는 역부족이다.

또 다른 기인한 점은 고층 건물이 없는 나라라는 점이다. 파키스탄을 방문한 외국인들은 파키스탄에는 다른 나라에서 볼 수 있는 고층 건물들이 거의 없다는 사실에 놀라게 될 것이다. 물론 이슬라마바드 대통령 궁과 국회 의사당 근처의 몇몇 일류 호텔은 10층 이상의 높이로 건설되었지만, 대부분의 건물들은 높아야 2층 또는 3층의 낮은 건물로 되어 있다. 또한 수도를 벗어나 지방으로 내려가면 2층 건물들조차 찾아보기 힘들 정도로 고층 건물이 없다. 이들이 낮은 건물을 선호하는 이유는 간단하다. 부지가 넓어 굳이 높은 건물을 지을 필요가

없고, 고층 건물을 지을 만한 건설 기술도 부족하기 때문이다. 그래서 언젠가 한국이 파키스탄에 아름답게 디자인한 63빌딩 같은 건물을 건축하게 된다면 파키스탄의 명물이 될 것임은 의심할 여지가 없을 것이다.

D그룹의 기적, 고속도로

라호르에서 파키스탄의 수도인 이슬라마바드까지는 4차선의 고속도로가 약 400킬로미터 이상 곧게 뻗어 있으며 고속도로 휴게소마다 D건설 로고가 새겨진 모습을 볼 수 있다. 라호르에서 이슬라마바드로 갈 때에는 파키스탄 고위층의 배려로 그의 전용기를 이용하여 방문하였지만, 라호르로 되돌아올 때에는 그의 전용기를 정중히 거절하고 한국의 D건설이 건설한 고속도로를 이용해 보겠다고 요청하였다.

고위층이 제공해 준 승용차는 비교적 상태가 좋았지만 에어컨만은 그다지 신통치가 못했다. 우선 고속도로 들어서니 곧게 뻗어 있는 고속도로가 건설된 지 10년이 넘었음에도 불구하고 매우 깨끗하고 그다지 보수공사를 한 흔적이 없음을 보고 이러한 무더위 속에서 부족한 건설 자재난 등을 극복하면서 어떻게 이렇게 훌륭한 고속도로를 건설할 수 있었는지 한국인의 자부심을 느끼게 했다. 이곳을 안내하던 현지 관리인의 설명에 의하면 이 고속도로는 당초 예정보다 1년 가까이 앞당겨 완공되었다고 하며, 지금도 한밤중에 한국 근로자들이 횃불을 들고 24시간 무더위 속에서 공사하고 있던 모습이 눈에 선하다고 이야기해 주었다. 많은 파키스탄 사람들이 이 고속도로를 달리면서 대한민국을 좋아하게 된 상징적인 고속도로인 것 같다.

파키스탄 편

파키스탄에서도 대접받는 기자들

기자들은 어느 나라에서나 일반인보다는 특별한 대우를 받는 것
같다. 내가 라호르에서 고위층과 함께 그의 전용 비행기를 이용
하여 이슬라마바드에 도착하여 그의 관저에 여장을 풀자마자 갑자기
많은 사람이 몰려들었다. 나는 영문을 알 수 없어 그에게 무슨 사람들
이냐고 물었더니 지방에 머물던 고위층이 오랜만에 이곳에 왔기 때문
에 기자회견은 물론 저녁 만찬을 위해 기자들이 몰려오고 있다는 설
명이었다.

넓은 응접실에 대략 100명가량의 기자들이 모이자 간담회 형식의
기자회견이 시작되었는데 우리 일행은 그곳을 빠져나오고 싶었으나
자리를 함께해 달라는 고위층 부탁에 기자회견 모습을 처음부터 끝까
지 보게 되었다. 기자 간담회는 우리나라와 같이 큰 차이 없이 질문과
답변 형식으로 진행되었지만 그 내용은 상당히 파격적이었으며 소위
오프더레코드를 붙여 가면서 알려지지 않은 이야기까지 서슴없이 나
누는 모습이 신선했다. 기자회견이 끝난 뒤 대형버스 두 대가 대기하
고 있었는데 어디로 가느냐고 물었더니 그곳에서 약 한 시간 정도 떨
어진 산 위 호숫가의 만찬 식당으로 옮겨 간다고 하였다. 그곳에서 그
들은 술과 고급 음식을 마음껏 즐긴 뒤 다음 날 돌아온다고 하여 우리
일행은 더 이상 그들과 어울리지 않고 거리 구경을 나섰다. 그들을 뒤
로하면서도 정정이 불안한 파키스탄에서도 언론은 살아 있고 기자들
은 국가 발전을 위해 어디에서나 열심히 일하고 있구나 하는 생각이
들었다.

게스트하우스와 밀착 경호의 불편함

라호르를 방문한 우리 일행은 파키스탄 고위층의 배려와 라호르 주지사의 호의로 정부가 운영하는 게스트하우스로 안내되었다. 게스트하우스가 불편하기 때문에 우리가 예약했던 호텔로 가겠노라고 요청했지만 현지의 치안 상태가 불안하다는 이유를 들어 굳이 게스트하우스에 묵게 했다. 게스트하우스는 라호르 대학과 그 앞을 흐르는 개천 사이에 위치하고 있는 특별 지역으로, 라호르 주지사를 비롯하여 사회 지도층들이 거주하고 있는 특별 경계 지역에 있었다. 이 지역에 들어가려면 우선 외곽 초소에서 검문을 받아야 하며 게스트하우스에 도착하면 다시 경비병들이 신분 확인을 한 뒤에야 출입이 가능했다. 그렇지만 게스트하우스 내부는 작은 방에 겨우 천정에서 돌아가는 선풍기가 냉방의 전부였고 그나마도 전기 사정이 좋지 않아 선풍기는 멈춰 있는 시간이 더 많았던 것 같다. 그러나 무엇보다도 불편했던 일은 문밖에서 경찰관이 무장한 채 24시간 교대로 지키고 서 있는 것이었다. 게다가 잠깐 외출을 하고자 할 때에도 언제나 무장 경찰이 곁에서 밀착 경호를 이유로 따라다니기 때문에 이런 일에 익숙하지 않았던 나는 무척 불편했다. 백화점이나 쇼핑센터 또는 카펫 상점 등을 구경할 때에도 언제나 경호 경찰관이 따라다녀 마음에 드는 물건이 있어도 제대로 살 수조차 없었다.

다음 날이 되어, 주지사에게 너무 불편하니 호텔로 가든지 아니면 경호하는 사람을 철수시켜 달라고 요청했다. 하지만 이 일은 주지사인 자신이 결정한 일이 아니고 수도 이슬라마바드에서 고위층으로부터 내가 파키스탄을 떠날 때까지 조금도 불편함 없이 경호에 만전을 기하라는 지시가 있었기 때문에 어쩔 수 없다며 요청을 거절했다. 덕분에 며칠간의 근접 경호도 이렇게 불편한데 평생 경호를 받고 살아가야 하는 정치가나 유명 연예인들이 얼마나 불편할까 생각해 보는 계기가 되었다.

한국에 다시 오고 싶어 하는 파키스탄 취업자

라호르 시내의 백화점에서 만난 한 파키스탄 젊은이는 우리가 백화점을 둘러보면서 한국말로 이야기하는 것을 듣고 갑자기 다가와 90도 각도로 인사했다. 그리고는 유창한 한국말로 자기는 한국에서 3년 동안 일했으며, 자신의 형은 아직 동대문에서 가죽제품 판매를 한다고 소개하면서, 자신이 운영하는 상점이 이곳 3층에 있으니

잠시 들러 차나 한잔하고 가라고 권하였다. 마침 다리도 아프고 목이 말랐던 우리 일행은 그를 따라갔는데, 여성의 속옷을 팔고 있는 상점에 아름다운 파키스탄 여인이 가게를 지키고 있었다. 젊은 친구는 가게에 있는 여성을 자신의 세 번째 부인이라고 소개하면서 얼른 지하에 내려가 시원한 음료수를 사 오라고 심부름을 시켰다. 그녀가 나가자 그 젊은 친구는 자신이 3년 동안 한국에서 일한 뒤 파키스탄에 돌아와 집도 새로 사고 두 명의 부인도 더 얻었다면서 법적으로는 네 명까지 부인을 가질 수 있지만 자기는 현재 일곱 명의 부인이 있노라고 자랑을 늘어놓았다. 그러더니 우리 일행에게 자기는 또다시 한국에 나가 돈을 벌어오고 싶으니 한국에 다시 나갈 수 있도록 도와달라며 부탁했다. 그래서 한국에 다시 나가는 데 무슨 문제가 있느냐고 물었더니 그는 벌써 두 번이나 한국에서 일하고 돌아왔는데 두 번째 취업은 다른 사람의 이름을 이용하여 한국 정부에서 더 이상 입국 비자를 내 주지 않는다는 것이었다. 이처럼 전반적으로 경제 사정이 좋지 않은 파키스탄 인들은 한국에 진출하여 취업 기회를 얻는 일을 행운 중의 하나로 여기고 있었다.

파키스탄 편

재벌급들은 모두 외국에서 사업을 하는 파키스탄

파키스탄은 오랜 내전, 잦은 쿠데타는 물론 탈레반의 본거지가 자리하고 있어 언제나 정정이 불안하며 언제 쿠데타가 일어나 정권이 바뀔지 몰라 걱정하면서 살아가는 사람들이 많다. 특히 안정적으로 기업을 운영해야 하는 기업가들은 현 집권층의 미움을 사서도 안 되고 그렇다고 반군이나 탈레반 또는 잠재적 집권층인 야당이나 군부 세력에 미움을 사서도 안 되기 때문에 아예 본거지를 싱가포르나 홍콩 등 안전 지역에 두고 그곳에서 원격조정하면서 필요할 경우에만 잠시 파키스탄에 들러 일을 보고 자기가 필요한 업무가 끝나면 다시 사업 본부가 있는 곳으로 돌아가 영업을 하는 사람들이 많이 있다. 어떻게 보면 이들이 왜 외국에 나가서 사업을 하느냐고 부정적으로 생각할 수 있겠지만 너무나도 불확실한 정치 환경 속에서는 그들과 같이 행동하는 것이 현명한 방법이 될 수 있겠다고 여겨지기도 한다. 이들은 외국에 있으면서 많은 돈을 벌어 본국의 고위층을 비롯한 사회 지도층에 정치 자금을 대기도 하고 또한 먼 훗날에 대비하여 보험 식으로 반대파나 야당 등에게도 좋은 관계를 일정하게 유지하고 있다고 한다. 또한 파키스탄만을 대상으로 하지 않고 우리나라를 비롯하여 중동, 중앙아시아 등 세계 각국을 상대로 영업을 하면서 필요하다면 현지의 여성과 결혼을 하여 그 여성으로 하여금 그곳 영업의 총책임을 맡기는 방식도 사용한다고 한다. 이들은 이슬람 율법에 따라 네 명까지 합법적으로 부인을 둘 수 있기 때문에 파키스탄에 본처가 있다하더라도 우리나라, 홍콩, 싱가포르 등지에 또 다른 부인을 둘 수 있어 그러한 방식을 이용하는 것이다.

역사와 함께 바뀐 이름, 뭄바이

인도 최대의 도시이자 약 50개국의 국적을 가진 이들이 함께 생활하는 도시 뭄바이Mumbai는 16세기 신대륙 탐험에 나섰던 마스코다 가마가 오랜 항해 끝에 남인도에 도착하여 현재의 뭄바이 항구의 아름다움에 반해 프랑스어로 '아름다운 항구'라는 뜻으로 '봉바이'로 이름을 붙였다고 한다. 그 후 인도는 포르투갈에 의해 지배를 받아 왔다. 그러다 포르투갈의 '캐서린' 공주와 영국의 찰스 왕자가 결혼을 하면서 공주의 일곱 가지 지참금 리스트 중 한 항목으로 봉바이를 영국에 바치게 되었다. 봉바이를 받게 된 영국 정부는 이를 아름다운 항구인 'Good Bay'라는 의미를 가진 '봉바이'의 영어식 발음인 '봄베이'로 불리게 되었다.

봄베이를 양도 받은 영국 정부는 당시 식민지 지배를 위해 만들었던 동인도 회사에 단 1파운드의 사용료를 받고 사용권을 넘겨주면서 사실상 인도를 지배하게 되었다. 그러나 동인도 회사의 착취와 횡포가 심각해짐에 따라 점차 원주민들의 항쟁이 격화되었고 급기야 원주민들의 조직적인 항쟁인 '세포이 항쟁'으로 더 이상 인도를 동인도 회사에 맡겨 지배할 수 없게 되었다. 이에 따라 1850년경 영국 정부는 왕의 칙령으로 영국 총독을 인도에 파견하여 통치했다. 영국 총독은 유화 정책으로 바꾸었고, 자주권도 점차 인정해 주었다. 이때 봄베이는 1995년 11월 '마라슈트라' 주정부가 그 통치권을 영국으로부터 인계받으면서 그 이름을 인도식 발음인 '뭄바아이'로 부르게 되었는데 여기에서 '문바'는 마라슈트라의 수호 여신을 의미하며 '아이'는 어머니란 뜻을 가지고 있어 '뭄바아이'를 '마라슈트라 수호 여신의 어머니'라는 뜻이라고 하며 '뭄바아이'가 부르게 쉽게 오늘날의 '뭄바이Mumbai'로 바뀌었다.

인도 편

극단의 문화가 공존하는 나라
종교의 천국 인도

인도는 동서남북으로 북쪽에 뉴델리, 동쪽으로 뭄바이, 서쪽으로 콜카타, 남쪽으로 첸나이 네 개의 도시가 주요 대도시이며 37개의 주가 각자 총리와 장관을 두고 독자적으로 운영되며 각자의 언어와 글자를 따로 가지로 있는 나라이고 그러면서도 제3세계의 리더로서 자기 목소리를 내면서 국제 사회에서 중요한 역할을 해 나가는 나라이다. 그리고 세계 4대 문명의 발상지 중 하나인 '성스러운 강'이라는 이름의 갠지스Ganges 강 상류에서는 시신을 화장한 뒤 강물에 뿌리고 그 하류에서는 이를 식수로 먹는 나라가 바로 인도라 하겠다.

서로 다른 언어와 문화를 향유하는 인도의 전 지역이 하나의 인도 문화권을 형성하게 된 데에는 종교적인 힘이 컸다. 인도인은 대다수가 힌두교를 믿지만 힌두교도 다수의 종파로 나뉘어 있으며, 외래의 종교도 유입되어 하나의 큰 사회가 형성되어 있다.

외래의 종교 중 신도가 가장 많은 종교는 이슬람교이며, 이 외에도 조로아스터교와 유대교, 그리스도교, 자이나교, 불교도 등이 있다. 자이나교는 기원전 500년경 석가모니와 거의 같은 시기에 태어난 '마하비나'라는 사람에 의해 창시된 종교이다. 자이나교는 불교와 유사한 점이 많아 금욕과 살생을 금지하지만, 불교보다 한층 더 엄격한 교리를 가진다. 철저한 무소유와 금욕을 원칙으로 할 뿐만 아니라 지나가는 개미라도 혹시 밟아서 죽이면 안 될 정도로 살생을 절대로 금지하며, 채식주의를 철저하게 지킨다. 이들은 혹시 식물이나 채소 뿌리에 눈에 보이지 않게 붙어 있는 벌레나 박테리아까지도 죽여서는 안 된다는 생각 때문에 뿌리가 달린 채소는 절대 먹지 않으며 심지어 감자까지도 먹지 않을 정도로 철저한 계율을 지켜 나가고 있다. 또한 세계적으로 약 100,000여 명에 불과한 조로아스터교인 중 약 60퍼센트인 60,000여 명이 인도의 뭄바이에 살고 있다. 이들은 아직도 사람이 죽으면 새들에게 시신을 먹이로 주는 조장鳥葬을 하고 있기 때문에 조로아스터교 사원 옆의 공원으로 많은 새들이 몰려드는 날에는 조로아스터교인 중 누군가가 죽어 장례를 치르는 날이라는 것을 누구나 금방 알 수 가 있다고 한다.

인도의 문화적 면을 살펴보려면 결혼식을 보면 금방 알 수 있다. 인도는 남자가 마음에 드는 여인에게 청혼할 경우 코코넛 한 개와 1달러짜리 인도 화폐를 상징으로 건네준다고 한다. 정확한 유래는 모르겠지만 코코넛은 모든 과일을 대표하면서 음식 만드는 과정에서도 많이 사용하고 있기 때문에 결혼한 뒤 풍요로운 생활을 영위하자는 뜻이고 1달러는 부를 상징하여 부자로 살자는 뜻이 담겨 있다고 한다. 결혼식 또한 인도식 전통결혼을 주장하고 있지만 영국의 식민화를 거치면서 전통결혼식이 많이 무너져 요즘은 전통과 서양식의 혼합 결혼식을 많이 하는 듯하다. 인도의 결혼은 대부분 정략결혼으로 카스트제도가 없어졌지만 아직도 자신들의 계급에 맞는 사람들끼리 사전에 신랑 신부 될 부모님들의 교감을 통해 당사자를 정해 놓고 좋던 싫던 결혼을 하게 하는 경우가 대다수어서 결혼 당일에 신랑 신부 서로의 얼굴을 첫 대면하는 경우도 많다. 결혼식은 보통 야외에서 텐트를 치고 하는 경우가 많고 신랑 신부 본인이 원하면 자기가 섬기는 우상도 세워놓고 하는 힌두교식 방법으로 진행하는 경우가 많다.

인도의 또 다른 문화적 풍습을 볼 수 있는 가장 간단한 방법은 찢어진 돈은 받지 않는 풍습이 있다고 한다. 이는 돈을 깨끗하게 사용하자는 뜻도 있지만, 훔친 돈이나 불온한 돈은 간수를 잘못하여 찢어졌을 가능성이 크기 때문에 찢어진 돈은 정상적인 돈이 아니라는 인식이 팽배한 데서 기인한 것이라고 한다.

종교를 무시한 비즈니스는 실패?

인도의 공식 인구 숫자는 12억을 2,000만 명이라고 명명되고 있지만 문맹률이 높아 자신의 아들 이름을 쓰지 못해 국가에 등록을 못하는 사람과 종교적 문제 등 나타나지 않는 사람까지 합치면 세계 인구의 1/3이라고 봐도 무관하다. 이런 거대 인구와 거대시장을 움직여 거대 자본을 형성하려는 사례들이 빈번하다. 그러한 사례로 미국의 맥도날드를 들 수 있는데 미국의 맥도날드 사는 세계적인 인기를 바탕으로 인도에 약 20억 원을 투자하여 상점을 개점하고 소를 신성시하여 먹지 않는 힌두교의 국가, 인도에 양고기나 닭고기, 채소를 이용한 버거를 만들어 팔면서 인도인의 입맛을 사로잡으려 했다.

하지만 이러한 맥도날드도 한때 인도인들의 불매 운동으로 인도 전역이 난리가 난 사건이 발생했다. 다름 아닌 감자를 튀겨 낸 기름이 소고기의 지방을 녹인 기름이었기 때문이다. 결국 한동안 인도의 맥도날드 매장은 힌두교 신도들의 공격을 받아야만 했다. 맥도날드에 대한 불매운동과 규탄이 계속되는 가운데 우리나라의 삼양라면이 상대적으로 불티나게 팔리는 기현상을 보이기도 했는데, 이를 틈타 국내 굴지의 N라면이 삼양보다 더 맛이 좋다는 슬로건과 함께 포장과 표지만 바꾸어 수출하다가 곤욕을 치르기도 했다고 한다.

인도 편

간디 박물관, 마니 바반

뭄바이 시내 중심가 눔바르눔 도로_{Laburnum Road}에는 간디가 1917년
부터 1934년까지 무려 17년 동안 자주 머물렀던 집 마니 바반
Mani Bhavan이 원형 그대로 잘 보존되어 있다. 1917년 간디는 이곳에서
물레를 직접 사용하며 차르카 운동을 시작한 것으로 알려져 있는데,
실제로 이 집은 간디의 친구가 살던 집이었으며, 1955년 간디를 기념
하기 위해 이를 인수하여 박물관으로 사용하고 있다.

인도의 귀족 집안에 태어난 간디는 아홉 살에 결혼해서 아들 한명
을 두었으나 그 아들은 특히 자기 어머니에 대해 불만이 컸던 것으로
알려졌으며, 이에 대한 반발로 무슬림으로 개종까지 했으나 그 뒤 어
디론가 사라졌다고 한다. 간디 역시 청소년 시절에는 지도층 자제끼
리 모여 놀았으며, 나라가 건강하고 부유해지려면 힘이 있어야 된다
고 하면서 힌두교의 율법을 어기고 인도에서 신성시하는 소를 무시하
면서 갠지스 강가에서 친구들과 함께 소고기를 구워 먹기까지 했다고
한다. 그러나 마음을 잡고 영국 유학길에 오른 간디는 영국에서 귀국
후 영국에 대한 무저항 운동을 전개하면서 인도의 정신적 지주가 되
었다.

마니 바반에는 그가 제2차 세계대전 당시 히틀러와 루스벨트 등에
게 보낸 친필 편지는 물론 그의 소박한 생활상을 엿볼 수 있는 서책과
그의 저서, 일상 용품들이 비교적 잘 보존되어 정리되어 있다.

뭄바이 시내 마니 바반에서 조금 떨어진 곳에 가면 인도의 전통
적인 빨래터를 볼 수 있다. 우리나라의 세탁소에 해당하는 빨래터에
는 빨래 도구라고는 울퉁불퉁 튕겨 나와 있는 많은 바위와 시냇물이

전부이다. 이곳의 세탁 방식은 세탁물에 물과 비누를 묻힌 뒤 바위에 세탁물을 내팽개치듯 두드려서 세탁을 하는 것이 특징인데, 옷이 제대로 남아날지 걱정스러울 정도로 힘 있게 팽개치는 모습이 특히 인상적이었다.

인도 편

카를리 석굴

뭄바이 시내에서 약간 떨어진 곳에 인디라 간디의 아들 라지브 간디의 이름을 따서 명명한 '라지브 간디Rajiv Gandhi 국립공원'이 있는데 그 공원 안으로 깊숙이 들어가면 2세기 초인 100년경에 조영된 것으로 기록되어 인도의 불교문화를 가늠해 볼 수 있는 카를리 석굴Karli Cave이 있다. 이 석굴은 거대한 한 개의 바위산을 파서 만든 총 109개에 달하는 석굴인데 관리를 위해 1번부터 109번까지 번호가 붙여져 있다. 사실 108번뇌를 상징하기 위해 108개의 석굴을 만들어야 하는데 실수로 석굴을 한 개 더 만들었다는 믿지 못할 이야기도 전한다. 109개의 석굴 내부를 보면 승려들이 석굴 밖으로 나오지 않아도 의식주에 전혀 불편함이 없도록 거의 모든 시설이 완비되어 있음을 알 수 있다. 예를 들면 승려 학교, 대형 법당, 천불을 모셔놓은 천불당, 대중목욕탕, 보리나 고추 등을 갈아 먹을 수 있는 학독, 약수를 이용한 물 저장탱크는 물론 찬란한 색깔을 이용한 돌 벽화 그리고 이색 종교인 시바의 신에 이르기까지 그야말로 거대한 불교 마을을 이루고 있다. 또한 석굴에 모셔 놓은 11면 보살상은 우리나라의 석굴암과 대조적으로 3 · 3 · 3 · 2층 방식으로 조각되어 있다는 것이 큰 특징이다.

인도 편

우리와 다른 재벌 세습, 타타 재벌

인도 전역에서 타지마할 호텔을 운영하면서 인도 굴지의 재벌로 성장해 온 '타타' 그룹은 인도의 유명 호텔들이 영국인에게만 출입을 허용하고 인도인에게는 출입을 못하는 데 분노하여 인도에서 가장 좋은 호텔을 짓겠다고 선언하면서 호텔 사업에 뛰어들었다. 타타 그룹이 본격적인 호텔 사업에 들면서 '앞으로 커피 속에 말없이 녹아 섞이는 우유가 되겠다'고 선언하며 인도 사회에 봉사하면서 인도와 운명을 함께하겠다는 의지를 보였다고 한다. 이후 타타 그룹은 당초 약속한 대로 인도 사회에 대한 봉사와 헌신 정신에 따라 설립자 오너의 직계 자녀가 아닌 친척에게 물려줄 것을 약속했으며, 타타 그룹은 이 약속에 따라 벌써 4대째 세습되었으며 현재의 4대째 회장은 당초 호텔 설립자와는 거의 관계가 없을 정도의 아주 먼 친척이라고 한다.

또한 1857년 영국이 런던 대학을 모델로 하여 세운 150년 전통의 뭄바이 대학University of Mumbai은 인도에서 오래된 3개 명문 대학 중 하나이다. 뭄바이 대학의 상징적인 건물 라자바이 도서관에는 영국 런던의 빅뱅 시계탑보다 약간 낮은 시계탑을 건설하였다. 이 건물은 사업가이자 은행가인 프렘찬드 로이찬드가 어머니인 라자바이를 추모하기 위해 기부한 기금으로 설립하였는데, 그는 자신의 앞 못 보는 어머니를 위해 귀로 들을 수 있는 시계탑 빅뱅을 건립하였다고 한다.

쿠웨이트 편

하이힐만 신고 걸어도 석유가 나오는 나라

쿠웨이트는 사우디아라비아와 마찬가지로 모범적인 이슬람 국가로 당연히 술과 돼지고기는 금지되어 있으며, 여성들의 사회 활동도 거의 제한되어 있다. 그러나 2009년 실시한 쿠웨이트 국회의원 선거에서 처음으로 네 명의 여성 국회의원이 탄생되면서 앞으로 쿠웨이트 여성들의 사회 활동이 점차 많아지게 될 전망이다. 쿠웨이트는 원래 사막에 있던 작은 부족국가였지만, 석유를 통해 근대화가 급속히 진행되어 '사막 속에 홀연히 나타난 근대 도시'가 되었다. 현재 세계 석유 매장량의 10퍼센트가 쿠웨이트에 매장되어 있어 인접 국가들이 항시 욕심을 내는 지역으로 1970년대 이전까지 서방세계에 휘둘렸으나, 1974년 이래 석유 회사를 국유화하였다. 정부 재정 수입의 80퍼센트 이상 석유 산업에 의존하고 있는 쿠웨이트에서는 어느 곳을 파더라도 석유가 나오며 심지어 여성이 하이힐을 신고 걸으면 하이힐 끝에 석유가 묻어나올 정도로 석유가 묻혀 있고 깊이도 아주 얇다고 하니 아마 세계에서 복 많이 받은 나라 중의 하나인가 보다.

쿠웨이트는 국민소득이 지속적으로 큰 폭으로 뛰어오르는 국가로서 석유로부터 매년 막대하게 벌어들이는 돈을 어느 곳에 유용하게 써야 될지 행복한 고민을 하는 국가이기도 하다. 쿠웨이트 국민은 적당한 직업이 없거나 직장이 별로 마음에 들지 않아 그만둔 경우 정부에 실업자로서 등록을 하게 되는데, 이렇게 등록된 쿠웨이트 국민에게는 매월 15일이면 정기적으로 정부로부터 실업수당이 지급된다. 그런데 말이 실업수당이지 그 액수가 어지간히 큰 대기업에서 1개월간 죽어라고 일하고 받는 월급보다 훨씬 많기 때문에 굳이 사무실에

앉아 일을 할 필요가 없다고 생각하는 사람들이 많다. 매월 15일 아침이면 실업수당을 지급하는 은행 앞에 많은 쿠웨이트 인이 실업수당을 지급받기 위해 줄지어 서 있는데, 그들은 대부분 벤츠 600 오픈카에 금발 서양 미인을 옆에 태우고 있다. 이들은 자기 차례가 되어 10,000 달러가 넘는 실업수당을 받으면 즉시 고급 승용차를 몰고 유럽 등 외국으로 여행을 다니다가 돈이 떨어질 때쯤 되면 다시 실업수당을 받으러 돌아온다고 하니 세상에서 가장 편한 실업자이며 평생 일하지 않아도 석유 덕분에 잘 먹고사는 국민일 것이다.

페르시아 제국의 영광

아라비아 반도와 인도 대륙 사이에 있는 이란은 중국의 장안에서 시작된 실크로드 경유지로 일찍부터 이란의 수도 테헤란Teheran은 터키로 오가는 무역의 중심지 역할을 해 온 곳이다. 특히 페르시아인은 향료나 카펫 등 자신들의 특산물을 이용하여 일찍부터 세계 상권의 중심에 서 있었다. 이란 인구의 절반을 넘게 차지하는 페르시아인은 중동의 다른 나라에 비해 그 용모가 아주 준수한 것이 특색이다. 특히 페르시아 여인들은 파란 색깔의 눈동자가 빼어나기 때문에 테헤란을 처음 찾는 관광객들은 페르시아 여성들의 호수 같은 눈에 빠져드는 것 같다고 말할 정도이다. 페르시아 제국에는 세 개의 수도가 있었는데 수사Susa, 하마단Hamadan, 페르세폴리스Persepolis이다. 이 세 수도는 계절에 따라 번갈아 가며 이용하였는데, 겨울철에는 수사, 여름철에는 하마단, 봄과 가을에는 페르세폴리스였다. 하지만 기원전 581년부터 약 250년 동안 페르시아 제국의 수도였던 페르세폴리스는 기원전 331년에 알렉산더 대왕 군대에 의해 파괴되어 현재의 모습인 폐허가 된 유적지만 남아 있으며, 페르세폴리스를 제외한 다른 수도에는 역사적인 유물이 전혀 남아 있지 않다는데, 이는 이곳을 점령한 프랑스 발굴대들이 발굴하는 동안 도적들의 침입을 막기 위해 유적지에 있는 돌을 모두 사용해서 성을 쌓는 데 사용했기 때문이라고 한다. 페르시아 제국의 사라진 유적들이 아쉬울 따름이다.

요르단 편

2세기에 지어 현재도 사용되는 야외 원형 극장 아직도 발굴 중인 제라시

기원전 1,200년경 암몬족의 수도였던 암만의 성터는 모두 일곱 개의 언덕으로 이루어져 있으며 성경에 나타나 있는 랍비 암몬의 수도였다. 로마 시대에는 데카폴리스Decapolis 중의 하나로 크게 번창하였으며 지금도 당시의 유적이 많이 남아 있다. 이 암만 성터에는 2세기에 건립된 약 600만 명을 수용할 수 있는 거대한 야외 원형 극장이 있으며, 이 극장은 현재에도 사용되고 있는 세계에서 가장 오래된 극장이다. 그리고 이 성터 안에는 유다의 헤롯왕이 그리스 신 헤라클레스에게 바친 신전과 비잔틴 양식의 정문이 남아 있으며, 당시 사용했던 물탱크도 그대로 남아 있다.

암만에서 사해를 지나 저지대로 내려가다 보면 약 2,000년 전 홍수로 매몰된 거대한 도시 유적 제라시를 만나게 된다. 제라시는 해발 600미터에 위치한 유적 도시인데, 1900년대 초부터 시작된 발굴 작업은 현재 20퍼센트만이 진행된 상태일 정도로 규모가 커 지금도 발굴이 계속되고 있다. 129년 하드리아누스 황제가 지은 개선문과 주피터 신전, 아르테미스 신전, 대규모 전차 경기장, 원형 야외극장과 시장터, 광장 그리고 그리스 아테네에 있는 아크로폴리스 파르테논 신전과 비슷한 원형의 돌기둥들 양쪽으로 서 있는 열주 등 당시의 웅장했던 신전 모습을 가늠케 하고 있다. 특히 전차 경기장은 15,000명을 수용할 수 있는 큰 규모인데 현재 로마 시대의 복장을 한 군인과 검투사가 참여하여 전차 경주 등을 재연하는 공연을 하고 있다.

요르단 편

요르단, 5대 기독교 성지가 있는 나라

요르단은 사우디아라비아에서 언급한 바와 같이 기후가 좋고 살기 편한 반면, 석유는 한 방울도 나지 않는 지역이다. 또한 요르단에는 예수나 세례자 요한 등 예수의 제자와 관련된 곳들이 많이 있는데, 로마 교황청에서 공식적으로 지정한 5대 기독교 성지가 모두 있어 기독교인이라면 꼭 한번 가볼 만한 곳이며, 실제로 세계 각국의 기독교인이 즐겨 찾는 곳이기도 하다. 로마 교황청에서 공식적으로 지정한 5대 기독교 성지에는 모세가 죽은 느보 산Nebo mountain, 예수가 세례 받은 베다니Bethany, 세례자 요한의 순교지인 마케루스Machaerus, 선지자 엘리야의 언덕Elijah's Hill, 성모 마리아의 성소를 모신 안자라 성당Anjara Cathedral이다. 먼저 구약성서에서 지팡이로 물을 가르고 육지로 된 홍해를 건넜다는 모세가 40년 동안 광야의 생활을 마치고 가나안 땅을 바라본 뒤 죽은 지역인 느보 산은 요르단의 수도인 암만 남쪽으로 약 20킬로미터 떨어진 마다바Madaba 근처에 있다. 느보 산은 세 개의 높은 봉우리로 이루어져 있는데, 가장 높은 봉우리가 니바Ras al-Niba로 높이가 835미터이고, 무카야트Khirbetel-Mukhayyat와 시야가Ras Siyagha가 그 다음으로 각각 790미터와 710미터이다. 이 중 모세가 가나안 땅을 바라보았다는 봉우리가 시야가라는 것이 일반적인 견해이다.

시야가는 가나안 땅을 바라보기에 가장 전망 좋은 곳이기도 하다. 두 번째, 베다니는 세례자 요한으로부터 예수가 세례를 받았고 요한은 예수에게 세례를 주었기 때문에 세례자 요한이라고 이름이 붙여졌는데 예수가 세례자 요한으로부터 세례를 받은 지역이 '베다니Bethany'라는 곳이다. 베다니는 암만 남쪽으로 약 40킬로미터 그리고 사해 북쪽으로 약 10킬로미터 떨어진 곳에 위치하며, 약 2,000년 전 요르단 강 동편 지역으로 상경한 세례자 요한이 예수에게 세례를 베풀 때 사용했던 물 저장 탱크, 교회 터, 예수가 세례 후 성령이 비둘기 같이 내려 앉았다는 기록이 그리스어로 적혀 있는 모자이크 바닥 등이 유명하다. 이곳은 2003년 3월21일 교황 바오르 2세가 이곳을 방문한 뒤 예수가 세례 받은 장소가 확실하다고 공식적으로 인정한 곳이기도 하다. 세 번째, 암만 남쪽 32킬로미터 지점에 있는 마다바Madaba에서 '왕의대로King's High way'를 따라 12킬로미터 정도 남하한 뒤 우측 무카이르를 따라 약 20킬로미터 정도 가면 산 정산에 헤롯 왕의 하궁터였던 마케루스Machaerus가 있는데 이곳에는 산 중턱에 세례자 요한이 죽기 전 감금되었던 감옥굴이 있는데, 이곳은 서기 26년 세례자 요한이 순교를 당한 곳이기도 하다. 약 2,000년 전 유대 헤롯왕이 동생을 죽이고 동생의 아내를 부인으로 맞은 잘못을 회계하라고 외치는 세례자 요한을 기독교인이라는 핑계를 들어 이곳에서 목을 베어 죽였다고 한다.

네 번째, 선지자 엘리야의 언덕Elijah's Hill이다. 약 2,000년 전 매몰되었던 도시로 1900년대 초부터 발굴이 시작된 제라시Jerash에서 약20킬로미터 떨어진 엘리야 언덕은 이스라엘의 예루살렘과 모세가 죽은 느보 산의 중간 지점에 위치한다. 이곳은 선지자 엘리야의 고향이자 승천한 곳으로 추측되기도 한다.

다섯 번째, 성모 마리아의 성소를 모신 안자라 성당Anjara Cathedral이다. 암만 북쪽 약 40킬로미터 떨어진 곳에 있는 아즐룬Ajlun 근처에 있는 안자라 성당은 성모 마리아의 성소를 모신 곳으로 이스라엘과 요르단을 찾는 기독교인들의 발길이 끊이지 않는 곳이기도 하다.

피부병 환자에게 좋은 사해

이스라엘과 요르단 국경 사이에 있는 사해Dead Sea는 총면적이 1,020제곱미터이며, 동서의 길이가 약 15킬로미터, 남북의 길이가 약 80킬로미터로 깊이가 가장 깊은 곳은 약 400미터이고, 평균 깊이는118미터라고 한다. 사해는 함몰 지구에 있기 때문에 그 호수 면이 해면보다 395미터나 낮으며 유입되는 물의 양과 증발되는 물의 양이 거의 비슷하기 때문에 소금의 농도가 극히 높아서 물 표면의 소금 농도는 200퍼센트이고, 저층수의 소금 농도는 무려 300퍼센트나 되기 때문에 어떠한 생물도 살 수가 없어 '죽음의 바다'라는 뜻으로 '사해 Dead Sea'라고 불리게 되었다. 또한 사해의 물 보급원은 갈릴리 호 Sea of Galilee의 바닥에 있는 지하 온천인 것으로 알려져 있으나 확실한 수원은 밝혀지지 않고 있다.

죽음의 바다인 사해는 그동안 버려진 곳으로 알려져 있었지만, 사실은 피부가 나빠 고생했던 클레오파트라가 피부 치료 및 미용을 위해서 사해의 진흙으로 팩을 만들어 애용하면서 아름다운 피부를 갖게 되었다고 한다. 수영을 못해도 몸이 저절로 뜨는 사해에는 최근 들어 세계 각국으로부터 아토피성 피부염, 습진, 건선 등 피부병 환자는 물론 근육통, 관절염, 류머티즘, 천식 등 환자들로 붐비고 있다고 하니 죽음의 바다도 쓸 데가 있는 모양이다.

요르단 편

〈인디아나 존스〉의 촬영지, 페트라

요르단 제1의 관광지는 그리스어로 '바위'라는 뜻을 가진 '페트라Petra'라고 불리는데 아무도 이의를 달지 못할 것이다. 페트라는 기원전 7세기부터 2세기까지 시리아와 아라비아반도 등지에서 활약한 아랍계 유목민인 나바테아 인이 세운 왕국의 수도였으며, 협곡에 '알카즈네AlKhazneh'라는 2층 규모의 신전 형태의 조각 궁전이 길게 늘어서 있는데, '카즈네Khazneh'라는 말은 '보물창고'라는 뜻으로 이집트의 파라오가 이곳에 보물을 숨겨 놓았다는 전설이 사막 유목민인 베두인 족들에게 전해져 비롯되었다 한다. 하지만 사실은 이 조각 궁전은 기원전 1세기 무렵에 건설된 왕족들의 무덤이다.

　　페트라는 유적지로서도 유명하지만 영화 〈인디아나 존스: 마지막 성배〉의 촬영 현장이 되면서 더욱 관광 명소로 각광을 받게 되었다.

터키 편

동서양 가교의 나라
타 종교를 고려했던 이슬람교도의 나라

터키는 유럽의 발칸반도와 소아시아 지역을 가르는 보스포루스Bosporus 해협을 끼고 있어 동양과 서양이 만나는 가교 역할을 하고 있을 뿐만 아니라 종교적으로도 비잔틴 제국의 기독교와 오스만투르크 제국의 이슬람교가 잘 조화를 이루며 발전해 온 나라이다. 현재 터키의 국교는 명시하고 있지 않지만 전체 국민 중 98퍼센트 이상이 수니파 이슬람교도로, 이슬람 국가라고 할 수 있다. 따라서 『코란』을 기저로 하는 이슬람의 전통과 관행이 매우 중요하게 여겨진다.

보스포루스 해협에 있는 이스탄불Istanbul은 세계를 지배했던 3대 강국 로마, 비잔틴 제국 그리고 오스만투르크 제국의 수도였던 곳으로, 1923년 터키 공화국이 수립되며, 수도를 앙카라Ankara로 옮겨 가기 전까지 오랫동안 터키의 제1도시이자 수도로서 오랜 역사를 자랑했다. 이스탄불 제일의 관광 명소인 아야소피아Ayasofya는 비잔틴 제국시대에 가톨릭을 처음으로 공인하고 이곳에 살기로 한 콘스탄티누스 대제가 "새로운 도시의 큰 사원"으로 325년에 세운 유서 깊은 가톨릭 대성당이었으나, 15세기 오스만 제국이 들어서면서 이곳은 이슬람교 사원으로 용도가 바뀌었다. 그래서 성당 안 모두는 회반죽으로 덮어 가톨릭 잔재를 없앤 뒤 그 위에 이슬람교의 『코란』 금문자와 문양들을 새겼다. 이후 회칠을 벗겨 내는 복원 작업이 이루어져 성모 마리아를 비롯한 비잔틴 시대의 화려한 모습이 다시 나타났다. 이슬람교도들이 가톨릭의 유적을 철저히 훼손해서 없애지 않고 위에 회칠만 해서 다시 복원이 가능토록 한 것은 십자군이 이집트를 정복하고 이슬람 유적 벽화들을 날카로운 쇠못 등으로 긁어 완전히 훼손시킨 것과는 대조적이다.

터키 편

세계에서 가장 크고 무거운 샹들리에 영화 〈스타워즈〉의 촬영지, 카파도키아

보스포루스 해협 옆 600미터 이상 유럽 쪽 해안 길을 따라 길게 뻗어 있는 돌마바흐체 궁전Dolmabahce Palace은 19세기 중엽 술탄 압둘마지드 1세가 대화재로 불탄 기존의 목조 건물 대신 건축한 화려한 석조 건축물이다. 프랑스의 베르사유 궁전을 본떠 유럽의 향기가 물씬 풍기는 대리석으로 지어졌다. 이 궁전의 접견실 '황제의 방'에 있는 샹들리에는 56개의 기둥과 무려 750개의 전등이 달려 있으며 그 무게만도 4.5톤이나 되어, 세계 최대의 샹들리에로 알려져 있다. 보스포루스 해협의 관광선을 타고 지나다 보면 이 궁전 앞을 지나게 되는데 이 궁전에 멈추어 차를 한잔 마시면서 유럽 쪽 해협을 바라보는 것도 아름다운 관광거리 중의 하나라 하겠다.

또 다른 관광 명소로는 스타워즈 촬영지로 유명한 카파도키아이다. 카파도키아Cappadocia는 동굴 수도원의 버섯 모양들과 많은 바위들이 무리를 이루고 있어 '스머프 마을'이라고도 불린다. 이 카파도키아는 일찍이 유럽의 탐험가 마르코 폴로가 『동방견문록』에서 소개했을 정도로 아름답고 특이한 도시이다. 이는 지하 수십 미터에 형성되어 있는 지하 도시로서 4세기에 만들어져 11세기에 최전성기를 누린 수도원과 성당을 말한다. 초기 그리스도 교인들이 로마 시대 이래로 종교 탄압을 피해 본거지를 이곳으로 옮겨 신앙생활을 했던 곳으로, 응회암이 침식되어 형성된 수천 개의 기암에 굴을 뚫어 만든 수도원의 진귀한 모습이 관광객들의 눈길을 끌기에 충분하다.

터키 편

클레오파트라가 즐겼다는 온천, 파묵칼레

이즈미르Izmir에서 남서쪽으로 약 400킬로미터 떨어진 데니즐리 Denizli에 위치한 석회암 온천지대에는 파묵칼레Pamukkale 온천 이 있다. '파묵칼레'는 '목화의 성'이라는 뜻으로 이 지역 전체가 천연 의 노천 온천으로, 온천수가 수 세기 동안 바위 위를 흐르며 바위를 탄 산칼슘 결정체로 뒤덮어 멀리서 바라보면 마치 하얀 눈이 덮인 언덕이 나 목화밭처럼 보이기 때문에 붙여진 이름이라 한다. 이 온천수는 섭 씨 35도로 특히 심장병이나 소화기 장애 그리고 신경통에 특효가 있 다고 알려져 있으며, 클레오파트라는 물론 로마의 황제들 그리고 로 마의 극히 제한된 귀족들만이 온천을 즐겼다고 한다. 기원전 2세기 파 묵칼레의 언덕 위에 세워진 히에라 폴리스라는 고대 도시는 오랫동 안 번성하였으며, 로마 시대의 다양한 문화 유적이 남아 있어 이 지 역 일대는 1988년 유네스코에 의해 세계 문화유산으로 지정되었다.

쿠르드족의 여유

전통적인 종족제 사회를 구성하고 있는 터키령의 쿠르드족은 민족의식이 강해 터키로부터 독립을 요구하면서 독립국가 건설을 위해 계속 투쟁하고 있는 민족이다. 1919년 케말 아타튀르크의 민족항전에 대립해 1920년 자치 정권이 약속되었지만, 로잔 조약으로 취소되었다. 그들의 인정 많고 여유 있는 모습이 내게 특히 인상 깊었다. 이스탄불을 거쳐 그리스로 가는 중간에 터키인들이 해수욕을 즐길 수 있는 에게 해 바닷가에 해수욕장이 있는데 그곳에는 터키인들뿐만 아니라 쿠르드족 그리고 그 옆을 지나는 많은 관광객이 잠시 쉬어가기에 안성맞춤인 조용하고 깨끗한 곳이다. 우리 일행은 자동차에서 내리자마자 그곳에 오는 길에 노점상에서 구입한 수박을 들고 자리를 잡았다. 돗자리를 편 뒤 수박을 잘랐으나 아쉽게도 그 수박은 속이 덜 익은 상태였다. 결국 우리 일행이 수박을 먹지 않고 앉아 있는데 갑자기 옆에 있던 쿠르드족 한 사람이 수박 반통을 조용히 우리에게 놓고 갔다. 물론 그 수박은 알맞게 잘 익어 있었다. 그들의 옷차림이나 모양새를 보아 여유가 전혀 없어 보였음에도 불구하고 이방인인 우리에게 자기들이 먹으려던 수박의 반통을 아무 소리 없이 내밀고 가는 그 온정에 우리 일행은 큰 고마움을 느꼈다. 비록 수박 반통의 고마움이었지만 그들의 온순함과 이방인에 대한 스스럼없는 친절이 돋보였다. 그래서 우리는 웃으면서 그 수박을 맛있게 먹은 대신, 그들에게 승용차 트렁크에 실려 있던 제네바에서 싣고 온 라면과 통조림, 과자 등을 한 아름 안겨 주었다. 수박을 먹은 뒤 잠시 쉬기 위해 팔베개를 하고 푸른 하늘을 바라보는데, 이번에는 갑자기 곁에 있던 그 쿠르드족이 자기가 가지고 있던 큰 타월을 접어 내 머리에 조용히 받쳐 주는 것이었다. 우리는 깍지를 끼고 누워서 하늘을 바라보는 것이 일반화되어 있지만 그들이 보기에는 내가 베개가 없어 팔을 베고 누워 있는 것으로 여겼던 듯하다. 자신이 가지고 있던 타월을 접어 소리 없이 나의 머리를 베개 해 주었던 그의 따뜻함이 아직도 잊어지지 않는다. 이들의 그 따뜻한 마음씨로 보아 언젠가는 잘사는 독립 국가를 세울 것이 틀림없으리라고 생각된다.

터키 편

가짜 경찰이 판치는 거리

터키 시내를 여행하다 보면 가끔 노상 검문을 한다는 이유로 여권이나 소지하고 있는 카드 등 신분증명서를 보자는 사람들이 종종 있다. 이들 중에는 사복을 한 사람들뿐만 아니라 버젓이 경찰 제복을 입고 경찰모를 쓰고 경찰봉과 손전등까지 들고 있는 경우도 있다. 그러나 터키에서는 경찰복을 입은 경찰관이 여권이나 신분증을 보여 달라고 하더라도 인근에 있는 경찰서의 사무실에서 보여 주겠다고 말한 뒤, 인근 경찰서로 같이 가자고 하는 것이 안전하다. 왜냐하면 경찰복을 입은 이들 중에는 진짜 경찰도 있지만 대부분 가짜 경찰이며, 이들에게 여권이나 신분증을 건네면 물어볼 것이 있다는 이유로 따라오라고 해서 예기치 않은 봉변을 당할 수도 있기 때문이다. 그뿐만 아니라 터키 거리를 지나다 보면 이유 없이 친절하게 다가와 주스나 자양강장제 비슷한 음료를 마시라고 건네는 사람들도 종종 있다. 그러나 이러한 음료수에는 사나흘 동안 혼수상태가 될 수 있는 약물이 섞여 있어, 무심코 그 음료수를 마시고 사나흘이 지나 정신을 차려 보면 여권은 물론 신용카드와 현금 그리고 카메라를 비롯하여 소지품 모두를 잃어버리고 그야말로 빈털터리가 되기 십상이다. 이러한 사람뿐만 아니라 친절하게 말을 건네며 길을 안내하면서 목이 컬컬하니 술 한잔 사겠다고 권하는 사람도 많다. 이 사람을 따라가면 대개 술집으로 유인하는데, 이러한 술집은 터무니없는 술값과 팁으로 바가지를 톡톡히 쓰게 된다. 이들은 물론 손님을 술집에 유인해 주고 술집으로부터 일정한 커미션을 받아 챙기는 술집 사기꾼들이다.

터키 편

홍차와 향신료의 나라
터키에 터키탕은 없다

터키에서는 홍차가 일반화되어 있으며 일상생활에서는 물론 손님을 대접할 때에도 홍차가 나온다. 손님이 홍차를 다 마시면 계속해서 홍차 잔을 채워 주는데, 이를 잘 모르고 처음 터키를 방문하여 주인이 빈 잔에 채워 주는 대로 홍차를 마시다 보면 끝도 없이 홍차를 마시게 된다. 보통 터키에서는 손님에게 홍차를 많이 대접하려고 하고, 손님의 찻잔이 비어 있는 것은 예의가 아니라고 생각하기 때문이다. 따라서 더 이상 홍차를 마시기 싫을 때에는 티스푼을 뒤집어 찻잔 위에 올려놓으면 이제 충분히 마셨으니 더 이상 마시고 싶지 않다는 표시가 되며 집주인도 더 이상 홍차를 권하거나 찻잔에 홍차를 채워 주지 않는다. 또한 주는 홍차를 마시지 않고 그냥 놔두는 것은 실례이다. 왜냐하면 터키에서는 홍차를 마시지 않고 그냥 놔두는 것은 상대방의 인사를 받지 않는 것으로 해석하여 주인이나 상대방을 불쾌하게 만들기 때문이다.

터키에 대해 또 알아두어야 할 것은 우리가 흔히 터키탕이라고 부르는 목욕에 대한 것이다. 터키탕은 샤워 후 통나무로 짠 스팀이 나오는 욕조 속에 들어가 머리만 내 놓고 증기로 땀을 내는 시설을 갖춘 목욕 시설이면서 언제부터인가 성매매 등 비정상적인 목욕 시설로 알려져 있다. 하지만 실제 터키에는 이러한 시설을 갖춘 소위 '터키탕'은 존재하지 않는다. 물론 터키에도 목욕탕이 있으며 우리나라의 한증법과 같은 원리로 밀실에 열기를 가득 채우는 건조목욕으로 땀을 내고 샤워하는 목욕 시설이 있고, 그 후에 원한다면 남성 때밀이로부터 때를 미는 서비스를 받을 수는 있지만 한국이나 일본에서와 같이

나무로 만든 증기통을 갖춘 시설을 찾아 볼 수 없으며 더구나 여성으로부터 서비스를 받는 목욕 시설은 전혀 없다. 다행히 현재는 한국에서도 '터키탕'이라는 이름을 사용하지 않고 '증기탕'이라고 부른다고 하니 늦었지만 우리의 전통적인 오랜 우방국가인 터키에 대한 예의를 되찾은 것 같아 홀가분하다.

세상에서 가장 자원이 풍부한 나라

구소련 연방이었던 카자흐스탄은 이웃 나라 키르기스스탄이나, 우즈베키스탄에 비해 천연자원의 혜택을 정말 많이 보고 있는 나라라 하겠다. 석유나 우라늄은 물론 우리가 화학 시간에 배웠던 모든 화학 기호에 해당하는 모든 광물이 매장되어 있기 때문이다. 그것도 조금씩 매장되어 있는 게 아니라 매장량을 국가별로 순위를 매겨 보면 상위권에 해당할 정도이다. 특히 석유는 중량에 비해 질량이 무거워 채굴이나 수송비가 비싼 편인데 국제 유가가 20달러 선이었던 구소련 시절에는 아무도 관심이 없었고 러시아도 무심코 독립시켰지만, 국제 유가가 50달러가 넘으면서 각광받기 시작하였다. 카자흐스탄 전역이 석유매장 창고라고 생각할 정도로 유전이 많으니 러시아는 물론 미국과 중국 등이 유전 확보를 위해 엄청난 각축전을 벌이고 있다. 카자흐스탄은 풍부한 천연 자원뿐만 아니라 각종 농산물의 생산량이 많고 우리나라 기후와 비슷한 알마티Almaty 그리고 구소련 시절 공산당 간부들이 즐겨 찾던 온천은 우리 체온에 알맞은 온도로 유황 성분이 탁월한 천혜의 온천, 캄차카Kamchatka 지역의 바다와 같은 크기의 호수는 카자흐스탄 사람들이 뱃놀이와 수영, 수상스키를 즐길 수 있을 정도로 크다. 위정자들이 잘만 해 준다면 정말 살기 좋은 나라가 될 것이다.

생일잔치를 제일 중요시하는 중앙아시아인들

우리나라 옛 말에 생일날 잘 먹으려고 이레를 굶는다는 말이 있다. 아마 먹을 것이 부족하고 가난했던 시절 생일이나 되어야 고깃국이라도 먹을 수 있었던 데서 나온 말이라 생각된다. 카자흐스탄, 키르기스스탄, 우즈베키스탄 등 중앙아시아 국가들도 이는 마찬가지인 듯하다. 이들은 1년 중 자신의 생일날을 가장 소중하게 여겨, 생일이 되면 일가친척은 물론 가까운 이웃까지 모두 초대해서 온종일 밤늦게 까지 먹고 마시고 춤추면서 즐거운 하루를 보낸다. 그들은 단 하루의 생일잔치를 위해서 1년 동안 정말 열심히 일하고 돈을 저축한다. 이들이 모여서 먹고 마시면서 즐기는 일보다 더 중요하고 의미 있는 일이라면 아마도 먼 일가친척, 사돈의 팔촌까지 모두 모여서 화목하게 지내면서 동고동락을 같이하는 미풍양속이 아닌가 싶어 차츰 친척끼리도 왕래 없이 지내는 우리의 현실과 너무 대조적이라 생각된다.

카자흐스탄의 구혼법

중앙아시아는 유독 '탄' 자로 끝나는 국가들이 많이 있다. 원래 '탄'은 '땅'을 의미하는데, 그 의미가 확대되어 '국가'를 의미하기도 한다고 한다. 카자흐스탄, 키르기스스탄, 파키스탄, 우즈베키스탄, 아프가니스탄 등이 모두 여기에 속하는 나라들이다. 이들은 전통적으로 초원에서 말 달리며 유목민으로 살아 젊은이들의 구혼 방법도 색다르다. 카자흐스탄의 경우 남자가 대개 구혼을 한다. 구혼 때에는 넓은 초원에서 일정한 목표 지점까지 달리는데, 여자가 앞서 달리고 남자가 뒤따라가면서 평소에 자기가 여자에게 하고 싶었던 말을 계속하고 여자는 듣기만 한다. 이때에는 남자가 무슨 말을 해도 절대로 실례가

되지 않으며 심지어 듣기 거북하거나 야한 이야기도 아무런 문제가 없다. 반환점까지 달려간 남녀는 되돌아 올 때에는 남자가 앞에서 달리고 여자가 채찍을 들고 뒤에서 따라오게 되는데 이때 여자가 구혼해 온 남자가 마음에 들 경우에는 채찍으로 앞 말의 엉덩이를 때리면서 남자에게 채찍이 닿지 않게 하면 구애를 받아 준 것으로 된다. 그러나 만일 여자 측에서 앞서 가는 남자가 마음에 들지 않으면 달리는 동안 계속해서 남자의 등을 채찍으로 내려치게 되는데 이때 사정을 봐주지 않고 때리기 때문에 출발점에 돌아오면 그 남자는 온 몸이 피투성이가 된다고 하니 섣부르게 구혼했다가는 뼈도 못 추릴 듯하다. 이와는 달리 이웃 나라 키르기스스탄에서는 평소에 남자 측에서 마음에 드는 여자를 눈여겨보아 두었다가 그 여성이 외출할 경우 뒤를 따라가서 키르기스스탄 전통 모자를 여성에게 던지는 구혼 방식을 가지고 있다. 이때 여성 측에서 모자를 받고 옆으로 쓰러지거나 주저앉으면 남자의 구애를 받아 준다는 신호로 이들은 결혼으로 골인하게 되지만, 만일 여자 측에서 모자를 받고 그대로 지나가 버리면 여자 측에서 그 남자가 싫다는 뜻이라 하니 카자흐스탄보다는 좀더 낭만적이라 하겠다.

카자흐스탄 편

역경을 이기고 살아남은
의지의 고려인들

　구소련의 이오시프 스탈린은 소수민족, 특히 우리 고려인들을 학
　대하고 탄압하더니 1937년 8월 21일 소련 영토에 거주하던 17
만여 명의 한인 강제 이주에 서명하여 이들은 정들어 살던 집과 땅에
서 쫓겨나 연해주에서 중앙아시아에 이르는 머나먼 길을 화물 기차에
실려 갔다. 한 달이 넘는 여정 속에서 농사짓던 사람은 우즈베키스탄
에, 지식인으로 분류되었던 사람은 카자흐스탄의 우슈토베 벌판에 버
려지다시피 강제 이주되었다. 현지까지 나를 안내한 허 선생은 여덟
살 때 아버지 손에 끌려 강제 이주되던 그때 당시를 생생하게 기억하
여, 내게 자세히 설명해 주었는데 당시 강제 이주에 앞장서 반대할 가
능성이 있던 지도자와 지식인 등 약 2,800여 명은 사전에 처형되었으
며 약 170,000명의 한인들은 어디로 가는지도 모른 채 변변하게 이삿
짐도 꾸리지 못하고 끌려왔으며, 한 달이 넘는 기차 이동 기간 중 환
자나 죽은 사람은 달리는 차창 밖으로 던져 버렸다고 한다. 카자흐스
탄의 알마티에서 약 300킬로미터 떨어진 우슈토베 마을에 도착한 한
인들을 맞이한 것은 세찬 바람과 황무지뿐이었다. 우리나라 외무부
가 보냈다는 현지의 회색 지표석에는 '이곳 원동연해주에서 강제 이
주된 고려인들이 1937년 10월 9일부터 1938년 4월 10일까지 토굴을
짓고 살았던 초기 정착지이다'라고 쓰여 있다. 이곳에 관해 전해들은
이야기는 이주 당시 혹한의 날씨로 많은 고려인들이 추위와 싸워야
했다고 한다. 당시 고려인들은 벌판에서 한겨울을 나면서 노약자와
어린아이가 수없이 죽어가 이들을 언덕에 묻다 보니 아예 새로운 공
동묘지가 생겼단다. 그 이유는 마을이 조성되기 전 첫해에 강추위가

몰아치면 둥글게 둘러앉아 제일 안쪽에는 어린아이와 아이엄마 그다음 줄에는 일을 할 수 있는 나이의 청소년 및 청년들 그 다음 줄에는 아이들의 아버지와 장년의 어른들이 주위를 에워싸고 맨 가에 줄에는 연로한 노인들을 세워 희생을 통한 살아남으려는 의지를 확고히 했다고 한다. 그렇게 추위를 이겨 가며 그해 겨울을 보낸 뒤 굶으면서도 소중하게 감추어 두었던 볍씨로 농사짓기를 시작했다고 한다. 이처럼 아이는 고려인들의 미래이자 희망이었으며 가장 연로한 자부터 먼저 솔선수범하여 민족의 의지를 지켜냈으니 실로 놀랄만하다. 마을조성 이후부터는 맨손으로 수로와 논을 만들어 부지런히 일해 그해 가을부터는 최소한의 식량을 해결하기 시작했고, 이것이 오늘날 카자흐스탄이 쌀 생산국으로 발돋움한 시초가 되었다. 카자흐스탄 사람들은 고려인들이 심은 벼를 당시 그들의 성을 따서 '이박 쌀이 씨와 박 씨가 많았던 듯'이라고 부르고 있다.

또한 그 어려운 환경에서도 이들은 자녀들을 학교에 보내기 시작하여 현재 우슈토베에 있는 한인 학교에 가보면 그곳 한인 학교 졸업생 중 구소련과 러시아의 각 분야에서 두각을 나타낸 인물을 많음을 알 수 있다. 이제 이들의 후손들은 알마티로 많이 이주해 사업으로 크게 성공한 사람이 많다. 또한 카자흐스탄에서는 소수민족 대표를 한 명씩 대통령이 상원의원으로 임명하여 소수 민족의 의견을 정치에 수렴토록 하는데 고려인도 상원의원이 되는 영광도 가지게 되었다. 그러나 우리들이 신경 써야 할 것은 현지를 방문한 우리들은 막연히 고려인을 동족으로 생각하고 있겠지만 이제 이곳에 정착한 고려인 2세, 3세들에게는 우리나라 사람들이 언제나 반갑고 친근한 존재만은 아니다. 왜냐하면 그동안 너무 많은 사람이 이들에게 아무런 실질적인 도움도 주지 못하면서 때로는 오히려 이들에게 괴롭힘이나 피해를 주기도 했기 때문이고, 우리나라 정부도 이들이 고생할 때 정부 차원에서 한 일이 거의 없기 때문이라 하겠다.

칭기즈 칸의 수만 병사 지휘했던 카자흐스탄 군사 지휘대

칭기즈 칸이 사후에도 여러 가지 이유로 세인의 입에 오르는 것을 보면 불멸의 영웅임에는 분명한 것 같다. 칭기즈 칸의 무덤이 어디인가를 놓고 수많은 억측과 조사가 이루어지고 있지만 아직도 미완성의 수수께끼인 것처럼 말이다. 그러나 세계 각국 역사학자들이 칭기즈 칸의 무덤에는 그렇게도 관심이 많으면서 정작 칭기즈 칸이 우즈베키스탄 정벌을 위해 수만의 군사를 훈련시켰던 장소와 그 지휘대를 아는 사람은 별로 없는 것 같다. 칭기즈 칸은 현재의 키르기스스탄까지 점령한 뒤 우즈베키스탄 정벌을 위해 필사적인 노력을 했다. 칭기즈 칸의 철천지원수였던 오만을 침공하기 위해 당초 두 나라 사이에 끼어 있었던 우즈베키스탄에 사신을 보내어 두 나라가 힘을 합해 이를 무찌르자고 제안했으나 당시 우즈베키스탄의 왕은 칭기즈 칸의 힘을 과소평가한 나머지 보내 온 사신을 즉각 참수하였다고 한다. 자존심에 큰 상처를 입고 화가 난 칭기즈 칸은 이때부터 우즈베키스탄을 공격하기 위해 약 3년여에 걸쳐 수만의 정예 군사를 직접 훈련시켰다고 한다. 카자흐스탄의 전 수도였던 알마티에서 한국의 중견 건설 업체인 '엘드'가 아파트 공사를 하고 있는 딸띄고르간으로 가다 보면 딸띄고르간 70킬로미터 전방 좌측에 당시 칭기즈 칸이 수만의 병력을 훈련시키면서 지휘대로 사용했던 높은 단을 볼 수 있다. 당시 모두 산이었으나 칭기즈 칸의 경호를 위해 산허리 양쪽을 잘라 내고 직사각형의 평평한 지휘대를 만들었으며, 이곳 지휘대는 칭기즈 칸 자신과 경호 대장 등 경호 요원, 가족 외에는 누구도 접근할 수 없는 곳이었다고 한다. 칭기즈 칸은 끝없이 펼쳐진 평원 앞의 연단에서 수만의 군사를 직접 훈련시키면서 우즈베키스탄을 공격하기 위한 준비를 면밀히 하였다고 하는데, 이 칭기즈 칸의 지휘대는 현재 사용 중인 카자흐스탄 화폐 1,000텅게 약 10,000원 정도 지폐에 나와 있는 것을 보면 확실하게 증명된 셈이다. 그러나 칭기즈 칸이 우즈베키스탄을 정복하는 일은 그렇게 쉬운 일이 아니었다고 한다. 특히 유럽과의 관문인 난공불락의 사마르칸트를 통과하기란 거의 불가능하였기 때문이었다. 사마르칸트는 천혜의 요새로 아무리 강한 칭기즈 칸의 군대라 할지라도 이곳을 지날 수 없어 고전하다, 마침 우즈베키스탄 쪽으로 세차게 부는 바람을 이용하여 병사들이 큰 연을 타고 사마르칸트 요새를 날아서 넘어 간 뒤 우즈베키스탄을 정복하였으며, 이때 우즈베키스탄은 무자비한 보복을 받은 것으로 알려지고 있다. 일단 우즈베키스탄을 정복한 칭기즈 칸은 서역과 통하는 관문인 사마르칸트를 통해 자기가 지금까지 알지 못했던 많은 나라들이 있음을 알고 유럽 정복을 시작하게 되었고 칭기즈 칸이 죽은 뒤 그 아들과 손자들에 의해 완전한 유럽 정복을 현실화하게 된다.

키르기스스탄 편

바다 같은 호수 이식쿨을 간직한 나라 키르기스스탄

키르기스스탄 수도 비슈케크Bishkek에서 승용차로 약 네 시간 정도 달리다 보면 세계에서 두 번째로 큰 이식쿨Issyk-Kul 호수에 도달하게 된다. '이식쿨'이란 '따뜻한 호수'라는 뜻으로 중국인들은 이식쿨 호수를 '열해熱海'라고 부른다. 이 호수의 둘레는 무려 600킬로미터로 자동차를 이용할 경우 이틀은 걸려야 다 돌아볼 수 있다. 이 거대한 호수가 여름에는 덥지 않고 겨울에는 춥지 않은 천혜의 휴양지로 손 꼽히는 이유는 중국 우루무치가 위치한 고비사막 한 중심에 있는 투루판 분지의 용광로와 같은 뜨거운 불기운이 타클라마칸 사막과 천산 산맥을 타고 이식쿨 호수와 연결되어 있기 때문이라 한다.

이식쿨 호수의 남쪽 지역은 아직도 전혀 개발이 되어 있지 않고 천산 산맥 기슭을 따라 북쪽 호수가 쪽으로 수많은 휴양 시설이 성업 중이다. 그중에서도 전 비슈케크 시장의 소유라고 알려진 무지개 휴양지가 압권이다. 우선 그 규모도 규모지만 내부의 호수에 이르기까지 하늘높이 쭉쭉 뻗어 있는 수백 년 된 나무들이 매우 인상적이다. 아마 유서 깊은 도시의 가로수를 그대로 둔 채 휴양지를 만들었기 때문에 가능한 시설이 아니었나 싶다. 울창한 수목 속에 자리 잡은 수백 채의 단독 주택형 숙소와 카지노를 비롯한 나이트클럽, 수영장, 마사지 시설에서 피자집에 이르기까지 완전한 독립적인 도시 기능을 갖추고 있다. 또한 제곱미터 당 약 2,000달러에 분양한 콘도는 분양 개시 한 시간 만에 매진될 정도로 인기가 좋았다고 한다. 이곳은 내가 오랫동안 꿈꾸어 왔던 Self-healing center와 유사한 곳으로 양쪽에 가로수가 쭉 뻗어 있는 100미터가 넘는 여러 개의 산책로가 매우 마음에 들었다.

러시아를 비롯한 인근의 부호들이 가족과 함께 여가를 즐기는 모습이 매우 인상적이었는데, 아침에 일어나자마자 숲 속에서 호수까지 걸어 나와 수영을 즐긴 뒤 아침 식사를 한다니 이들이 진정한 휴식을 즐기는 사람들이었다.

키르기스스탄은 예부터 전형적인 모계사회를 꾸리고 있다. 키르기스스탄 남성들은 네 명까지 아내를 거느릴 수 있으며 키르기스스탄 여성 사이에는 자기 남편이 문밖으로 10미터만 나가면 더 이상 자기 남편이 아니려니 생각하고 살아야 하며 다시 들어오면 다행이고 안 들어오면 그만이라고 생각한다고 한다. 그래서 자녀가 생기면 여성 책임 하에 양육하고, 자녀가 스무 살이 되면 비록 어머니가 키웠지만 자녀에게 아버지와 어머니 중 누구와 살 것인지 결정할 수 있는 권한을 준다고 한다. 어찌 보면 남편들에게는 너무 쉽게 부모 노릇을 할 수 있는 사회가 아닌가 생각된다.

손님 대접에 목숨 걸 듯

키르기스스탄에 갔다가 타지칸 재경부 장관의 집으로 저녁 초대를 받았다. 그런데 보통 저녁 식사라면 7시경이 되어야 할 텐데 오후5시까지 집으로 오라는 것이었다. 어쨌든 초청자가 5시까지 오라 하니 시간에 맞추어 집으로 방문했다. 집은 서양식으로 최근에 지은 2층 집이었는데 역시 대대로 내려오는 귀족답게 코린트식 양식의 거대한 기둥까지 갖춘 아담한 집이었다. 차를 한잔 마신 뒤 집주인은 손님들을 모두 마당으로 불렀다. 마당 수돗가에는 양 한 마리가 매어 있었는데, 양은 곧 다가올 자신의 운명을 아는지 모르는지 순 하디 순한 눈방울만 깜바가이고 있었다. 집주인이 나에게 양을 쓰다듬어 주고 같이 사진을 찍으라기에 시키는 대로 양과 사진 촬영을 하자 그들은 양을 땅 바닥에 눕히더니 칼로 목을 자르기 시작했다. 그 모습이 너무나 잔인해서 그냥 방으로 돌아가려하니 그들은 주빈이 끝까지 보아야 한다며 나를 붙잡았다. 순한 양이라더니 양은 자기 목을 자르는데도 돼지나 소처럼 소리 한번 지르지 않고 그냥 죽어갔다. 목이 잘린 양은 곧 바로 장대에 거꾸로 매달려 껍질을 벗긴 뒤 부위별로 나뉘었다. 너무 잔인한 현장을 본 뒤 메스꺼움을 겨우 참고 응접실로 돌아와 차를 마시며 담소하고 있으니 저녁이 준비되었다기에 식당으로 갔다. 차려진 음식은 그야말로 진수성찬이었지만 손을 대지 못하고 속을 달래고 있는데 갑자기 나를 부엌으로 가자기에 따라가 보니 흰색의 물주머니 같은 것에 우유를 넣고 있었는데 그것이 죽은 양의 허파라고 하면서 우유가 2리터나 들어간다고 설명해 주었다. 다시 식탁에 돌아와 있으니 아까 보았던 양의 허파를 직접 식탁으로 들고 와서는 내 눈앞에 확인시키더니 내가 먼저 칼로 잘라서 먹어야 다른

사람이 먹을 수 있다고 한사코 먹기를 강요하여, 할 수 없이 한 칼을 베어 먹었다. 내가 시식을 하고 나니 비로소 모든 사람에게 배분이 되어 양의 허파를 먹었다. 조금 있으니 부엌에서 다시 양푼에다 양의 머리 부분을 들고 식탁으로 오더니 나에게 머리 부분 중 눈을 먹을 것인지, 귀를 먹을 것인지, 코를 먹을 것인지 선택을 하라는 것이었다. 나는 정말 대접이 아니라 고문을 받는 기분이었지만 주빈이 먹지 않으면 나머지 모든 사람이 먹지 못한다니 눈을 딱 감고 눈알 반쪽을 입에 넣었다. 내가 시식하고 나니 양의 머리 부분은 모두 분해되어 모든 손님에게 배분되었다. 그 후 양의 엉덩이, 양의 몸통을 가지고 와서 또 다시 먹기를 강요했다. 다른 손님은 적당히 안 먹어도 되었지만 그 날의 주빈이었던 나로서는 도저히 피할 방법 없이 꼼짝 못하고 서너 시간 동안 고역을 치러야 했다. 만찬은 저녁 12시가 다 되어 가는데도 끝날 생각조차 하지 않고 새로운 음식이 계속 나왔다. 나는 하도 졸리고 속이 메스꺼워 계속 화장실에 가는 척하면서 거실로 나왔지만 그렇다고 그만 가자고 할 수도 없었다. 참다가 새벽 1시가 지나자 나는 더 이상 견디지 못하고 이제 그만 호텔로 돌아가자고 했더니 주인은 아쉬워하면서 남은 음식을 보따리에 싸 주었다. 나중에 들은 이야기지만 이러한 손님 대접은 키르기스스탄 전통에 따른 최고의 대접이라는데 나로서는 정말 고역의 하루가 아닐 수 없었다.

한국인의 기상을 널렸던 고선지 장군

키르기스스탄은 우리나라와 각별한 인연이 있는 곳이기도 하다. 왜냐하면 우리 한국인으로서 당나라에 귀화해 장군까지 되었던 고선지 장군의 발자취가 남아 있는 곳이기 때문이다. 서기 681년 고구려의 마지막 왕이었던 보장왕이 당나라에 항복하면서 수많은 고구려 유목민도 하루아침에 당나라의 노예 신세로 전락하게 되었는데, 그중에서 고선지 장군의 아버지 고시계는 노예의 신분에서 벗어나는 유일한 길은 당나라의 군인이 되는 것이라 판단하고 당나라 군사가 되었다. 그는 '안서군'이라는 조그마한 단위 군대조직의 중급 장교까지 올랐고, 그의 아들 고선지 장군 역시 아버지를 따라 당나라 군사가 되어 아버지보다 훨씬 빨리 승진하면서 점점 명성을 높이게 되었다. 고선지 장군은 당나라 수도였던 장안, 현재의 서안에서 중앙아시아의 키르기스스탄과 카자흐스탄에 이르는 지역에 세 번이나 출정하여 혁혁한 전공을 세웠다. 토빈 티베트, 사라센 이란 등을 격파하면서 타클라마칸 서쪽으로 점차 영역을 넓혀가기 시작했으며 파미르 고원과 쿠처Kuche를 넘나들며 실크로드 부근의 72개국을 다스리는 장군으로 명성을 떨치게 되었다. 『왕오천축국전往五天竺國傳』을 썼던 신라의 혜초 역시 인도를 왕래하면서 고선지 장군이 넘나들었던 쿠처를 지났으며, 현재 남아 있는 사마르칸트 유적지의 벽화 속에서도 우리 고구려 사신의 모습이 남아 있기도 하다.

고선지 장군은 특히 서역 원정길에 아무도 넘으리라고 상상하지 못했던 파미르 고원을 10,000명의 군사를 이끌고 100일에 걸쳐 넘었던 일은 세계 전투역사에 길이 남을 대 업적을 이루기도 했다. 그래서 영국의

유명한 고고학자 오렐 스타인은 "고선지 장군이야말로 나폴레옹과 한
니발을 뛰어 넘는 역사상 가장 위대한 장수"라고 극찬한 바 있다.

이렇게 승승장구하던 고선지 장군은 실크로드로 세 번째 원정이
자 마지막이었던 역사적으로 유명한 탈라스 전투에서 패하게 된다.
탈라스 전투는 751년 7월에서 8월에 걸쳐 고선지 장군이 지휘하는 당
나라 군대와 티베트가 중심이 되어 아바스 왕조의 카르룩 등과의 연
합군을 상대로 타슈켄트와 키르기스스탄 인접 지역인 탈라스 계곡과
강가에서 중앙아시아의 패권을 놓고 벌인 대전투를 말한다. 고선지
장군은 탈라스 전투에서 패한 뒤 서안으로 돌아와 안녹산이 난을 일
으키게 되자 이를 진압하라는 명을 받고 귀국하였으나 당나라 지도부
의 전제와 모함에 말려들어 결국 참수형에 처해졌다. 만일 고선지 장
군이 고구려 출신이 아니었더라면 당나라는 물론 중국 역사에 유례가
없는 명장수로 길이 남았을 것이다.

카이로 성벽과 살라딘 장군

이집트의 수도 카이로Cairo 시내 중심부인 타흐리르Tahrir 광장 남동 쪽에 2.5킬로미터 떨어진 무카탐Muqattam 언덕에 우리나라 남한 산성 같은 성벽이 남아 있다. 이 성벽은 카이로 시타델Cairo Citadel이라 불리며, 1176년부터 1183년에 걸쳐 건축한 것으로 이집트의 유명한 장군인 살라흐 알-딘이 로마의 십자군 침략을 막기 위해 만든 것으로 알려져 있다.

약 35,000여 명의 십자군은 예루살렘을 거쳐 카이로를 점령한 뒤 당시 약 10퍼센트 미만의 그리스도교인을 제외한 대다수의 이슬람교도들을 모두 살해했다고 한다. 그러나 이집트의 살라흐 알-딘 장군은 후에 예루살렘을 수복한 뒤 단 한 명의 그리스도교인도 죽이지 않고 모두 용서했다고 알려져 살라딘의 명성은 인도주의적인 측면에서도 길이 존경받았다. 요새는 12세기부터 19세기 초반까지 이집트 정치의 중심지로서 역할을 하였는데, 현재 요새 안에는 세 개의 모스크와 박물관, 궁전 등이 자리 잡고 있어 이제는 카이로 관광의 중심지 역할을 하고 있다.

이집트 편

나일 강의 변신

나일 강은 인류 4대 문명 발생지의 하나로 매년 범람하여 주변 토
지에 물과 물속에 있는 풍부한 영양분을 농작물에 공급하면서
이집트를 일찍이 농업국가로 번영시키는 중요한 역할을 해 왔다. 또
한 이집트가 전통적으로 중동의 맹주 역할을 해 왔는데 그 주요 원인
은 나일 강을 막아 만든 아스완 댐에서 생산되는 풍부한 전력을 주변
중동 아프리카 지역에 공급하면서 자신의 말을 듣지 않을 경우 전력
공급을 중단하는 등 주변 국가에 대한 통제 수단으로 사용해 왔기 때
문이다. 그래서 이집트는 문명 초기부터 나일 강 없이는 그 존재가 미
미할 수밖에 없는 숙명을 가진 나라라고 하겠다. 그런데 나일 강의 범
람을 막고 치수 관리를 잘하면서 이제 더 이상 범람이 없어져 나일 강
주변의 농산물 재배도 쇠퇴했다 하니 나일 강에 대한 문명의 해택이
정말 좋은 것만은 아닌 듯하다. 또한 본래 나일 강은 뱀처럼 굽이굽이
흘러 세계에서 가장 긴 강이었는데 치수 관리를 하고 정비하면서 구
불구불했던 물줄기를 바로잡게 되어 그 길이가 줄어들면서 미시시피
강보다 약 2킬로미터가 짧아져 1위 자리를 미시시피 강에 넘겨주었다
고 한다. 참고로 나일 강에서는 수영이 금지되어 있는데 그 이유는 나
일 강 속에 미세한 벌레 같은 것이 있어 수영을 하면 이 벌레가 사람
살갗을 통해 핏줄 전체로 번져 죽게 되기 때문이다.

이집트 편

531명의 파라오와 람세스

이집트 역사를 보면 모두 531명의 파라오가 있었는데 이들은 사망과 동시에 마차를 타고 하늘나라로 갈 수 있다고 믿어, 자신이 사후에 들어갈 무덤을 짧게는 5년에서 길게는 20여 년에 걸쳐 만들었다. 파라오가 죽으면 즉시 미라로 만들어 그를 영원히 보존하기 위해 내장을 모두 꺼내어 각 장기별로 별도의 용기에 담아 보관했다. 하지만 심장만은 그대로 남겨 두었는데, 그 이유는 고대 이집트에서 미라와 함께 매장한 사후세계의 안내서라고 할 수 있는 『사자의 서』에 있다. 고대 이집트인들은 죽은 뒤에 오시리스의 심판대에 이르러 생전에 지은 죄의 무게를 재는데, 이는 심장의 무게로 측정되며 부활할 수 있는 조건은 심장의 무게가 새 깃털 한 개보다 가벼울 경우라고 적혀 있다. 이 때문에 심장은 하늘나라로 가지고 가서 저울로 그 무게를 달기 위해 몸에서 분리하지 않았다고 한다. 그러나 531명중 실제로 부활한 파라오는 단 한 명도 없었으며, 파라오들도 자신이 부활할 것이라 실제로 믿지는 않았던 것 같다.

미라가 매장된 파라오 무덤에는 생전에 파라오가 썼던 각종 생활용품은 물론 각종 금은보화를 함께 매장했다. 때문에 파라오 무덤공사를 한 인부들은 그 비밀을 지키기 위해서 무덤 공사가 끝나자마자 모두 살해되었다고 한다. 그러나 미라를 만든 사람들과 파라오 무덤 위치를 아는 극소수 고관들이나 그 후손들이 파라오 무덤 속에 묻혀 있는 보물을 도굴하였으며, 그 많은 유물들이 어디로 흘러갔는지 공식적으로는 아무도 모른다고 한다. 또한 이집트인들 사이에서는 어떠한 불치병에 걸린 환자라도 미라로 만들어진 파라오의 살을 먹으면

모든 병이 낫는다는 소문이 퍼지면서 미라마저 환약으로 쓰기 위해서 도굴되어 대부분 없어졌다고 한다. 531명 파라오 중 가장 어린 나이에 파라오가 된 투탕카멘은 8살에 파라오가 되어 9년 동안 왕의 자리에 있다가 17세가 되던 해에 그의 측근인 총리에 의해 살해되었으며 투탕카멘을 살해한 총리는 투탕카멘의 왕비와 결혼함으로써 왕위는 물론 아름다운 부인까지 모두 빼앗아 간 사람으로 기록되어 있다. 투탕카멘이 유명해진 것은 그의 무덤이 전혀 손상되지 않은 상태로 발견되었기 때문이다. 이집트의 나일Nile 강 중류 룩소르 서쪽 교외에 자리한 '왕가의 계곡Valley of the Kings'에 있는 투탕카멘의 묘는 람세스 6세의 무덤 아래에 있었으며, 입구가 무덤에 가려져 있어 도굴을 면할 수 있었다 한다. 현재 이집트 중앙 박물관에 전시된 투탕카멘의 무덤에서 나온 전시물을 보면 황금 의자, 황금 투구와 갑옷은 물론 기원전 2,500년 전임에도 불구하고 자유롭게 접었다 펼 수 있는 휴대용 침대에 이르기까지 그 화려함은 현대 문명도 따라가기 어려울 정도이다.

반면, 파라오 자리에 가장 오래 있었던 사람은 람세스 2세로서 무려 66년 동안이나 파라오 자리에 있었으나 그는 재위 기간 중 각지에 자신의 조상影像을 남기며, 신전 건축에 온갖 힘을 기울였으며, 팔레스타인과 긴 전쟁을 하였으나 결국 승자도 패자도 없이 끝나 무능하게 오랫동안 왕위를 지킨 사람으로 기록되어 있다.

이집트의 두 가지 수수께끼

이집트 관광의 핵심은 피라미드pyramid 관광이다. 널리 알려진 피라미드는 고대 이집트의 왕족 무덤의 한 형식이라고 하지만 피라미드는 과연 파라오들의 무덤이었을까 싶다. 피라미드의 내부에 들어가 보면 꼭대기에서 피라미드 중앙까지 직선 각을 유지하면서도 외부의 경사는 55도로 유지되고 있으며 큰 돌과 작은 돌을 번갈아 가며 쌓아 가는 바, 현재의 건축 기술로도 밑에 작은 돌을 놓고 그 위에 큰 돌을 올려가면서 55도의 각도를 유지한 정삼각형 모양의 피라미드를 만드는 것은 불가사이한 일이라고 한다. 물론 현재 남아 있는 피라미드 내부에 파라오의 무덤 자리도 있지만 피라미드는 파라오의 무덤 외에도 천문지리를 관찰하는 역할을 하지 않았을까 하는 생각도 든다. 또한 이집트 관광에서 아직도 신비스러운 의문이 풀리지 않는 한 가지는 약 500~600톤 무게로 만들어진 거대한 오벨리스크라고 할 수 있다. 기원전 3,000~4,000년에 어떻게 그 큰 돌을 사각 면으로 잘랐을까? 그리고 산에서 자른 돌을 어떻게 운반했을까? 그리고 무엇보다도 500~600톤 무게에 50미터가 넘는 대형 오벨리스크를 어떻게 똑바로 세웠을까 하는 의문이다. 프랑스가 이집트를 침략한 뒤 어떠한 보물보다도 이집트의 오벨리스크가 욕심이 나서 오벨리스크 두 개를 프랑스로 옮겨가려 했으나 결국 한 개는 포기하고 몇 년에 거쳐 한 개만 가져다가 현재 파리의 콩코드 광장에 세운 것만 보아도 고도로 발달된 기술로도 그 운반이 무척 어려움을 알 수 있다. 이집트 남동부의 아스완Aswan에 약 300~400미터 높이의 산꼭대기에는 만들다가 중단된 미완성 오벨리스크가 있다. 하트셉투스 여왕을 위해 만들려고

했던 것으로 길이 41미터에 무게는 1,267톤으로 완성되었다면 가장 큰 오벨리스크가 되었을 것이다. 하지만 아쉽게도 화강암을 자르다 균열이 생겨 중단되었고, 이는 당시에 어떻게 오벨리스크를 만들었는지를 보여 주는 중요한 자료가 되는데, 그 산꼭대기의 바위를 깊이 약 3미터, 길이 약 50미터로 수직으로 잘라 놓았고 밑면만 자르지 않은 상태이다. 한 사람이 겨우 들어갈까 말까 한 공간밖에 없는 옆면을 무엇으로 두부모 자르듯이 수직으로 자를 수 있는지 정말 신비스러울 뿐이다. 어떤 사람은 바위에 구멍을 뚫은 뒤 나무를 끼워놓고 물을 부어 팽창력으로 잘라냈다는 가능성이 있다는 설명도 있다. 하지만 암반에 붙어 있는 밑면을 어떻게 자를 것인지, 설령 돌을 자른다 하더라도 산꼭대기에서 그 돌을 부숴지지 않게 바닷가까지 어떻게 운반했을지 이해되지 않는 것이 한두 가지가 아니다. 물론 냇가나 바닷가까지 가져와 거대한 뗏목을 이용해서 운반을 했겠지만 도저히 상상이 되지 않았다. 또한 오벨리스크를 어떻게 일으켜 세웠을까 하는 점에 대해서도 수수께끼로 남아 있다. 지렛대를 이용하여 세울 수도 있겠지만 오벨리스크의 길이가 길기 때문에 중간에 부러질 위험이 크다고 한다. 또 한 현지 가이드의 설명에 의하면 흙이나 모래를 밑에 쌓아서 점점 일으켜 세웠을 수도 있다는 설명이었지만 그렇게 크고 긴 돌을 곧바로 세운다는 것 자체는 정말 신비로운 일이 아닐 수 없다.

이집트 편

고대 문명과 교통지옥

카이로는 전통적인 구시가와 신시가로 나뉜다. 신시가에는 정부 청사와 회사, 은행 등이 있고, 신시가에는 옛 성채와 이슬람 사원, 궁전, 박물관 등이 있다. 역사가 오래된 도시 카이로는 그 흔적이 곳곳에 남아 있어 고대 문명과 현대 문명이 조화를 이루고 있다 하겠다. 카이로 시내를 돌아다니다 보면 특히 눈에 띄는 것들이 집과 자동차이다. 특히 집들이 층마다 모양과 색깔이 다른 것을 쉽게 볼 수 있다. 이것은 자녀가 결혼하면 위층을 지어 살게 하기 때문에 자녀가 다섯일 경우 결혼할 때마다 한 층씩 올려 5층 건물이 되는데, 건축 시기도 다르고 건설 회사도 달라 이런 모양이 생기게 된다고 한다. 또한 카이로 시내를 다니다 보면 교통지옥이 무엇인지 실감하게 된다. 좋은 차들은 아니지만 매연을 내뿜으면서 다니는 세계 각국의 중고차들이 거리를 가득 메우고 있는데, 출퇴근 시간에 잘못 움직일 경우 평소 10분이면 갈 수 있는 거리를 두 시간 내지 세 시간이 걸려야 도착한다 하니 중요한 약속이 있을 경우에는 특히 신경 써야 될 것이다. 이렇게 교통 체증이 심한 이유는 국가 정책상 휘발유를 거의 무료에 가깝게 공급하기 때문이다. 원화로 환산할 경우 리터당 약 80원 정도라 하니 리터당 2,000원에 가까운 한국 휘발유 값과 비교해 보면 얼마나 싼지 실감할 수 있을 것이다. 따라서 이집트인들은 자동차만 구입하면 운영비가 거의 들지 않고 보험도 의무적으로 들지 않기 때문에 너도나도 차를 사 이러한 교통 혼잡이 생기게 되었다고 한다.

그렇기 때문에 교통사고 환자도 병원에서 꺼리는 실정이다. 이집트 특히 카이로의 경우 너무 많은 자동차와 혼잡한 교통질서, 난폭한 운전 때문에 교통사고가 빈번하게 발생하고 있는데 이집트의 병원들은 교통사고 환자를 받기 꺼린다고 한다. 그 이유는 일단입원을 해서 치료가 되는 경우에는 별 문제가 없으나, 환자가 사망하면 보호자들이 사망한 시체를 찾아가 장례를 지내기보다는 막대한 입원비를 물고 시체를 놓아둔 채 연락조차 하지 않고 자취를 감추는 경우가 많기 때문이라고 한다. 그래서 한국을 비롯한 일본 등 연구용 시체를 구하기 어려운 국가들이 아주 싼 값에 이집트로부터 연구용 시체를 많이 가져올 수 있는 이유가 여기에 있다고 한다.

이집트 편

한국인 국제결혼의 애환

카이로에는 한국 유학생들이 꽤 있다. 특히 그중에는 여성들도 상당수라고 한다. 게다가 이집트를 여행한 사람들은 하나같이 이집트인들이 아주 잘생겼다고 느낄 것이다. 특히 젊은 남자의 경우 동양 여성들이 호감을 가질 만하고, 이집트 남성들도 동양 여성에 대해서 큰 흥미가 있어 종종 국제결혼으로 이어지는 경우가 있다고 한다. 현지에 거주하는 한국 여성 중 A씨는 카이로 대학 졸업 후 현지 관광가이드로 일하면서 이집트 남성과 사랑하는 사이가 되었다. 이집트에서는 의과 대학을 졸업한 의사의 수입이 한 달에 한국 돈으로 30만 원 정도임에 비해서 관광가이드는 100만 원내지 150만 원 정도를 받는 고수익 직종으로 알려져 있다. A씨는 용모도 예쁘고 수입도 좋아 이집트 청년이 열심히 일해서 선물도 사 주고 식사 값도 매일 내 주는 등

호의를 베풀었고 A씨는 그러한 그의 호의를 받아들여 결혼을 하게 되었다고 한다. 그런데 결혼을 하자마자 A씨의 남편은 직장 일을 게을리 하면서 A씨에게 용돈을 요구하고 그 돈을 가지고 다른 여성들과 데이트를 하는 등 생활 습관이 180도 달라졌다. 그 이유는 이집트의 법률상 남성은 네 명의 아내를 가질 수 있기 때문에 A씨의 남편이 다른 여성을 만난다 해도 A씨의 입장에서는 불륜으로 생각하겠지만 그의 남편의 입장에서는 합법적이며 지극히 자연스러운 일로 생각하기 때문이다. A씨는 자기가 힘들게 번 돈으로 남편이 빈둥빈둥 놀면서 다른 여성들과 놀아나고 있으니 A씨로서는 얼마나 속이 상하고 견디기 어려운 고통의 나날이었을까? 그렇다고 A씨가 남편을 상대로 이혼 소송을 청구할 수도 없고, 남편 몰래 한국으로 돌아올 수도 없어 자기가 모아 둔 얼마의 돈으로 사막 지역으로 나가 텐트를 치고 여행객을 상대로 간이음식점을 운영하면서 살고 있다고 하니 문화가 다른 외국인 간의 결혼이 얼마나 어려운지를 보여 주는 사례라고 생각된다.

탄자니아 편

풍부한 관광 자원에 비해 잘 알려지지 않은 나라

탄자니아는 중부 아프리카의 리더 역할을 하는 국가로 옛 수도 다르 에스 살람Dar es Salaam은 아름다운 태평양 연안을 끼고 있는 전형적인 휴양도시이다. 더구나 아프리카의 여느 나라에 비해 보아도 풍부한 관광 자원을 가지고 있는데, 킬리만자로Kilimanjaro 정상의 4/5, 세계 3대 호수 중의 하나인 빅토리아Victoria 호수, 생생한 아프리카 사파리 여행의 중심이 되는 세렝게티 국립공원Serengeti National Park 등이 대표적이다.

그럼에도 불구하고 홍보 부족 등으로 킬리만자로 정상을 겨우 1/5밖에 가지고 있지 않는 케냐나 기타 주변국들에 비해 거의 알려지지 않은 나라이다. 막연하게 모기가 많고 말라리아에 걸리면 죽을 수도 있으며 에이즈가 많이 퍼져 있는 데다, 국민은 일하지 않고 놀기만 하는 게으른 나라쯤으로 잘못 알려져 있다. 그러나 최근 들어 많은 유럽인들이 휴가를 위해 탄자니아를 찾고 있으며 기후 역시 케냐 못지않게 온화하고 공기가 맑아 항공편 등 교통수단을 좀 더 개발하고 계획적인 관광 홍보를 한다면 아프리카 어느 국가보다도 많은 관광객을 유치할 가능성을 품고 있다.

탄자니아 편

불꽃 튀는 자원 전쟁

탄자니아에는 석유뿐만 아니라 금, 은, 동, 우라늄, 다이아몬드 등 각종 광물 자원이 풍부하게 매장되어 있는 나라로 알려져 있다. 게다가 탄자니아는 정정 불안과 내전 등으로 그동안 계획적인 경제 개발을 하지 못했기 때문에 상대적으로 풍부한 지하자원이 개발되지 않은 채 그대로 남아 있는 곳이기도 하다. 탄자니아에 일찍부터 눈독 들인 나라들은 오스트레일리아 중국 그리고 일본 등이다. 오스트레일리아에는 세 개의 금 광산이 있는데 10여 년 전부터 오스트레일리아 업체들이 진출하여 이 세 개의 광산을 개발하여 세계 각국에 수출하면서 세계 금시장을 상당 부분을 차지하고 있다고 한다. 현지에서 만난 오스트레일리아 여성인 금광 개발 책임자는 이제 겨우 7년 정도 금을 캐기 시작했다면서 탄자니아의 금광은 풍부한 매장량과 고 순도의 품질 때문에 앞으로도 수십 년 동안 매력 있는 사업이 될 것이라고 귀띔해 주었다. 오스트레일리아에 이어 중국은 개인 회사보다는 정부 차원에서 탄자니아의 유전 개발에 특히 공을 들이고 있다. 중국 정부는 탄자니아의 열악한 도로, 항만 등 사회 간접자본 시설을 무상으로 건설해 주면서 그 대가로 유전은 물론 우라늄과 동 광산 등 확보에 주력하고 있다. 일본 역시 개발도상국을 상대로 하는 경제 개발 기금을 무기로 탄자니아에 집중적인 지원을 하면서 광산 개발에 힘쓰고 있다. 아무런 자원이 없는 우리 한국으로서는 타산지석으로 삼아야 할 일이라고 생각된다.

탄자니아 편
최초의 노예 수출 시장

탄자니아를 처음으로 침입한 나라는 중동의 오만Oman이다. 끝없는 모래벌판에서만 생활하던 이들이 탄자니아에 이르러 우거진 수풀과 정글 그리고 풍부한 강물과 온화한 기후 등을 보자, 이곳이 그들에게는 천국과 다름없는 별천지였다. 그래서 그들은 탄자니아를 발견하자마자 즉시 정복해 버렸다. 이들은 탄자니아에 살면서 때때로 곡물이나 과일, 각종 보석 등 필요한 물건들을 본국에 보내야 했다. 이때 덩치가 크고 힘이 세게 생긴 탄자니아 인들을 골라서 그들에게 짐을 옮기도록 하였는데, 짐을 옮기는 과정에서 잘 관찰해 보니 이들은 덩치만 클 뿐만 아니라 힘도 세고 짐을 잘 나르는 모습에 점차 이들을 짐 나르는 일꾼으로 사용하게 되었다.

그 뒤 영국군들이 탄자니아에 들어오면서부터 이제 단순한 짐꾼으로서가 아니라 영국이나 독일 등 유럽의 귀족들에게 필요한 노예나 하인들로서 이들을 데려가기 시작하였다. 영국군들은 길을 지나가는 탄자니아 사람들 중 덩치가 크고 힘 꽤나 쓰게 생긴 사람들을 무조건 체포하여 수도 다르에스살람에서 한 시간 정도의 거리에 있는 선착장으로 데리고 왔다. 영문도 모른 채 강제로 끌려온 탄자니아 사람들은 그 선착장에서 그들을 싣고 유럽으로 떠날 배를 기다리는 동안 마치 한국의 우시장에 가면 볼 수 있는 시설과 마찬가지로 일렬로 박아 놓은 말뚝에 쇠사슬로 묶여 있었으며 하루에 두 번 정도의 식사 역시 소나 말이 먹는 거와 마찬가지로 손발이 쇠사슬로 묶인 채 바가지에 담겨진 음식을 입으로 먹으면서 기다렸다고 한다. 그들을 싣고 갈 배가 도착하고 그들을 사 갈 상인들이 내리면 노예를 사고파는 시장이 열렸다.

상인들은 쇠사슬로 묶여 있는 노예들을 둘러본 뒤 덩치 크고 힘이 센 노예일수록 높은 값을 불러 서로 사가려고 다투기도 했다. 상인들이 데리고 갈 노예들을 사면 즉시 노예들은 배에 실려 유럽으로 떠나게 되는데, 이 과정에서 탈출을 시도하거나 조금만 반항해도 가차 없이 총살을 시켰다. 지금도 그 노예를 보냈던 현장에는 그들이 묶여 있었던 말뚝과 쇠사슬 그리고 입으로 핥아먹던 식사 현장들이 그대로 남아 있어 비극적인 노예시장의 역사를 되새겨 볼 수 있게 한다. 이들에 대한 짐승 같은 대우는 단지 외국으로 팔려간 노예뿐만 아니라 현지에서 오만이나 영국, 독일 등 새로운 주인이 된 사람들 밑에서 노예로 일하게 된 현지 사람들도 고통과 어려움은 마찬가지였다고 한다. 일례로, 현지를 지배하는 오만의 주둔군 사령관이 휴일에 가족과 함께 집에서 휴식을 하고 있었는데 갑자기 그의 부인이 그에게 자신은 수많은 사냥을 다니면서 꿩이나 원숭이 등 동물들이 나무 위에서 총을 맞고 떨어져 죽는 것은 보았지만 사람이 나무 위에서 총을 맞고 떨어져 죽는 모습을 한 번도 본 적이 없는데, 오늘 심심하니 그 모습을 한 번 보여 달라고 이야기하자 그는 즉석에서 자신 앞을 지나가던 노예 청년을 불러 다짜고짜 앞에 있는 야자수 나무에 올라가라고 명령하였다고 한다. 영문을 모르는 노예가 야자수 나무 위로 올라가자 사령관은 옆에 있던 총으로 그 노예를 쏴 땅에 떨어트려 죽인 뒤 옆에 있던 자기 부인에게 잘 보라고 자랑을 하였다고 한다. 그뿐만 아니라 그 다음 휴일에는 그 부인이 또 다시 자기 남편에게 임산부가 아기를 낳는 모습은 여러 번 보았지만 아기가 나오기 전 뱃속의 아이를 본 일이 없다고 하면서 한번 보여 달라고 하자 그 사령관은 마침 임신 7~8개월이 되어 만삭이었던 여자 하인을 불러 그 자리에서 배를 갈라 죽이고 아기를 꺼내 보여 주었다고 한다.

이 외에도 보다 끔찍한 이야기들이 수도 없이 많아 그때 참상을 조금이나마 짐작하게 하며, 이들이 전혀 사람대우를 받지 못하고 개나 돼지와 마찬가지의 대우를 받고 살아왔음을 알 수 있다.

탄자니아 편

아프리카에서 가장 정치가 안정된 나라

탄자니아 역시 많은 개발도상국들이 직면하고 있는 사회 불안 요소들을 안고 있었으나 최근 들어 존 폼베 마구풀리 대통령이 작년에 취임하였지만 그전까지 자카야 음리소 키크웨테 대통령의 강력한 리더십과 풍부한 지하자원을 바탕으로 의욕적인 경제 개발을 추진하고 있었던 나라이다. 또한 모든 문제를 대중의 힘을 이용하여 데모 등의 방법으로 해결하려는 여타 개발도상국들과는 달리 탄자니아는 더 이상 데모나 사회적인 소요 사태를 용납하지 않고 있다. 정치적인 소요 사태는 물론 단순한 학교 문제로 교내에서 학생들이 데모를 하는 경우까지도 철저하게 차단함으로써 불안 사태가 사회 전체로 번지지 않도록 하는 것이다. 예를 들어 2~3년 전 수도 다르에스살람에 있는 국립 탄자니아 대학교 학생들이 등록금 인상을 반대하면서 교내에서 데모를 한 일이 있었는데 데모가 일어나자마자, 카크웨터 전 대통령의 특명을 받은 특공대들이 교내에 투입하여 데모 학생들을 강력한 무력을 사용하여 무자비하게 진압해 버렸다. 이 과정에서 학생들의 머리를 곤봉으로 내려치는 것은 보통이었고 더 나아가 무기를 사용하여 제압하면서 수많은 학생이 희생되었다고 한다. 그 이후 탄자니아에서는 아무도 무력시위를 하려는 엄두조차 내지 못하면서 사회질서가 유지되고 있다고 한다.

탄자니아 편

뺑소니가 사람 살리는 나라

만일 외국인들이 탄자니아에서 운전하다가 교통사고를 내어 현지인을 죽였을 경우 당황하여 우물쭈물하거나 경찰 오기를 기다리고 있다가는 경찰이 도착하기도 전에 주위에 있던 현지사람들에 의해 돌팔매로 맞아 죽을 수도 있다고 한다. 왜냐하면 이들에게는 사람을 죽인 자는 이와 똑같은 방법으로 죽어야 한다는 오래된 전통적인 생각이 아직도 남아 있기 때문이다. 그래서 탄자니아에 20년 이상 살고 있는 교민 한 사람은 내게 만일 외국인들이 탄자니아에서 교통사고를 내 사람을 죽였을 경우 우선 차를 버리고 현장에서 되도록 멀리 피신하는 것이 상책이라고 알려 주었다. 일단 현장을 벗어나 주위사람들로부터 집단 구타를 당할 위기 상황을 넘긴 뒤 가까운 경찰서에 찾아가 자기가 교통사고로 사람을 죽였노라고 자진 신고를 하면 한국 돈 50만 원 정도를 내면 모든 일이 잘 수습된다고 한다. 그 말을 듣고 보니 사람 한 명의 값이 한국의 개 한 마리 값과 비슷한 현실에 쓴웃음을 지었다.

세렝게티 초원의 법칙

다르에스살람에서 비행기로 한 시간 정도 그리고 승용차로 열 시간 정도의 거리에 아프리카 대초원 세렝게티 국립공원이 있다. 1981년 유네스코에서 세계자연유산으로 지정한 세렝게티는 우리나라의 KBS에서도 특별 기획으로 여러 차례 소개한 적이 있지만 케냐나 콩고, 기타 아프리카 지역의 초원에 비해 많은 종류의 동물들이 서식하고 있는 곳이다. 규모 또한 거대해 세계 최대의 평원 수렵 지역이다.

이 초원에서는 당연히 약육강식의 법칙이 재현되고 있음은 물론이다. 맹수인 사자나 호랑이로부터 조그마한 들쥐에 이르기까지 동물들의 서열은 힘에 의해서 분명할 뿐만 아니라 같은 동족 내에서도 힘에 의한 서열이 엄격한 곳이 바로 동물의 세계인 듯하다. 현재까지는 케냐가 외부에 널리 알려져 있고 킬리만자로 하면 케냐로 생각하지만 앞으로 교통수단을 정비하고 계획적인 관광 홍보가 이루어진다면 세렝게티는 단연코 가장 인기 있는 아프리카 초원이며 사파리 관광의 중심지가 될 것이다.

남아프리카 공화국 편

맹종통치 N라면,
대통령보다 국왕이 높은 나라

남아공 사람들은 감기가 걸리건, 설사가
나건, 심지어 말라리아에 걸려도 한국
의 N라면 한 개면 만사형통이다. 특히 주마대통령은 한국라면의 최고
팬이다. 그는 라면을 너무 좋아해 한국이 남아공에 라면공장이나 지어
주기를 바라면서 만일 공장을 짓는다면 자신의 이름을 상표로 사용해서
"주마라면"으로 하자고 할 정도다. 또한 남아공 비만퇴치운동본부 이사
장이기도한 주마대통령의 셋째 영부인도 라면 팬으로 필자가 영부인 방
문 때 가져간 선물도 라면 두 상자였다. 그만큼 이들은 라면을 좋아한다.

남아공의 대통령은 의회에서 선출한다. 그러나 대통령 외에 비공식
적인 국왕이 따로 있는 나라이다. 공식적인 국가수반인 대통령 외에 비
공식적인 국왕이 별도로 존재한다니 조금 이상하지만 남아공은 수많은
부족과 인종이 있고 가장 큰 부족인 줄루족을 비롯해서 코사족, 바소토
족 등 7대 부족이 주요 요직을 차지하고 있으며, 그중에서 가장 큰 줄루
족의 족장은 남아공의 왕으로 불러지고 있다. 이 족장이 왕비나 후궁을
간택할 경우에는 부족 내 모든 처녀들이 알몸으로 도열한 가운데 족장
이 직접 간택하는 습관은 지금도 전해져 내려오고 있다고 한다.

추장의 권위와 능력에 대해 재미있는 이야기가 있어서 한번 살펴보
자. 추장이 다른 사람과 대화하거나 회담할 때는 반드시 한사람이 추
장 옆에 무릎을 꿇고 앉아 혹시 이야기 도중 추장의 침이 땅으로 떨어지
지 않는지 감시하고 있다가 만일 침이 떨어지면 땅에 닿기 전에 받아야
한다. 왜냐하면 추장의 침이 땅에 떨어지면 추장이 죽는다고 믿고 있기
때문이다. 이런 미신을 믿는 속설들은 남아공 여러 곳을 여행하다 보면
그런 모습의 그림이나 동상을 볼 수 있다.

남아프리카 공화국 편

남아공은 아프리카의 맹주

아프리카 최남단에 위치한 남아공은 북쪽으로는 나마바아, 보츠
와나, 짐바브웨, 그리고 북동쪽으로는 모잠비크, 스와질랜드와
인접해 있다. 특이한 점은 남아공 영토 내에 레소토 공화국을 가지고
있으면서 남아프리카에서 가장 잘 선진화된 맹주 국임을 우리는 잘
알고 있다. 이들은 남아공이 결정하는 모든 정책에 주변 15개 국가는
그대로 받아 시행하고 있으며, 54개국 아프리카 국가들도 많은 영향
을 받고 있음 또한 아프리카에서는 유일하게 월드컵축구와 G-20 정
상회의를 개최한 국가이다.

남아공은 1448년 포르투갈 탐험가 "바르폴로 메우 다이스"가 희
망봉을 발견하면서 백인들의 이주가 시작하였다. 1814년 케이프타운
이 영국의 식민지가 되면서 백인들의 통치가 본격화되고 철저한 흑
인 차별정책이 시행되었던 나라이며 전체인구의 15%내외에 불과한

백인들이 정치, 경제, 사화, 문화 모든 분야에서 리더역할을 하고 있는 나라이기도 하다.

비즈니스나 공식 회의참석차 남아공을 방문하게 되면 만나는 사람이 거의 백인이고 다른 아프리카 나라들과는 달리 별도의 예방주사도 필요 없어 아프리카에 온 실감이 나지 않을 때가 많은 나라이다. 또 다른 기인한 점은 유독 철조망과 감시카메라를 많이 볼 수 있는데 이유는 빈부의 격차가 크고 흑백 인간의 갈등 때문에 대도시의 많은 집들은 철조망과 감시카메라로 쌓여있어 도난이나 강도 등 피해에 대비하는 것으로 보인다. 사법부나 입법부 모두 백인들의 힘이 미치는 곳이 많으니 백인들을 위한 보호수단으로 보면 될듯하다. 필자의 생각으로는 감시 카메라 사업을 시도해 보면 상당히 재미있을 것으로 보인다.

아파르헤이트 정책과
남아공의 영원한 대통령 만델라

아파르트헤이트는 1948년 법률로 공식화된 인종분리 즉 남아공의 백인정권에 대한 유색인종의 차별정책을 말한다. 1990년부터 93년까지 남아공 백인 정부와 흑인대표인 아프리카 민족회의와 넬슨 만델라간의 협상 끝에 급속히 해체되기 시작해 민주적 선거에 의해 남아공 대통령으로 당선된 넬슨 만델라가 1994년 4월 27일 전면 폐지하였다.

이 정책은 모든 사람을 인종 등급으로 나누어 백인, 흑인, 컬러드, 인도인 등 분류하였으며 인종별로 거주지 분리, 통혼금지, 출입구역 분리 등 차별이 아니라 분리에 의한 발전이라는 미명하에 사상 유례가 없는 노골적인 백인지상주의 국가를 지향하였다.

아파르트헤이트 정책을 체감할 수 있게 풀어 이야기 하자면 열차나 호텔, 식당 등 일상생활의 여러 면에서 인종적으로 차별하여 흑인이 운영하는 가게에는 백인과 같은 높은 계급의 지배층은 출입이 가능하지만 백인 밀집지역이나 백인을 보호하기 위한 상권에는 흑인의 출입을 금하고 흑인의 물건에 대한 매매를 엄격히 제재하므로 남아공 87%의 흑인들에게 반감을 샀다. 이러한 반감은 반란의 시발점이 되었고 흑인들의 차별이 묻어있는 통행증을 불사르는 등 지역에서 범죄로 이어지는 결과가 초래되었다. 남아공 내의 백인정부는 이에 대한 반기를 묵과하지 않고 대대적 숙청작업을 감행하였으며 통행증을 불사르던 사람이건 아니건 문제자로 보이는 흑인들은 모두 로벤 섬 감옥으로 재판기간까지 억류하거나 구류를 시켰는데 때에 따라서는 학교선생, 교수, 흑인지도자 등 관련이 없는 사람까지 수년간 구금하여 가진 고문과 모욕을 안겨주어 다시는 반란이 일어나지 않게 단속했다는 이야기가 있다. 우리나라에서도 자주 소개된 연극『아일랜드』를 참고 하면 좋을 것이다. 이러한 분리 정책에 정당한 사유를 입각한 내정이 서기 시작한 것은 1994년 4월 27일 넬슨 만델라가 세계 최초의 흑인 대통령으로 탄생하고 나서부터이다.

넬슨 만델라 대통령은 트란스카이의 템부족 추장의 아들로 태어났다. 대통령으로 당선되기 전에는 영국의 흑인 차별정책 철폐를 부르짖으며 아파르트헤이트 정책의 반투사로 항거하다가 붙잡혀 종신형을 선고 받았다. 종신형 사유는 아프리카 민족주의 청년 동맹의 군사 활동을 감행하여 국가반역죄에 해당하는 죄목으로 27년간이나 로벤 섬 감옥에 있었으나 그의 투지는 멈추지 않고 1990년 석방 될 때까지 끈질긴 투쟁을 계속했다. 현재는 요하네스버그 중심가에 있는 그의 거대한 동상은 남아공을 찾는 관광객들의 포토라인으로 자리매김 되었으며 만델라 대통령은 남아공의 민주화 화신이며 국민들의 가슴에 영원한 대통령이다.

미국 편

깨끗한 도시로 거듭나고 있는 뉴욕

　　오래전에 뉴욕New York을 방문한 사람들이라면 맨해튼Manhattan 중심부에서 조금만 벗어나면 흑인들의 밀집 지역인 소위 할렘Harlem 가가 뉴욕 시 전체를 거의 점령하고 있고 그 모습 역시 폐허와 비슷한 모습으로 바뀌어 가는 모습을 보면서 금싸라기 땅 뉴욕이 정말 아깝다는 생각을 많이 했을 것이다. 그러나 지도자 한 사람의 집념과 강력한 실천력으로 이제 뉴욕 시는 점점 아름다운 본래의 모습으로 돌아가고 있다. 현재 마이클 블룸버그 시장 직전의 시장이었던 루돌프 줄리아니 시장은 취임사에서 깨끗한 뉴욕, 범죄 없는 뉴욕을 만들겠다고

공헌한 뒤 할렘 가를 없애기 위해 마치 전쟁을 치르는 기분으로 도시 정화를 시작하였다. 그 결과 세계 명문대학 중 하나인 컬럼비아 대학 너머까지 확장되어오던 할렘 가를 모두 정리하면서 이제 할렘 가의 모습도 전과 달리 점차 깨끗함을 되찾아 가고 있다. 줄리아니는 뉴욕 시장 재직 시 보여 준 탁월한 행정 능력과 강력한 추진력이 증명되면서 한때 미국의 유력한 대통령 후보로 거론되기도 하였다. 이는 한 지역을 맡은 시장의 집념과 강력한 리더십이 얼마나 중요한지를 여실히 보여 주는 사례라 하겠다.

미국 편

사람의 손으로 만든 센트럴 파크

뉴욕 맨해튼의 54번가 근처는 세계적인 명품 판매장이 모여 있는 명품 거리로 유명하며 부동산 재벌이기도 한 트럼프 빌딩이 있는 곳이다. 이 명품 거리 부근에 있는 뉴욕의 명물 센트럴 파크Central Park는 많은 뉴욕 시민의 휴식 공간으로 산책이나 조깅을 즐기는 곳이다. 센트럴 파크는 843에이커에 달하는 넓은 면적에 무려 26,000여 그루의 나무를 심고 공원 속에 58마일에 이르는 산책로를 만들고 9,000개가 넘는 벤치를 만드는 등 세계적으로 유명한 조경설계사 켈버트 보와 프레드릭 울름스테드가 공동으로 설계한 공원답게 아름답고 모든 것을 갖춘 공원이다.

많은 수풀과 아름드리나무들로 꽉 차 있으며 여기저기 연못도 있는 전형적인 아름다운 공원인 센트럴 파크는 원래 돌과 암만뿐이던 방치된 폐허였다고 한다. 하지만 1850년대 들어 뉴욕을 아름답게 만들고 싶었던 뉴욕 시 당국자들이 '센트럴 파크 위원회'를 만들어 이곳에 공원을 만들겠다고 계획하였으나 처음에는 많은 사람이 의구심을 가졌다. 그러나 점차 외부로부터 흙을 실어 나르고 공사를 하면서 이곳에 아름다운 공원을 만들 수 있겠다는 확신을 가지게 되면서 그동안 비관적이었던 많은 뉴욕 시민이 자발적으로 공사에 참여하거나 또는 공사비를 기부하였다고 한다. 그곳에는 약 15만 톤 이상의 흙을 외부에서 손수레에 의존해서 실어 날랐다고 하니 그 인간의 힘이 얼마나 크고 무서운지를 다시 한 번 실감할 수 있다. 처음 공원을 만드는 데 앞장섰던 뉴욕의 부자들은 마차만 다니는 조용한 공원을 만들기 바랐다고 하는데 지금은 인공 호수와 연못, 아이스링크, 동물원, 정원,

야생동물 보호지역, 분수대, 레스토랑, 소형극장과 산책로 등 많은 시설이 세워졌고, 서쪽 65번가 부근 선탠장은 원래는 양들의 방목지였으나 이제 젊은이들이 알몸으로 선탠을 하는 장소로 유명하여 연간 약 2,500만 명의 관광객들이 붐빈다. 센트럴 파크를 지나치는 사람은 그 앞에 재클린 케네디 여사가 살던 집도 고스란히 보존되어 있기 때문에 한 번쯤 구경하는 것도 좋을 것 같다.

미국 편

뉴욕의 한국 땅, 32번가

뉴욕 맨해튼에 있는 32번가를 중심으로 많은 우리나라 상점과 음식점이 즐비하게 늘어서 있으며 이곳은 언제나 우리나라 사람들로 붐빈다. 이곳에 살면 평생 영어를 사용할 필요가 없기 때문에 미국에 이민가기 전에 영어를 어느 정도 했던 사람도 맨해튼에서 오래 살다 보면 점점 영어를 잊어버릴 정도라고 한다. 실제로 영어를 전혀 하지 못하는 내 측근이 뉴욕을 방문하였는데, 다음 날 아침 깨어 보니 아무런 말도 없이 사라졌기에 그를 찾느라 한바탕 소동을 피운 일이 있었다. 얼마 후 그를 찾았는데, 어느 장난감 가게 앞에서 슬리퍼를 신고 커피를 마시면서 주인과 이야기하고 있는 그를 발견 하였다. 우리는 왜 영어도 모르고 길도 모르면서 혼자서 함부로 다니느냐고 항의 겸 물어보았더니 그는 태연하게 "내가 아침에 슬리퍼를 신고 호텔에서부터 한 집한 집 다 들러서 주인과 이야기해 보았는데 모두 나를 반가워하면서 미국 생활의 고달픔을 털어놓았다"고 자랑스럽게 이야기하는 모습을 보고 한바탕 웃은 일이 있다.

실제로 뉴욕 32번가는 간판이나 사용언어가 모두 한국어이고 주로 한국 사람들만 활동하기 때문에 뉴욕 속 작은 한국이라고 생각해도 좋을 것이다. 한 가지 아쉬운 점은 IMF 전후해서 그곳의 땅값이 내려갔을 때, 보다 많은 땅이나 건물들을 한국인들이 사 놓았더라면 더욱 좋았을 것이라는 점이다. 그리고 이 맨해튼 지역은 교통도 복잡하지만 주차비가 너무나 비싸 차가 있어도 집에 차를 세워둔 채 대중교통을 이용하여 출퇴근하는 사람들이 대부분이다. 왜냐하면 어지간한 주차장의 경우한 시간의 주차료가 30달러 정도가 되기 때문에 만일 하루 종일 주차하게 되면 매달 월급보다 더 많은 주차비를 내야 하기 때문이다.

미국 편

한국인의 영원한 짝사랑

워싱턴 중심에 있는 아메리카 대학American University 정문 앞에는 무궁화가 초라하게 서 있는데, 그동안 누구도 거들떠보지 않고 지나쳤던 곳이다. 그러나 이 무궁화는 이승만 대통령이 미국에서 생활하면서 이 학교를 방문한 기념으로 식수한 나무로서 미국인들보다는 우리 한국인들이 주의 깊게 챙겼어야만 했을 나무이다. 하지만 그동안 정부는 물론 현지 한국 대사관 직원 누구도 이 나무에 대해서 관심을 가진 적이 없었다. 최근 아메리카 대학과 뜻있는 한국인들이 이 무궁화가 있는 주변으로 약 1,000평 정도의 '한국 정원Korea Garden'을 만들자는 계획을 세워 아메리카 대학의 국제 관계 책임자인 미스터 굿맨이 열성적으로 관심 있는 한국인들과 접촉하고 있다고 한다. 아메리카 대학계획에 의하면 이 한국식 정원에는 한국의 전통적인 나무들을 모아놓고 정원 모양도 한국식으로 바꾸어 누구나 이곳에 들르게 되면 한국에 가지 않고도 한국의 정서를 느낄 수 있도록 만들겠다는 것이다. 아메리카 대학 역시 자체적인 예산이라기보다는 뜻있는 한국인들의 힘을 합쳐 성금을 모아 이 정원을 만들겠다는 계획을 가지고 있어, 관심 있는 많은 사람이 참여했으면 하는 바람이 크다.

추운 겨울에도 줄서서 기다리는 '형제 갈비'

샌프란시스코San Francisco를 방문한 한국 관광객들이라면 대부분 시내 중심가에 있는 한국인 교포가 운영하는 '형제 갈비'에 들르게 될 것이다. 왜냐하면 이 형제 갈빗집은 음식 맛도 수준급일 뿐만 아니라 그동안 돈을 많이 번 사장이 직접 서브를 해 주기 때문이다. 이 집의 특징은 사전 예약을 받지 않고 누구라도 선착순으로 좌석을 차지할 수 있도록 운영하고 있다는 점인데, 더운 여름날에는 물론 영하 10도가 넘는 추운 한겨울에도 저녁 식사를 하기 위해 차례를 기다리려면 적어도 30분에서 1시간 이상 기다려야만 겨우 자리를 차지할 수 있다. 길게 줄을 서서 번호표를 받고 기다리는 사람들은 한국 사람뿐만 아니라 상당수 현지 미국인들이 기다리고 있다. 그 '형제갈비'집 옆에 사장 동생이 별도로 갈빗집을 개업했는데 그 집은 언제나 좌석이 넉넉하기 때문에 기다리는 손님들에게 같은 집이니 이곳에서 기다리지 말고 옆집으로 가라고 아무리 권유해도 아무도 동생이 운영하는 옆집으로 가지 않고 추운 날씨를 이겨 내면서 자기 차례를 기다리는 모습에서 처음에는 나도 의아하게 생각했으나, 실제로 음식점 안에 들어가 좌석을 차지한 뒤 음식을 시키고 기다리고 있노라면 사장이 직접 펄펄 끓는 질그릇에 생선 머리나 가시 등으로 끓인 찌개를 들고 와 기다리시는 동안 자기가 직접 끓인 찌개 맛을 보아 달라고 말하면서 당연히 이 찌개는 공짜로 드린다는 이야기를 곁들이게 된다.

그 생선 머리의 찌개 값을 돈으로 환산한다면 불과 2~3달러에 불과하겠지만 사장의 직접적인 서비스를 받는 손님 입장에서는 아주 즐거운 기분으로 식사를 할 수 있게 되고 아마 이것이 '형제 갈비'가 유명해졌던 이유 중의 큰 부분일 것이라고 여겨진다. '형제 갈비'를 운영하면서 사장은 상당한 부를 축적할 수 있었고, 한국에도 몇 가지 투자를 생각하면서 다녔으나 불행하게도 몇 년 전 불치의 병으로 사망하였다고 한다. 지금도 '형제 갈비'는 여전히 성업 중에 있지만 구수한 그 사장님의 모습을 다시 볼 수 없다는 것이 섭섭하기만 하다.

미국 편

달러에 사들인 캘리포니아

미국은 크게 나누면 뉴욕, 워싱턴Washington D.C., 보스턴Boston이 있는 동
부와 우리 교포들이 많이 사는 로스앤젤레스Los Angeles, 샌프란시스코
San Francisco가 있는 서부로 나눌 수 있다. 하지만 말이 한 나라이지 동부
에서 서부로 여행하려면 비행기를 이용해도 다섯 시간 이상 걸리며 자
동차로 여행하려면 24시간 꼬박 운전하여 달려도 사흘이 걸릴 만큼 국
토가 방대한 국가이다. 또한 동부와 서부의 시차도 무려 세 시간이나

되는데 우리나라와 베이징의 시차가 겨우 한 시간이고, 우리나라와 우즈베키스탄, 카자흐스탄 등 중앙아시아 지역과 시차가 세 시간이라는 점을 감안한다면 우리나라부터 중앙아시아 정도까지의 넓은 영토가 미국이라는 거대한 한 나라에 속한다 하겠다.

미국의 반쪽을 이루는 거대한 땅 서부는 본래 멕시코 땅이었으며 미국이 멕시코와의 전쟁과 협상을 통해 정식 매매 계약을 체결하여 멕시코로부터 구입한 땅이나 그 매매 대금이 단돈 1달러였다고 하니 이러한 경우도 정식 매매라고 해야 할지 모르겠다. 캘리포니아California를 방문해 보면 지역의 도로명이나 도시명, 다리의 이름들이 대부분 라틴어로 쓰여 있음을 알 수 있으며, 그만큼 많은 멕시코인이 사는 곳이다. 이들 중에는 정상적인 절차를 밟아 미국에 거주하는 사람도 있겠지만 대부분은 불법으로 미국에 와 이민 당국의 눈을 피해 가면서 대부분 영세 공장이나 밭에서 농사일에 종사하면서 돈을 벌고 있다고 한다. 또한 미국 전 지역에 공급하는 채소의 90퍼센트를 캘리포니아 주가 공급하고 있다고 하며 이 모든 채소는 거의 불법으로 이주해 온 멕시코인에 의해 재배되고 있다고 한다. 이들은 아주 작은 방에 7~8명씩 거주하면서 불법 이주자라는 불안감 때문에 법적 노임보다도 훨씬 낮은 저렴한 임금을 받고 일하고 있으며 그나마도 이민국에 적발되어 쫓겨날까 전전긍긍하면서 생활하고 있다고 한다. 이들은 전혀 교육을 받지 못해 일자 무식자가 대부분인데, 심지어 주말마다 임금으로 받는 수표마저 은행으로 가지고가 현금화시킬 때 사인을 할 줄 몰라 수표를 받으면 사인을 필요로 하는 은행으로 가기보다는 동네에서 개인이 운영하는 가게를 찾아가 약 1퍼센트의 수수료를 떼고 환전한다고 한다.

미국은 싼 노동력을 쉽게 이용할 수 있어서 좋고 멕시코 사람들은 복잡한 정식 절차를 거치지 않고 불법 입국하여 돈을 벌어 갈 수 있어 좋기 때문에 미국과 멕시코의 이해관계가 맞아 떨어지면서 지금도 캘리포니아의 끝없는 농장과 밭에는 많은 멕시코 사람들이 열심히 땀 흘리며 일하고 있다.

미국 편

한국 문화유산을 지키려고 애쓰는
워싱턴의 윤 회장님

워싱턴에서 약 30여 년간 거주하면서 소규모 건축 사업에 종사하고 있는 윤 회장님은 미국에 널리 퍼져 있는 우리나라의 문화유산을 지키고 그 소재를 파악하는 등 문화 예술 지킴이 활동에 그의 전 생애를 보냈다고 해도 과언이 아니다. 그는 워싱턴에서 가장 유명한 '우래옥'이라는 한국 식당을 지은 사람으로 그 정도의 소규모 건축 사업으로 일정한 돈이 생기면 그 돈을 모두 한국 문화재를 찾아다니거나 경매를 통해 직접 구입하는 데 쓰며 평생을 보냈다. 그는 약 20년 넘게 코리아 파운데이션이라는 재단을 운영하면서 우리나라의 문화 예술품에 대한 도록을 만들고 그 소재지를 파악하면서 스미소니언 박물관Smithsonian Museum에 한국관을 만들고 싶어 동분서주하였으나 몇 년 전 그가 사용해 오던 '코리아 파운데이션'이라는 이름마저 한국의 외교통상부 산하 재외동포 재단에 빼앗기고 이제 다시 '코리아 해리티지 파운데이션'이라는 새로운 재단 명칭을 가지고 활동하고 있다. 최근 한국 정부가 예산으로 스미소니언 박물관에 별도의 독립된 한국관을 개관하였는데 윤 회장은 한국관의 개관에서부터 그 배치나 디자인 등에 많은 도움을 준 것으로 알려져 있다. 정부의 도움 없이 외국에 있는 우리의 전통적인 문화유산을 지키려고 애쓰고 있는 윤 회장님께 존경과 감사의 말씀을 드린다.

미국 편
인디언들은 제때로 보호받고 있는가?

이제 미국에 가더라도 원주민이었던 인디언의 전통적인 생활 모습을 보는 것은 그리 쉬운 일이 아니다. 왜냐하면 이들의 숫자가 점점 줄어들고 많은 인디언이 대도시로 흩어져 살게 되어 전통을 지키며 함께 사는 인디언들은 점점 세력이 약화되고 있기 때문이다. 최근 미국 정부는 이러한 인디언들을 보호하기 위해 인디언들이 모여 살고 있는 지역을 특별 구역으로 지정하고 그곳에 대규모 카지노를 개설하도록 허가해 주고 카지노 허가 조건으로 카지노에 종사하는 직원 중 현지인 인디언들을 일정 비율 이상 반드시 고용하도록 의무화하여, 인디언들의 소득을 높여 주고 생활의 질을 향상시킨다는 인디언 보호 정책을 시행하고 있다.

실제로 뉴욕과 보스턴 중간에 있는 코네티컷Connecticut 부근의 대형 카지노에 가 보면 많은 인디언들이 이곳 카지노에서 열심히 일하는 모습을 쉽게 볼 수 있다. 하지만 대형 카지노를 허가받아 개업한 카지노 주인은 매일 몰려드는 입장객들로 초만원을 이루면서 많은 돈을 벌 수 있겠지만 그곳에 고용되어 일정한 월급을 받고 일하는 인디언들은 안정되게 생활을 유지할 수 있다는 장점 외에는 크게 발전할 여지가 없어 보여 인디언 보호 정책이 인디언들에게 얼마나 큰도움이 될지는 먼 훗날 역사가들이 평가할 몫이라고 생각된다.

미국 편

자메이카 폰드에서 가장 열심히 운동하는 한국 사람들

보스턴은 일명 '뉴잉글랜드New England'라고 불리고 있는데, 그 이유
는 영국 사람들이 미국에 이주하면서 제일 먼저 보스턴 항구를
통해 이주하였기 때문이다. 그래서 보스턴은 미국 도시 중에서도 가
장 전통적이면서도 보수적인 도시로 알려져 있으며, 가장 배타적이면
서도 가장 동양적인 정서가 많이 배어 있는 곳이기도 하다. 보스턴에
가면 인도의 요가나 병을 자연스럽게 치유할 수 있다는 많은 동양의
연구 기관들이 활동하고 있으며 실제로 동양계 사람뿐만 아니라 많은
서양인들도 동양의 신비로운 요가나 참선, 기타 식이요법 등에 관심
을 가지고 있다.

보스턴의 명물은 누가 뭐라 해도 세계적으로 유명한 하버드 대학
Harvard University이라 하겠다. 미국은 물론 세계 각국의 수재들이 모여서
공부하는 곳으로 이 대학을 세운 미스터 하버드의 동상 왼쪽 발을 만
지면 하버드 대학에 입학할 수 있다는 속설 때문에 하버드 대학을 방
문하는 관광객이라면 누구나 그 동상의 왼쪽 발을 만지면서 기념사
진을 찍는다. 그리고 하버드와 그 옆에 나란히 있는 매사추세츠 공과
대학MIT, Massachusetts Institute of Technology은 실제로 보스턴 시에 있는 게 아니
라 찰스 강Charles River 건너편에 있는 케임브리지Cambridge에 있음에도 불
구하고 보스턴에 있는 것으로 많이 알고 있다. 하버드 대학은 많은 재
력가들이 유산을 기부하거나 세계 각국의 정부가 기부금을 내서 한때
보스턴의 요지를 거의 다 매입하면서 너무 많은 자산을 가졌다는 비
난을 받기도 했다. 왜냐하면 하버드 대학은 교육기관이기 때문에 아
무리 비싼 땅을 구입한다고 해도 일체의 세금이 면제되기 때문이다.

하버드 대학은 몰려드는 기부금으로 많은 부동산을 가지고 있는 부동산 재벌이라 하겠다.

보스턴 시내에 있는 일명 하버드 공원에는 세계 각국의 정부가 자기 나라의 특징적인 식물을 기증해서 심어 놓아 세계 각국의 나무들을 빠짐없이 볼 수 있는데, 물론 우리나라의 탱자나무와 무궁화도 있다. 그리고 보스턴의 외곽 지역에 자메이카 플랜 지역이 있는데 이 지역에는 둘레가 약 2킬로미터 정도 되는 '자메이카 폰드'라는 연못이 있다. 이른 아침 이 연못에 나가 보면 많은 사람이 그 연못 주위를 산책하거나 조깅하는 모습을 볼 수 있는데 그중에서도 정해진 시간에 매일 빠짐없이 규칙적으로 나와 가장 열심히 운동하는 사람은 그곳에 살고 있는 한국인임을 쉽게 알 수 있다. 역시 한국인들은 어느 곳에 가거나 무슨 일을 한다고 하면 확실하게 하는 사람들인 것 같다.

미국 편

세계 골퍼들이 선호하는 페블 비치

샌프란시스코에서 가장 부유층들이 모여 사는 곳은 '세븐틴 마일17 miles'이라는 곳으로 이곳은 미국 전역의 거부들이 별장을 갖거나 실제로 이곳에서 살고 싶어 하는 곳으로 알려져 있다. 이곳은 아무나 출입할 수 없으며 보통 한 가구가 4,000~5,000평 규모의 너른 땅을 아름답게 정원으로 꾸며진 곳으로 유명하다. 이곳에서 얼마 떨어지지 않은 태평양 해변에 세계적으로 유명한 페블 비치Pebble Beach 골프장이 있다. 이 골프장은 미국인이 소유하다가 일본인이 인수한 뒤 그간 몇 차례 주인이 바뀌었다고 하며 멤버십으로 운영되는 멤버 전용 골프장은 아니며, 누구나 골프를 즐길 수 있는 공용 골프장이지만 이곳에 거주하지 않는 외부인이나 관광객들이 이곳에서 골프를 치려면 최소한 2~3개월 전에 예약을 하지 않으면 불가능할 정도로 예약이 밀려 있다. 그러나 관광이나 출장이 급작스럽게 결정되는 우리의 현실에 비추어 보면 2~3개월 전에 골프장을 예약한다는 것은 쉽지 않다. 갑자기 그곳을 방문하면서 골프를 치고 싶은 사람들은 골프장 내에 있는 콘도를 이용하면 다음날 골프를 칠 수 있는데 콘도 이용료를 포함한 한 팀의 이용료는 하루에 2,000달러라고 하니 어지간히 여유가 있는 사람이 아니면 그림의 떡일 것이다. 대신 현지 주민들은 언제나 쉽게 예약이 가능하며 이용료도 크게 혜택을 준다고 하니 말 그대로 컨트리클럽이다. 그렇지만 관광객들에게는 이용료가 이렇게 비싼데도 적자 운영을 면치 못하고 있다고 한다. 그래서인지 프로샵에서 판매하고 있는 페이블 비치 로고가 찍혀 있는 각종 골프 용품을 시중보다 고가로 판매하여 운용 적자를 메워 가는 것 같다.

미국 속 중국, 차이나타운

세계 각국을 여행하노라면 어디에서나 중국인이 모여 사는 차이나타운을 쉽게 만날 수 있다. 미국 대도시에도 어김없이 중국인들끼리 모여 사는 거대한 차이나타운이 있는데, 차이나타운 입구에서부터 중국식 모양의 기둥이 서 있고 그 안쪽은 모두 중국어와 중국 사람들로 항상 붐빈다. 중국인들은 옆집에 새로운 사람이 이주해 올 경우 먼저 와 살던 많은 중국인들이 새로 온 사람을 십시일반 도와 가면서 모두가 같이 잘살기 위해 노력한다고 하니 처음에 미국으로 이민 간 많은 우리나라 사람이 자신보다 먼저 이민 와 있던 우리나라 사람에게 속아서 많은 손해를 보았다는 경험담과 비교해 보면 천양지차라고 하겠다. 이곳 차이나타운에는 미국 경찰이 개입하기 전에 중국인 자체적으로 모든 질서와 치안이 유지되며, 비록 범죄인이라도 차이나타운으로 숨어들 경우 미국 경찰이 직접 그들을 체포하기란 무척 어렵다고 한다. 왜냐하면 그곳에 있는 중국인들이 서로서로 숨겨 주기 때문이라고 한다. 그래서 사건이 발생할 경우 미국 경찰은 직접 차이나타운에 들어가기보다는 그곳의 책임자와 협조하여 그곳 책임자로 하여금 범인을 찾아 경찰에 인계하도록 하는 편이 훨씬 수월하다고 한다. 이처럼 차이나타운은 미국에 있는 독립된 작은 중국이라고 하겠다.

미국 편

포토맥 공원을 수놓은 벚꽃

위싱턴 중심부를 관통하고 있는 아름다운 이스트 포토맥 공원 East
Potomac Park은 언제나 산책이나 조깅을 하는 사람들로 붐비지만
특히 봄철이 되면 강변을 따라 백악관까지 길게 늘어서 활짝 핀 벚
꽃 구경으로 많은 사람이 모이는 곳이기도 하다. 닉슨 대통령이 중도
에 하차한 워터게이트 사건으로 유명한 워터게이트 호텔이 위치해 있
기도 한 포토맥 강변을 걸으면서 일본 사람들은 우리보다 한발 앞을
내다보는 생각을 가졌다고 새삼스럽게 생각해 본다. 왜냐하면 벚꽃
은 활짝 피면 누구나 그 아름다움에 감탄하며 또한 그 아름다운 자태
를 마음껏 뽐내는 꽃이라, 점잖게 한쪽 구석에서 벌이 찾아오기를 기
다리면서 은은하게 피어나는 우리나라의 무궁화 꽃에 비해 훨씬 많은
사람의 마음을 사로잡을 수 있는 장점을 지녔기 때문이다.

포토맥 공원의 벚꽃은 제2차 세계대전 후 일본 정부가 자기 나라
의 국화꽃임을 널리 알리기 위해 기증하여 워싱턴에 심기 시작하였다
고 하는데 이제 워싱턴 전역에 많은 벚꽃들이 활짝 피어 많은 사람을
즐겁게 하고 있으니 아마 일본 사람들의 한순간의 생각이 많은 미국
사람인의 마음을 사로잡은 좋은 기회가 되었다고 하겠다.

초대 주미 한국 공사의 워싱턴 부임

조선 시대 말엽 개화기에 운양호 사건을 계기로 미국과 정식으로 외교 관계를 수립하여 초대 주미 한국 공사로 발령받은 사람은 박정양 공사였다. 당시 그는 미국에 부임하기 위해 똑딱선을 타고 태평양을 건너 뉴욕 항구에 도착하였는데, 뉴욕까지 가는 동안 많은 풍랑과 해일 등으로 생명에 위협을 받기도 하였으며 그를 수행했던 수행원들 가운데 변고를 당한 사람도 있었다고 한다. 갖은 고초 끝에 뉴욕 공항에 도착한 그의 모습은 그를 마중 나온 미국 공무성의 관리가 보기에는 아주 특이하고 생소할 수밖에 없었다. 오랜 여행 기간 동안 구겨지고 때가 묻은 한복과 두루마기 차림에 도포와 갓을 쓴 그의 모습을 처음 보았을 테니, 그럴 만도 했다.

그가 도착한 다음날 뉴욕의 아름다운 다리 중의 하나인 브루클린 다리Brooklyn Bridge 개통식이 있었는데 많은 외교 사절들이 참석하였으며, 물론 우리나라의 박 공사도 참여하였다고 한다. 그런데 주최 측에서 다섯 사람의 테이프를 자를 VIP를 선정하면서 그를 선정해주었다고 한다. 아마 이상한 옷차림과 상투를 하고 갓을 쓴 그가 특이한 외교관으로 보였기 때문이 아닌가 생각된다. 어쨌든 그는 부임 첫날부터 미국 외교관에 널리 알려졌다고 한다.

미국 편

미국 학생들의 진지한 토론 문화

미국의 대학생들은 우리나라 대학생들과 마찬가지로 많은 세미나나 특별 강연을 하는데, 이때 주제에 대해 격 없는 토론하기를 즐거워한다. 미국의 명문대 하버드 대학이나 뉴욕 대학, 콜롬비아 대학 등은 물론 아메리칸 대학, 조지타운 대학 등 명문 대학에서 우리나라 인사들이 특강을 하면 대개 학생들은 물론 많은 교수들도 강의를 진지하게 들으면서 메모를 하는 모습에서 그들의 학문에 대한 태도를 쉽게 읽을 수 있다. 그러나 강의가 끝나면 많은 학생들이 질문과 즉석 토의를 하고 싶어 하지만 대부분의 경우 행사를 마련한 측에서 서둘러 강의를 끝내려고 하는 경우가 대부분이다.

나도 강의를 하게 되어 강의가 끝난 뒤 질문을 받겠다고 했더니 C 교수는 질문을 해도 괜찮겠냐고 물어 왔다. 그래서 나는 강의를 했으면 의심나는 부분에 대해서 질문을 받고 학생들의 의견을 듣는 것이 당연한데 왜 그러느냐고 물었더니 중국과 북한 문제의 전문가이면서 지한파이기도 한 뉴욕 대학의 C 교수는 나에게 그 이유를 솔직하게 털어놓았는데, 우리나라의 장관이나 국회의원 등 많은 고위층 인사들이 미국에 오면 으레 대학에서 특강하기를 원한다고 한다. 그러나 그들의 진정한 목표는 특강보다는 자기가 미국에 와서 어느 대학에서 특강을 했노라고 우리나라에 돌아가 선전하기 위한 것으로, 사진을 찍고 뉴스에 나오기를 원하는 경우가 대부분이었다고 한다. 그래서 그들 대부분은 미리 한국에서 보좌관이나 부하들이 작성해 놓은 강의 원고를 쭉 읽어 내려간 뒤, 강의를 끝내고 돌아가는데, 미국 학생들과 통역 없이 일대일로 즉석에서 토론을 할 수 있는 영어 실력을 갖춘 사람이 극히 적기 때문이라고 한다.

내가 강의를 마치자 본격적인 토의가 시작되었는데, 많은 학생들의 수준 높은 질문은 물론 자기 의견을 진지하게 말했으며 특강은 한 시간밖에 하지 않았는데, 토론은 무려 두 시간 이상 지속되면서 아주 좋은 결실을 맺을 수 있었다. 특강만 한 뒤 나와 헤어지려던 C교수는 한국의 장관을 지낸 사람이 이렇게 진지하게 통역 없이 학생들과 직접 토론하는 모습을 처음 보았다고 하면서 매우 감동적이기 때문에 자기가 특별히 저녁에 초대하겠다며 뉴욕에서도 가장 고급 식당으로 초대해 저녁을 잘 대접해 주었다. 이러한 모습은 뉴욕 대학뿐만 아니라 앞에서 언급한 하버드 대학이나 아메리칸 대학에서도 똑같은 반응이었다. 이제 사진 찍기나 선거 구민에게 무차별적으로 자기의 방미 실적을 홍보하기 위해 학생들을 억지로 동원하는 특강이나 세미나 등은 없었으면 한다.

아름다운 경치를 가진 캐나다

캐나다를 여행하다 보면 우거진 살림과 곳곳에서 볼 수 있는 호수들이 어우러지면서 아름다운 대자연의 모습을 생생히 볼 수 있다. 또한 캐나다는 겨울이 길고 춥기 때문에 겨울이 되면 추운 겨울에 알맞은 운동이나 이색적인 경험을 할 수 있다. 특히 겨울 빙벽 등산 또는 스키를 즐기는 사람이라면 당연히 겨울에 캐나다를 선택하는 것이 좋을 것이다. 또한 평소 '큰 호수 위를 물속에 빠지지 않고 걸어서 건너 봤으면' 하는 생각을 가지고 있는 사람이라면 겨울에 캐나다를 방문하면 된다. 이미 꽁꽁 얼어붙은 얼음 위에 눈이 두껍게 쌓여 있어 폭이 3~4킬로미터나 되는 호수라 할지라도 충분히 호수 위를 걸어서 건너편으로 갈 수 있기 때문이다. 자기 발밑 얼음 밑으로 호수물이 흐르고 있다고 생각하면 그 넓은 호수를 빠지지 않고 걷는다는 것이 얼마나 신비로운가를 생각할 수 있을 것이다.

캐나다의 스코틀랜드 골프장

우리 모두가 잘 알다시피 골프는 스코틀랜드에서 16세기경 양을 치는 목동들이 심심하고 무료함을 달래고 양을 몰기 위해 가지고 다니던 지팡이로 자기 앞에 있는 돌멩이를 쳐서 일정한 거리에 있는 동굴이나 원 속에 집어넣는 게임이 점차 발달되어 골프가 되었다는 일은 모두가 잘 아는 상식이다. 그래서 양치는 모습을 천연 그대로 보존하면서 골프의 역사를 시작한 스코틀랜드의 세인트앤드루스 St. Andrews 올드코스는 페어웨이티tee와 그린green 사이의 잘 깎인 잔디 지역과 고르지 않고 양 옆의 러프페어웨이의 양쪽 바깥 지역, 풀이나 나무가 무성한 곳에는 공이 한 번 들어가면 거의 찾을 수 없으며 깊이 1미터가 넘는 벙커가 수없이 많아 프로 선수라 할지라도 좀처럼 스코어가 잘 나지 않는 곳으로 유명하다. 그렇지만 골프를 치는 사람이라면 누구라도 이곳에서 골프를 한번 치고 싶어 하는 곳이기도 하다.

캐나다의 몬트리올에도 '세인트앤드루스'라고 하는 명문의 사립 골프장이 있다. 스코틀랜드까지 가지 못하는 많은 골퍼들이 이곳에서 마치 스코틀랜드의 세인트앤드루스 올드코스에 온 듯한 느낌으로 골프를 즐길 수 있어 이곳의 세인트앤드루스 골프장은 캐나다나 미국지역에서도 가장 명성을 떨치는 골프장 중의 하나이다.

캐나다 편

캐나다의 프랑스, 퀘벡

캐나다의 큰 도시는 수도인 오타와Ottawa를 비롯한 밴쿠버Vancouver, 몬트리올Montreal 그리고 퀘벡Quebec 지역이라고 할 수 있다. 그중 퀘벡을 제외한 모든 지역은 영어를 사용하고 있지만 퀘벡 지역만은 프랑스어를 사용하는 지역으로 캐나다로부터 분리 독립을 원하는 지역이다. 캐나다는 국가의 정책으로 소위 퇴폐적인 관광이나 그러한 행위는 일체 금지되어 있기 때문에 술을 좋아하거나 저녁 놀이문화에 익숙한 사람들이 캐나다를 방문하면 상당히 실망할 것이다. 특히 프랑스어를 사용하고 있는 퀘벡 지역은 청교도적인 엄격한 규율과 사회질서가 요구되는 곳으로 가장 개방되어 있다는 나이트클럽에 들러보면 그저 자기 테이블에 앉아 술을 마시다가 집으로 돌아가는 게 고작이다. 그러나 술을 마시면서 특별히 여성의 서비스를 받고자 하는 사람이라면 입장료와 일정한 술값 외에 추가로 여성에 대한 서비스료를 지불해야 하는데, 그 서비스료는 남성이 원하는 서비스에 따라 차이가 많다. 예를 들어 자기와 같이 테이블에 앉아 술만 마시고 싶어 하는 경우에는 그 여성이 마시는 술값과 약 20달러 정도의 팁을 추가로 지불하면 되고, 만일 옆에 앉아 이야기만 하지 않고 손을 잡아보고 싶은 경우에는 약 50달러 정도의 팁을 추가로 지불해야 하며, 간단히 영화에서와 같이 포옹을 해 보고 싶은 사람은 추가로 100달러를 지불하면 약 2~3초 동안 포옹도 할 수 있도록 되어 있다. 서비스의 질에 따라 가격이 차이가 나는 것은 철저히 경제 원칙의 충실하다는 생각이 든다.

멕시코 편

멕시코의 세계적인
휴양도시 칸쿤

멕시코를 방문하는 관광객들이라면 무덥고 무질서한 멕시코 시에 서 벗어나 세계적인 휴양도시로 유명한 칸쿤Cancun을 찾아가게 될 것이다. 칸쿤은 매우 깨끗한 주변 환경과 태평양을 끼고 있는 전형 적인 휴양도시로, 대개 호텔들도 골프장에 함께 딸려 있는데 호텔 문 을 나서면 골프장 첫 홀이 펼쳐져 있어 티샷을 한 뒤 18홀이 끝나면 다시 호텔 문 앞에 도착하도록 설계되어 있다. 그러나 무엇보다도 칸 쿤의 아름다움은 맑고 깨끗한 바다로, 바다낚시를 해 보는 것도 특이 한 체험이 될 것 같다. 바다의 얕은 곳은 소위 밑바닥이 훤히 들여다 보일 정도인데, 에메랄드나 사파이어 빛을 띠는 바닷물이 섞여 있어 바라보기만 해도 막혔던 마음이 탁 트일 정도이다. 또한 선상 디너를 예약하게 되면 배가 약 2킬로미터 정도 항해한 뒤 멈춰 서서 선장의 사회에 따라 그 배에 타고 있는 관광객들이 한 사람 한 사람 자기소개 를 한 뒤, 서로 친하고 싶은 사람들끼리 앉아 만찬이 끝날 때까지 함 께 행동을 하게 된다. 예를 들어 노래자랑을 하게 될 경우에도 그 팀 끼리 상의해서 노래할 사람을 선정하고 식사의 종류나 간단한 댄스파 티까지 한 번 팀이 된 사람끼리 끝까지 참석하면서 새로운 친구를 사 귀게 된다. 특히 그러한 곳에 자주 나타지 않는 우리나라 사람들의 습 성 때문에 모처럼 코리아에서 왔다고 소개하면서 서울의 아름다움을 소개하면 저렴한 저녁 밥값으로 한국을 널리 홍보하는 역할도 같이 할 수 있어 아주 유쾌한 시간을 보낼 수 있다.

호주(오스트레일리아) 편

승객을 소독하는 나라

항공기가 시드니Sydney 국제공항에 도착하면 다른 나라에서와 같이 항공기 문을 열고 승객이 내리는 것이 아니라 모든 승객은 자리에 앉아서 기다려 달라는 방송이 나온다. 조금 기다리고 있으면 흰 가운을 입고 마스크를 한 위생 요원들이 비행기 안으로 들어와 소독을 하기 시작한다. 오스트레일리아는 다른 대륙으로부터 멀리 떨어져 있어 혹시 승객들을 통해서 전염병균이 묻을 가능성이 있어 예방적 차원에서 하는 방역 활동이라 이해는 되지만, 어딘지 모르게 승객들을 동물처럼 취급하는 것 같다는 아쉬운 생각도 든다.

오스트레일리아와 뉴질랜드는 서로 자기들 나라가 잘살고 자기들 국민이 우수한 사람들이라고 기나긴 논쟁을 벌였다고 한다. 대영제국에서 죄를 지은 사람들을 유배지로 보냈던 곳이 오스트레일리아와 뉴질랜드인데, 죄인을 배에 싣고 후송하는 경호원들이 뉴질랜드에 도착하여 죄수들을 내려놓은 뒤 경호원들은 오스트레일리아로 와서 정착하게 되었다고 한다. 대개 죄를 짓고 뉴질랜드까지 유배 오는 사람들은 흉악범도 있으나 반역죄 등 지식인들도 상당수였다. 그래서 뉴질랜드 입장에서는 대부분의 죄인들이 지식인들이고 영국 사회에서 지도급 인사들이 많아 당연히 그들을 호송해 온 하급 관리들보다 머리도 좋고 우수한 사람들이라고 자부하게 된 반면, 관리들 입장에서는 자신들의 관리 하에 죄인들을 뉴질랜드로 데려왔고 자신들은 정부 공무원으로서 엘리트에 속한 사람들이기 때문에 죄인들보다는 호송관들이 훨씬 우수한 사람들이라고 서로 우긴다는 것이다. 그러나 현재는 두 나라가 서로 빈번한 왕래를 하면서 가깝게 지내고 있어 그런 논쟁들은 이제 옛이야기가 되었다고 한다.

호주(오스트레일리아) 편

인공 도시 캔버라

오스트레일리아의 수도 캔버라Canberra는 계획적으로 만들어진 도시로, 1908년 목장지로 이용되었던 캔버라를 전 세계에 공모한 도시계획을 바탕으로 Y자형으로 도시를 설계하고 1913년에 착공, 1927년에 멜버른에서 수도를 옮겼다. 그래서 건물 하나하나마다 도시 개발위원회의 심사를 받아야 건축 승인이 되었다고 한다. 이 개발위원회의 심사는 단순히 건물 높이의 제한이나 용도뿐만 아니라 건물이 향하는 방향, 색깔, 사용 자재에 이르기까지 세세히 심사하였으니 그 깨끗함은 물론 도시 전체가 한 폭의 그림 같이 아름답고 조화로운 것이 특징이라 하겠다.

1967년에 세워진 국립 캔버라 대학University of Canberra은 오스트레일리아뿐만 아니라 세계 각국의 우수한 유학생들이 모여들어 학문을 연구하는 곳으로 유명하다. 또한 모든 국제 항공기가 이착륙하는 시드니는 세계 3대 미항 중의 하나로 원래 아름답고 깨끗한 항구도시였는데 몇 년 전에 신축한 현대식 오페라 하우스가 이제 시드니 항구보다 더욱 유명한 관광지가 되었다.

호주(오스트레일리아) 편

애버리진의 비극

원래 오스트레일리아에는 '애버리진Aborigine'이라는 체격이 작은 원주민들이 살고 있었다. 그러나 영국으로부터 이주해 온 사람들이 오스트레일리아에 정착하면서 이들 원주민들을 점차 몰아내고 오스트레일리아의 대부분을 차지하면서 새로운 주인 행세를 하게 되었다. 이들은 최신의 무기로 겨우 활이나 보잘 것 없는 창으로 무장한 원주민들을 가차 없이 살해했으며 심지어 사냥개를 앞세워 이들을 추격하여 모두 없애는 말살 작전을 시행했다고 전해지고 있다. 이제 애버리진은 특정 지역에 겨우 그 명맥만을 유지할 수 있을 정도로 소수밖에 남지 않았고 그나마 이들은 관광이나 노동으로 생계를 어렵게 꾸려가고 있으니 강한 자가 새로운 주인이 되고 약한 자는 쇠퇴할 수밖에 없다는 엄연한 현실을 보여 주고 있다.

호주(오스트레일리아) 편
캥거루 천국 그리고 양털 깎기

오스트레일리아에 도착하면 우선 그 광활한 땅 덩어리에 비해 대부분이 사막이다 보니 쓸모 있는 땅이 별로 없고 또한 목초가 자라는 지역도 대부분 양이나 캥거루가 살고 있다. 캥거루는 캥거루 공원이 별도로 있을 정도로 오스트레일리아 정부로부터 보호받고 있다. 캥거루 가죽은 소파나 방석용으로 상품 가치를 높이고 있는데, 캥거루의 가죽과 고기는 사용되지만 긴 꼬리만은 먹지 않고 버린다고 한다. 일반적으로 꼬리가 에너지가 많이 모여 있어 건강에 좋다는 속설이 있는데 오스트레일리아 사람들은 캥거루 꼬리를 먹지 않고 버리기 때문에 이 꼬리만 수입해서 가져와 캥거루 꼬리 탕을 만들어 파는 식당도 생겼다고 한다.

또한 오스트레일리아의 양털은 그 품질이 우수하고 따뜻하기 때문에 우리나라에서도 주부들에게 제법 인기 있는 상품으로 팔리고 있어 일반 관광객들은 관광 코스 중에 일반 농가에 들러 그들의 양털 깎는 현장에서 체험해 보고 깨끗한 양털로 만든 이불이나 방석을 구입한다. 양 한 마리를 깎는 데에는 5분도 채 걸리지 않고 양털을 깎아 내지만 처음 시도해 보는 관광객들에게는 그렇게 쉬운 일이 아니다. 왜냐하면 양의 뒷다리를 잡고 털을 깎아 내려가야 하는데 양이 가만히 있지 않고 몸을 움직이기 때문에 숙달된 기술자가 아니면 쉬운 일이 아니다.

호주(오스트레일리아) 편

맹목적인 반공 교육이 빚은 해프닝

지금과는 달리 얼마 전까지만 해도 우리나라의 반공 교육은 무작정 북한에 대해서 알거나 접촉하는 자체를 막아온 데서 일어난 한 가지 잊을 수 없는 사건이 있었다. 오스트레일리아의 공정거래위원장 초청으로 아시아 및 오세아니아 8개국 경제정책 회의가 오스트레일리아의 수도 캔버라에서 개최되었다. 관례에 따라 공식회의 전날 각국 수석대표를 위한 만찬이 열렸다. 당시 한국의 수석대표였던 L씨가 먼저 회의장에 들어갔고 내가 약 10분 뒤에 회의장에 도착하였는데 회의장에 도착하자마자 우선 헤드테이블에 있는 우리 수석대표 좌석을 확인하다가 소스라치게 놀랐다. 왜냐하면 대한민국이라는 명패 앞에 북한기가 꽂혀 있었기 때문이다. 황급히 칵테일을 들고 있던 수석대표에게 우리 태극기 대신 북한기가 꽂혀 있다고 말한 뒤 주최 측 책임자에게 그 사실을 알렸다. 회의장에 먼저 와있던 L씨는 그때까지 북한기를 한 번도 본적이 없기 때문에 무심코 지나쳤지만 다행히 나는 태국 대사관 근무 시 국제회의장에서 여러 차례 북한기를 본 일이 있어 바로 문제를 제기하고 해결하여 그나마 다행이었다. 나의 항의를 받은 오스트레일리아 공정거래위원장은 자기들이 각국의 기를 오스트레일리아 외무성으로부터 빌려오면서 그렇지 않아도 남북관계의 민감함을 감안하여 공산주의 한국이 아니고 민주주의 한국기를 달라고 여러 차례 확인해서 받아왔다면서 그간의 경위를 설명했다. 그의 설명에 의하면 너무나 남북관계에 신경 쓴 나머지 외무성에 태극기를 요구하면서 민주주의 한국Democratic Korea기를 달라고 몇 번이나 요청했기 때문에 오스트레일리아 외무성 관리가 북한의 공식 명칭이

'Democratic People's Republic of Korea'이기 때문에 'Democratic'이 들어간 북한이 민주주의를 하는 한국이라고 착각했던 것이다.

즉시 북한기를 내리고 한국기로 바꾸어 달라고 요청했으나 오스트레일리아 공정거래위원회에는 태극기를 보관하지 않으며, 오직 외무성만이 보관하고 있기 때문에 그 늦은 시간에 외무성으로부터 태극기를 다시 받아 올 수 없다는 것이었다. 할 수 없이 헤드테이블에 있는 8개국 국기를 모두 없애고 수석대표 앞에 각국의 명패만 놓은 채로 만찬을 진행하였다. 이는 민감한 사항이었기에 즉시 주 오스트레일리아 한국 대사에게 알렸으며 다음날 오스트레일리아 공정거래위원장이 직접 주 오스트레일리아 한국 대사관을 방문하여 대사에게 자기들의 준비 과정에서 일어난 실수를 인정하고 정부 차원에서 공식적인 사과를 함으로써 일단락되었다.

만일 우리의 반공교육이 좀더 개방적이고 적극적이었다면 평생 북한기를 본 일이 없어 만찬장에 일찍 도착하고서도 북한기 게양 사실을 알지 못하는 해프닝은 없었으리라고 생각된다.

뉴질랜드 편

화산이 살아 있는 나라

뉴질랜드 오클랜드Auckland 공항에 내리면 먼저 사람들이 입고 다니는 티셔츠에 '300만 명의 인구와 7천만 마리의 양'이라는 구호가 눈에 띈다. 뉴질랜드도 오스트레일리아와 마찬가지로 전통적으로 양을 길러서 생활하는 나라이다.

뉴질랜드에는 아직도 살아 있는 화산지대가 여러 곳에 있으며 특히 뉴질랜드 제1의 도시인 오클랜드와 수도 웰링턴Wellington 중간에 있는 '로터루아Rotorua'라는 유황 온천은 세계적으로 정평이 나 있다. 이곳의 온천에 들어가면 유황 냄새가 많이 날 뿐 아니라 물 자체가 매끄러워서 비누가 필요 없으며, 온도 역시 체온에 알맞아 오스트레일리아와

뉴질랜드뿐만 아니라 유럽 미주 등 세계 각국의 관광객들이 즐겨 찾는다. 그리고 이곳은 아직도 화산이 살아 있어 이곳저곳에서 수증기가 올라오고 있으며 뜨거운 물이 흐르는 곳이 많다. 이곳 원주민들인 마오리족의 가장 반가운 인사가 서로 코를 맞닿는 것이기 때문에 처음 뉴질랜드를 방문하는 외국인들에게는 어색하긴 하지만 뉴질랜드인들과 쉽게 친해질 수 있는 인사법이다. 하지만 뉴질랜드에 살았던 원주민들 역시 이제는 겨우 그 명맥을 유지해 갈 정도로 관광지에서나 볼 수 있는 처지로 전락되었음은 오스트레일리아의 원주민인 애버리진과 마찬가지라 하겠다.

쿡 아일랜드 편

이상한 이름을 가진 나라

현재 지구상에 약 250여 개 국가가 존재하지만 '쿡 아일랜드'라는 국가 이름을 들어 본 사람은 그리 많지 않으리라 생각된다. 그도 그럴 것이 어지간한 세계 지도에는 표시조차 되어 있지도 않고 그 이름마저 무슨 요리를 잘하는 식당이나 호텔 같은 분위기를 풍기기 때문이다. 그래서 국제회의장에 참석하는 쿡 아일랜드 대표들은 기조 연설을 하기 전에 반드시 서두에 자기 나라를 먼저 소개하는 것이 일반화되어 있다.

기상 관련 회의에 나와 함께 참석한 쿡 아일랜드의 기상청 장관은 연단에 서자마자 쿡 아일랜드를 아는 대표가 있으면 손들어 보라는 말로 연설을 시작하면서 국제회의장을 웃음바다로 만들었다. 또한 그는 자기 나라를 소개하면서 지도에는 나와 있지 않으며 뉴질랜드의 오클랜드, 오스트레일리아의 시드니Sydney 그리고 파푸아뉴기니Papua New Guinea의 포트모르즈비Port Moresby로 이어지는 정삼각형의 꼭짓점을 연결하여 가운데에서 마주치는 지점이 바로 쿡 아일랜드라고 소개했다.

쿡 아일랜드는 당초 영국의 탐험가 제임스 쿡 선장이 1773년 처음으로 발견하여 자기의 이름을 따서 '쿡 아일랜드'라고 명명한 뒤 영국에서 지배하다가 현재는 뉴질랜드 영향 하에 있는 사실상 반독립국가적인 형태를 가진 15개의 섬으로 이루어진 나라이다. 인구 20,000명에 장관이 40명인 나라 쿡 아일랜드의 전체 인구는 약 20,000명으로 본국인이 10,000명 그리고 주로 외국 선원들인 외국인들이 10,000명으로 추산되는데, 수도인 아바루아Avarua에 약 16,000여 명이 집중되어 살고 있다.

쿡 아일랜드는 영국과 마찬가지로 의회주의를 채택하고 있는데 상원은 각 섬들의 지배계층인 추장들로 구성되지만 이들은 의결 기관이라기보다는 단순한 자문 기관 정도에 불과하다. 하원은 각 섬에서 선출된 25명 그리고 뉴질랜드에서 파견된 1명과 그리고 기타 지도층을 포함하여 50명으로 구성되어 있고, 내각은 1989년부터 지금까지 총리로 재임 중인 조프리 헨리 수상이 이끌고 있으며, 정부는 약 40여 명의 각료로 구성되어 있다. 잦은 개각과 몇 차례 선거를 치른 현 시점에는 본국 인구 10,000명 중 많은 사람이 전직 장관이나 전직 의원들로 불리고 있을 정도이니, 아마 조금 세월이 지나면 전 국민이 장관이나 국회의원을 지낸 사람들일 것이다. 쿡 아일랜드에 가려면 남태평양에 있는 사모아Samoa의 아피아Apia 또는 뉴질랜드의 오클랜드Auckland에서 항공편을 이용하여 갈 수 있다. 문제는 쿡 아일랜드에 방문한 뒤 외부로 나오는 항공편을 계획대로 잡기가 어렵다는 것이다. 현재는 쿡 아일랜드에 정기 항공 노선이 없으며 소형 항공기가 공항에 대기하고 있다가 항공기 좌석이 모두 찰 때까지 무작정 기다린다고 한다. 게다가 태풍이 불거나 구름이 많이 끼는 등 악천후에는 항공기를 운행할 수 없기 때문에 이러한 날들을 모두 제외하면 계획보다 한두 주는 보통이고 심하면 한 달도 기다려야 한다니 부족한 여비로 여행하다가는 큰 곤욕을 치를 수도 있다. 그래서 국제회의에 나온 쿡 아일랜드 장관은 연설 마무리에 쿡 아일랜드를 방문해 달라고 요청하면서 여비를 많이 가지고 오라는 당부와 그래도 여비가 부족하면 자기를 찾아오라는 농담도 잊지 않았다.

70억 세계를 만나다

| 초판 1쇄 인쇄일 | | 2016년 10월 09일 |
| 초판 1쇄 발행일 | | 2016년 10월 16일 |

지은이		이남기
펴낸이		정구형
편집장		김효은
책임디자인		맹은정
편집/디자인		우정민 백지윤 박재원
마케팅		정찬용 정진이
영업관리		한선희 이선건 최인호 최소영
인쇄처		국학인쇄사
펴낸곳		북치는마을

등록일 2006 11 02 제200712호
서울특별시 강동구 성안로 13 (성내동, 현영빌딩 2층)
Tel. 442-4623   Fax. 6499-3082
www.kookhak.co.kr
kookhak2001@hanmail.net

| ISBN | | 978-89-93047-77-6 *03980 |
| 가격 | | 12,900원 |